全国水利行业规划教材　高职高专水利水电类
中国水利教育协会策划组织

工程地质与水文地质

（第2版·修订版）

主　编　张晓斌　李宝玉　赵秀玲
副主编　刘述丽　刘志枫　陈道信
主　审　沈自力　尹会珍

黄河水利出版社
·郑州·

内 容 提 要

本书是全国水利行业规划教材，是根据中国水利教育协会职业技术教育分会高等职业教育教学研究会组织制定的工程地质与水文地质课程标准编写完成的。全书共分七个教学项目，主要介绍工程地质和水文地质学的基础知识，包括矿物与岩石、地质构造、地貌及物理地质作用、地下水、地质灾害、工程地质问题、工程地质勘察等内容，书末附有地质实训指导。

本书适用于高职高专水利水电类专业以及建筑工程技术、工程监理、市政工程、道桥等土建类专业工程地质与水文地质课程教学，亦可供建设、施工、监理单位的岩土工程专业技术人员参考使用。

图书在版编目(CIP)数据

工程地质与水文地质/张晓斌，李宝玉，赵秀玲主编. 2版，—郑州：黄河水利出版社，2016.6 (2022.7 修订版重印)

全国水利行业规划教材

ISBN 978-7-5509-1448-3

Ⅰ.①工… Ⅱ.①张… ②李… ③赵… Ⅲ.①工程地质-高等职业教育-教材②水文地质-高等职业教育-教材 Ⅳ.①P64

中国版本图书馆 CIP 数据核字(2016)第 135445 号

组稿编辑：王路平　电话：0371-66022212　E-mail：hhslwlp@163.com

出 版 社：黄河水利出版社　网址：www.yrcp.com

地址：河南省郑州市顺河路黄委会综合楼 14 层　邮政编码：450003

发行单位：黄河水利出版社

发行部电话：0371-66026940、66020550、66028024、66022620(传真)

E-mail：hhslcbs@126.com

承印单位：河南育翼鑫印务有限公司

开本：787 mm×1 092 mm　1/16

印张：15.5

字数：360 千字　印数：4 101—6 000

版次：2010 年 2 月第 1 版　印次：2022 年 7 月第 2 次印刷

2016 年 6 月第 2 版

2022 年 7 月修订版

定价：32.00 元

第2版前言

本书是贯彻落实《国家中长期教育改革和发展规划纲要(2010~2020年)》、《国务院关于加快发展现代职业教育的决定》(国发〔2014〕19号)、《现代职业教育体系建设规划(2014~2020年)》和《水利部教育部关于进一步推进水利职业教育改革发展的意见》(水人事〔2013〕121号)等文件精神,在中国水利教育协会指导下,由中国水利教育协会职业技术教育分会高等职业教育教学研究会组织编写的第三轮水利水电类专业规划教材。第三轮教材以学生能力培养为主线,体现出实用性、实践性、创新性的教材特色,是一套理论联系实际、教学面向生产的高职教育精品规划教材。

为了不断提高教材质量,编者于2022年7月,根据近年来行业技术发展,以及在教学实践中发现的问题和错误,对全书进行了修订完善。

本书第1版由浙江同济科技职业学院沈自力老师主持编写,在此对沈自力老师及其他参编人员在本书编写中所付出的劳动和贡献表示感谢!第1版教材自2010年2月出版以来,因其通俗易懂,全面系统,应用性知识突出,可操作性强等特点,受到全国高职高专院校水利类专业师生及广大水利从业人员的喜爱。随着我国工程地质与水文地质理论水平的不断发展,为进一步满足教学需要,应广大读者的要求,编者在第1版的基础上对原教材内容进行了全面修订、补充和完善。

工程地质与水文地质是水利水电类专业一门重要的基础课。本次再版,根据本课程的培养目标和当前工程地质与水文地质理论的发展状况,对内容进行了一定的调整,删繁就简,降低了一些知识点的教学要求,使教材更适合学生的认知水平。书中不过分强调理论及公式的推导,而更加注重结合工程实例,注重基本概念、基本理论和基本计算方法在解决实际工程问题中的应用,以强化学生的工程意识培养。本书编写力求做到叙述简明、由浅入深,依托典型例题、思考题,紧密结合生活及工程实际,以便于读者理解和掌握。

本书在编写过程中,除秉承了第1版理论联系实际、突出应用外,重点根据我国高职高专教育的要求,结合高职高专学生的特点,以理论适度够用,拓宽专业面,扩大知识面,加强实践教学为目的,力求紧跟当前高等职业教育的形势,以全新的高职高专教育教学理念编写,以实现项目化、模块化教学。编写过程中结合本行业最新规范,严格按照规范要求,围绕工程中出现的问题对专业知识加以系统梳理,注重工程地质学概念的理解、地质现象的认知及工程地质性质分析等,可供建设、施工、监理单位的岩土工程专业技术人员参考使用。

本书共分七个项目,分别为矿物与岩石、地质构造、地貌及物理地质作用、地下水、地质灾害、工程地质问题、工程地质勘察等。各项目开篇指明知识目标和学习重点,每个项目后附有内容小结和一定数量的思考题,书末附有地质实训指导,有助于读者掌握有关工程地质与水文地质基本知识。

本书编写人员及编写分工如下:山西水利职业技术学院张晓斌编写绪论、附录;河南水利与环境职业学院李宝玉编写项目1、项目2;辽宁生态工程职业学院赵秀玲编写项目3、项目6;浙江同济科技职业学院刘述丽编写项目4;温州科技职业学院陈道信编写项目5;广西水利电力职业技术学院刘志枫编写项目7。本书由张晓斌、李宝玉和赵秀玲担任主编,由第一主编张晓斌负责全书统稿;由刘述丽、刘志枫和陈道信担任副主编;由浙江同济科技职业学院沈自力教授和内蒙古机电职业技术学院尹会珍教授担任主审。

在本书的编写过程中,得到了国家"千人计划"青年人才入选者、太原理工大学李彦荣博士的悉心指导和帮助,在此表示衷心感谢!

由于编者水平有限,错误和不妥之处在所难免,恳请各位读者批评指正。

编　者

2022年7月

目 录

绪 论

地球表层——地壳是人类赖以生存的活动场所，也是各类工程建筑的地质环境。修建公路、铁路、地下通道、水库、桥涵和民用建筑等工程活动，都与工程地质和水文地质条件密切相关。各种地质和水文环境与工程建筑物之间必然相互关联和制约，研究建筑物的工程地质和水文地质条件，对设计、施工和使用等各个阶段都具有重要的意义。

1. 工程地质学与水文地质学的任务

地质学是研究地球的科学，其分支学科和相关学科覆盖了整个地球科学。目前以地球表面（地壳）作为主要研究对象，根据分支学科研究的内容，主要研究地球物质组成（岩石学、矿物学等）、地球结构与构造（构造地质学等）、地球发展历史（地层学、地史学等）及地质学在相关领域的应用（矿床地质学等）等。随着社会的发展和人类活动的需要，地质学的研究范围越来越广，发展形成了新的分支学科，如工程地质学、水文地质学、环境地质学。

工程地质学作为其中的一个分支，是研究人类工程建设活动与自然环境相互作用和相互影响的一门地质科学，它是以地学学科理论为基础，应用数学、力学的知识与成就和工程学科的技术与方法，来解决与工程规划、设计、施工和运行有关的地质问题。工程地质工作广泛应用于水利水电工程、工业与民用建筑、公路工程、港口工程、铁路工程等工程建设领域，直接服务于国民经济建设和人类本身。工程地质学的特点是始终和工程实践紧密结合，是地质学与工程学相互渗透而形成的一门应用科学。

工程地质学的研究对象是人类工程活动的地质环境，也就是工程地质条件。所谓工程地质条件，是指各种对工程建筑有影响的地质因素的综合。一般包括工程建设场地的地层岩性、地形地貌、地质构造、水文地质条件、岩土体工程地质性质、物理地质现象、天然建筑材料等因素。在不同地区、不同工程类型、不同设计阶段解决不同问题时，上述影响因素的重要性各不相同。一般来讲，岩土体的工程地质性质和地质构造往往起主导作用，但是在有些情况下地形地貌或水文地质条件也可能是首要因素。工程地质条件所包括的各方面因素是相互联系、相互制约的。因此，在解决工程建设的地质问题时，应该对各方面因素进行综合分析论证。

人类的工程活动和自然地质作用会改变地质环境，影响工程地质条件的变化。当工程地质条件不能满足工程建筑的稳定、安全要求时，也就是工程地质条件和工程建筑要求之间存在矛盾时，就称为存在工程地质问题。在现实工程建设中遇到的工程地质问题复杂多样，工业与民用建筑的主要工程地质问题是地基承载力和变形；铁路、道路的主要工程地质问题是路基边坡、隧洞围岩、桥墩桥台的稳定；地下建筑工程的主要工程地质问题是围岩稳定、涌水及影响施工的高地应力、高地热和有害气体、岩爆；而水利水电工程的主要地质问题更加复杂，除了与其他工程相类似的区域稳定、坝基、边坡和地下硐室岩土体稳定问题,还有库坝区的渗漏、水库库岸稳定、水库淤积、水库诱发地震等。

研究人类工程活动与地质环境之间的相互制约关系,既能做到使工程建设安全、经济、稳定,又能合理开发和保护地质环境,这是工程地质学的基本任务。而在大规模地改变自然环境的工程中,如何按地质规律办事,有效地改造地质环境,则是工程地质学面临的主要任务。具体在工程建设中工程地质学的任务包括:

(1)勘察和评价各类工程建设场地的工程地质环境和工程地质条件;

(2)选定最佳的工程建设场地;

(3)提出防治不良地质作用应采取的工程技术措施;

(4)为工程建设规划合理、设计可靠、施工顺利提供工程地质的各种技术数据和依据,确保各类工程建成后发挥设计功能;

(5)预测和分析工程建设过程中及工程完工后,自然地质环境可能发生的变化,以及相互作用和相互影响。

工程地质学按其内容可分为工程岩土学、工程地质分析、区域工程地质学、工程地质勘察等基本部分,它们都已形成分支学科。工程岩土学的任务是研究岩、土的工程地质性质,研究这些性质的形成和它们在自然或人类活动影响下的变化。工程地质分析的任务是研究工程活动的主要工程地质问题,研究这些问题产生的地质条件、力学机制及其发展演化规律,以便正确评价和有效防治它们的不良影响。工程地质勘察的任务是探讨调查研究方法,查明有关工程活动的地质因素,调查研究和分析评价建筑场地和地基的工程地质条件,为工程选址、设计、施工提供所需的基本资料。

水文地质学是研究地下水的科学,它与数学、物理学、化学、生物学以及水文科学相互结合、相互渗透,是一门跨学科的综合性边缘学科。它研究地下水的形成、分布、埋藏、运动、物理性质和化学成分等规律,并应用这些规律解决合理开发利用地下水和解决地下水的危害等方面的各种实际问题。地下水是人类生活和生产不可缺少的宝贵资源。地下水一般水质好、水量稳定,是城乡供水的重要水源;矿水具有医疗价值;地下热水广泛用于取暖和发电。但地下水也常给生产和建设带来危害,如地下水位过高,基坑开挖可能造成大量涌水和流砂;岩石透水性强,会引起水库坝基(肩)和渠道渗漏;过量开采地下水会造成地面沉降等问题。因此,水文地质学的主要任务包括:

(1)研究地下水的形成和埋藏条件及其运动等规律;

(2)研究地下水的物理、化学性质,成分以及水质的变化规律;

(3)解决合理开发、利用、管理地下水资源以及有效防止和消除地下水危害等实际问题。

工程地质学与水文地质学研究的技术方法和手段主要有观察、测绘、勘探、现场原位试验和室内试样试验及测试工作等。此外,还有模型试验、地球物理勘探和测试,以及利用航空和遥感技术进行测绘、勘探和测试等方法。工程地质学与水文地质学的研究对象是复杂的地质体,对某一特定的场地进行工程地质与水文地质分析,其分析方法应是地质分析法与力学分析法、工程类比法与试验测试法等的密切结合,即通常所说的定性分析与定量分析相结合的综合研究方法。要查明场地内工程地质条件与水文地质条件的形成和发展,首先必须以地质学和自然历史的观点分析研究周围的环境条件,了解地质历史发展过程对它的影响和制约程度,这样才有可能认识它形成的原因和预测其发展趋势及变化,这就是地质分析法。首先,它是工程地质学与水文地质学的基本研究方法,也是进一步定量分析评价的基础。其次,还要求对工程地质与水文地质问题进行定量预测,阐明主要工程地质问题与水文地质问题形成的机制,建立模型进行计算分析和预测。如地基稳定性分析、地面沉降计算、地基液化判断计算等。当地质条件较复杂时,还可根据条件类似地区已有资料进行定量预测,这就是工程类比法。采用定量分析方法论证地质问题时都需要采用试验测试方法,即通过室内或野外现场试验,取得所需要的岩土的物理性质、水理性质和力学性质数据。长期观测地质现象的发展规律也是常用的试验方法。综合应用上述定性分析和定量分析方法,才能取得科学可靠的结论,对可能发生的工程地质与水文地质问题制定出合理的防治对策。

2. 工程地质与水文地质工作在工程建设中的作用

大量的工程建设实践证明,工程地质工作做得好,设计、施工就能顺利进行,建筑物的安全运营就有保证。相反,忽视地质工作或重视不够,使一些严重的工程地质问题未能发现或发现了未进行可靠处理,都会给工程带来不同程度的影响,轻则要修改设计方案、增加投资、延误工期,重则使建筑物完全不能使用,酿成灾害。

1959 年 12 月 2 日法国马尔帕塞(Malpasset)双曲拱坝(最大坝高 66 m)溃决失事,曾轰动水利界。事故主要原因是:前期地质勘察工作量严重不足(仅在河床布置了两个钻孔),左岸坝肩下游的断层破碎带被遗漏,未能提供给设计合理的设计参数;后期施工过程中,对施工地质工作重视不够,在施工开挖过程中无驻施工现场地质工程师,因此未能发现重大地质问题,未及时对左岸坝基的岩体进行加固补救处理,造成蓄水后,断层破碎带物质抗剪和变形性能急剧下降,大坝位移达 210 cm,最终造成大坝整体垮塌。水库拦蓄的 3 000 万 m^3 库水下泄,造成下游死亡失踪 500 余人,财产损失 300 亿法郎。

意大利比萨(Pisa)斜塔塔体出现倾斜的主要原因,也是由于地基工程地质条件不良而造成的。该塔为 8 层圆柱形建筑,全部用白色大理石砌成,塔高 54.5 m,塔身墙壁底部厚约 4 m,顶部厚约 2 m,塔体总重达 145 MN,相应地基平均压力为 50 kPa。地基持力层为粉砂,下覆厚度不均匀的粉土和黏土。由于地基的不均匀下沉,比萨斜塔向南倾斜,南北两端沉降差 1.8 m,塔顶偏离中心线 5.27 m,成为危险建筑(见图 0-1(a))。

加拿大特朗斯康(Transcona)谷仓是由于地基强度破坏发生整体滑动,是建筑物失稳的典型例子。该谷仓长 59.4 m,宽 23.5 m,高 31.0 m,共 65 个圆筒仓。钢混筏板基础,厚 61 cm,埋深 3.66 m。1911 年动工,1913 年完工,质量 20 000 t。1913 年 9 月装谷物,10 月 17 日装了 31 822 t 谷物时,1 h 竖向沉降量达 30.5 cm,24 h 倾斜 26°53′,西端下沉 7.32 m,东端上抬 1.52 m,上部钢混筒仓完好无损。后经调查谷仓地基土事先未进行工程地质勘察,设计参数借用邻近结构物基槽开挖试验结果,计算地基承载力为 352 kPa,应用到此谷仓。事后经工程地质勘察查明,谷仓地基实际承载力为 193.8 ~ 276.6 kPa,远小于谷仓破坏时发生的压力 329.4 kPa,因此谷仓地基因超载发生强度破坏而滑动。事后在下面做了 70 多个支撑于基岩上的混凝土墩,使用 388 个 50 t 千斤顶以支撑系统,才把仓体逐渐纠正过来,但其位置比原来降低了 4 m,造成了昂贵的费用(见图 0-1(b))。

地下水作为一种地下资源,虽然是可以更新的,但是在一定的经济和技术条件下,也

(a)意大利比萨斜塔倾斜　　(b) 加拿大特朗斯康谷仓倾斜

图0-1　工程地质问题引起的建筑事故

不是取之不尽、用之不竭的。我国自从20世纪70年代,特别是80年代以来,由于经济的迅速发展,城乡人民生活水平的日益提高,加之气候干旱,对水的需求量大幅度增长。尤其在北方主要以地下水作为水源的地区以及沿海城市,地下水的供需矛盾更为突出。过度的开发和利用地下水,造成地面沉降、塌陷;河流和湖泊水量减少,形成断流、干涸等灾害;同样在工程建设中,由于对建筑场地水文地质条件勘察不清楚,造成建筑基坑倒塌、涌水和流砂等工程事故(见图0-2)。

(a)西安地下水超采致大雁塔严重倾斜　　(b)流砂造成杭州地铁基坑塌陷

图0-2　水文地质问题引起的事故

3. 本课程教学要求及其特点

在土木工程专业课程体系中,工程地质学与水文地质学是一门必开的专业基础课程。在实际工程建设实践过程中,往往有专业的地质工程师负责工程地质勘察工作,解决工程建设过程中碰到的工程地质与水文地质问题。但是作为从事土木工程设计、施工、监理等的技术人员,必须掌握工程地质的基本理论和技能,才能阅读工程地质与水文地质资料,分析和应用地质条件,正确处理工程建设与自然地质条件的关系,做好设计、施工等相关工作。

本课程的学习使学生了解工程建设中经常遇到的工程地质与水文地质现象和问题，以及这些现象和问题对工程建设设计、施工和安全运营的影响，并能正确处理各种地质问题，合理利用自然地质条件，了解各种工程地质与水文地质勘察的要求和方法，能够正确布置勘察任务、合理利用勘察成果解决设计和施工中出现的地质问题，为学习专业课程和将来从事实际工作打下基础。总的学习要求如下：

(1)掌握工程地质和水文地质的基本概念、基本理论。

(2)初步学会对工程地质问题的分析方法及对不良地质条件应采取的措施，并对工程建筑中可能遇到的工程地质问题作出分析评价。

(3)初步掌握从事开发利用地下水资源及处理和地下水有关的水与水环境问题。

(4)了解工程地质与水文地质勘察的基本内容、方法和程序，能根据具体的工程情况正确提出勘察任务和要求。

(5)初步学会分析、应用地质勘察报告与图件；了解各类地质参数的来源、作用和应用条件；能根据勘察成果，对一般工程地质与水文地质问题进行分析，对不良地质现象采取正确的处理措施，根据地质资料进行合理设计和施工。

工程地质与水文地质课程具有强烈的实践性和经验性，一些地质术语比较抽象，甚至需要想象，学生直接理解往往有一些困难，要达到上述教学要求，除了讲授和自学外，必须理论联系实际，重视和加强野外和施工现场实践性教学，通过试验、实习、实训的途径加以解决，以理解和巩固理论知识，培养学生对工程地质问题的分析和评价能力，并能利用地质成果为工程建设服务。

本书为土木工程等非地质专业学生编写，因此不宜照搬地质类专业“现象—机理—试验”的教学模式，侧重地质概念的理解和地质现象的认知及工程地质性质的分析；同时在教学方法上要有所创新，课程教学尽量采用多媒体教学，采用地质录像片、幻灯片、挂图、标本等直观教具，以提高学生的感性认识和兴趣。在学习过程中应侧重对地质概念的理解，切忌死记硬背，重点在于学会分析问题的思路和方法，以便今后用以解决工作中的实际问题。

小 结

工程地质学是一门介于地质学与土木工程学之间的应用地质学学科，它是运用地质学的原理与方法，结合数理力学及土木工程学知识，分析和解决与人类工程和生活活动有关的地质问题。通常表现为地质环境对人类活动的制约及人类活动对地质环境的影响。工程地质学研究的目标就是对这一相互作用过程中正在发生或可能发生的地质问题进行合理评价、科学预测及正确改良，从而一方面保证工程建设的技术可行、经济合理，另一方面充分利用、合理开发及妥善保护人类赖以生存的地质环境。

水文地质学是研究地下水的科学，它与数学、物理学、化学、生物学以及水文科学相互结合、相互渗透，是一门跨学科的综合性边缘学科。它研究地下水的形成、分布、埋藏、运动、物理性质和化学成分等规律，并应用这些规律解决合理开发利用地下水和地下水的危害等方面的各种实际问题。

工程地质学与水文地质学是在人类工程活动实践中逐渐形成和产生的,它的生命在于与工程实际相结合,因此本课程是一门实践性很强的技术基础课,在教学过程中,要加强地质实践性教学环节,理论联系实际,以理解和巩固理论知识,培养学生对掌握工程地质与水文地质问题的分析和评价能力,并能利用地质成果为工程建设服务。

练习题

1. 什么是工程地质学?
2. 什么是工程地质条件?
3. 各类工程的主要工程地质问题是什么?
4. 工程地质与水文地质课程的基本要求是什么?
5. 结合已了解的专业知识,论述学习本课程的重要性和必要性。

项目1 矿物与岩石

【知识目标】 了解地球的圈层构造;掌握矿物、造岩矿物的概念及矿物的主要物理性质;掌握岩浆岩、沉积岩、变质岩的矿物成分、结构和构造;了解岩浆岩、沉积岩、变质岩的分类及常见岩石的工程地质性质;结合矿物和岩石试验,初步学会用肉眼识别简单造岩矿物及岩浆岩、沉积岩、变质岩三大类岩石。

【学习重点】 矿物的物理性质,岩石的矿物成分、结构和构造特征,岩石的工程地质性质及其影响因素。

地球是一个具有圈层结构的旋转椭球体。地球由表及里可分为外圈和内圈。外圈又分为大气圈、水圈和生物圈。内圈根据地震波传播速度的突变,将其分为地壳、地幔及地核(见图1-1)。

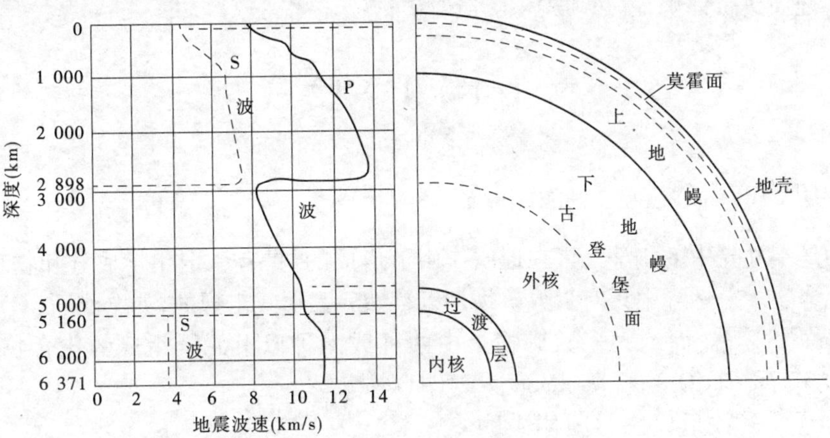

图1-1 地球内部结构图

地核位于古登堡面以下,包括内核、过渡层和外核三部分,厚约3 473 km,其体积约占地球总体积的17%。据推测,地核密度为9.71~17.9 g/cm^3,温度在2 000~3 000 ℃,压力可达300~360 GPa(10 000 atm),一般认为地核主要由含铁、镍量很高,成分很复杂的物质组成。

地幔介于地核和地壳之间,可分上、下两层,处在莫霍面和古登堡面之间,厚约2 800 km。其体积约占地球总体积的82%,密度从3.32 g/cm^3 递增到5.66 g/cm^3,平均密度为4.5 g/cm^3。温度一般为1 200~2 000 ℃,压力随深度增加而增加,界面上压力约为140 GPa,主要由铬、铁、镍、二氧化硅等物质组成。

从地表至莫霍面的固体外壳称为地壳。其体积约占地球总体积的1%。地壳表面岩石处于常温、常压下,平均密度为2.65 g/cm^3,往下逐渐增加,到地壳底部增为2.9 g/cm^3,温度增到1 000 ℃,压力增至1 GPa。地壳厚度各地不一,海洋区较薄,平均7.3 km;大陆区较厚,平均33 km。

地壳是由各种化学元素组成的,其中主要的化学元素有氧、硅、铝、铁、钙、钠、钾、镁、氢、钛等10种,见表1-1。除了少数如金刚石(C)、自然金(Au)、硫黄(S)等以自然元素产出外,绝大多数均以各种化合物的形式出现,如石英(SiO_2)、方解石($CaCO_3$)、石膏($CaSO_4 \cdot 2H_2O$)等。这些天然元素和化合物是组成地壳岩石的物质基础。

表1-1　地壳主要元素的平均含量　(%)

元素	氧(O)	硅(Si)	铝(Al)	铁(Fe)	钙(Ca)	钠(Na)	钾(K)	镁(Mg)	氢(H)	钛(Ti)	其他
克拉克值	49.52	25.75	7.51	4.70	3.29	2.64	2.40	1.94	0.88	0.58	0.79

岩石是由一种或多种矿物组合而成的自然集合体。它是建造各种工程结构物的地基和天然建筑材料。不同成因的岩石,其矿物成分、结构和构造等内部特征也有所不同。因此,了解岩石的特征和特性,无论对工程设计、施工或地质勘测人员都是十分必要的。由于岩石是由矿物组成的,因此要识别岩石,分析岩石在各种自然条件下的变化,进而对岩石的工程地质进行评价,就必须先了解造岩矿物。

1.1　矿　物

1.1.1　矿物的概念

矿物是指地壳中的化学元素在地质作用下形成的、具有一定化学成分和物理性质的单质或化合物。自然界中只有少数矿物是以自然元素形式出现的,如金刚石(C)、自然金(Au)、硫黄(S)等。而绝大多数矿物是由两种或两种以上元素组成的化合物,如石英(SiO_2)、方解石($CaCO_3$)、石膏($CaSO_4 \cdot 2H_2O$)等。

矿物绝大多数呈固态。固体矿物按其内部构造不同,分为晶质体和非晶质体两种。晶质体的内部质点(原子、离子、分子)呈有规律的排列,往往具有规则的几何外形,如岩盐(见图1-2)。但由于矿物在岩石中受到许多条件和因素的控制,晶质体通常呈不规则几何形状。地壳中的矿物绝大部分是晶质体。

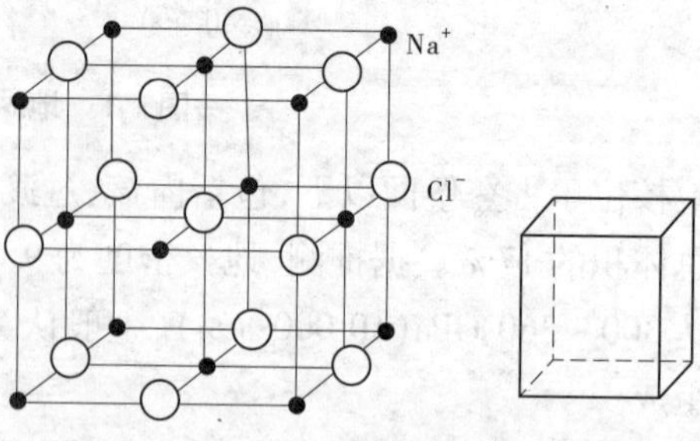

图1-2　岩盐的内部构造及晶体

非晶质体内部质点的排列则是没有规律的,杂乱无章,因此不具有规则的几何外形,如蛋白石、玉髓($SiO_2 \cdot nH_2O$)、褐铁矿($Fe_2O_3 \cdot nH_2O$),非晶质体又可分为玻璃质和胶体质两种。

自然界的矿物有很多种,目前已发现的矿物在3 000种以上,但构成岩石的主要成分并对岩石性质起决定性影响的矿物不过30多种,它们占岩石成分的90%。一般把这些矿物称为造岩矿物,其中又以长石、石英、辉石、角闪石、橄榄石、黑云母、方解石、白云石最重要,它们的含量决定了岩石的名称及主要性质。

黄铁矿、石膏、黑云母、方解石、黏土矿物这几种矿物,在评定岩石的工程地质性质时,具有重要的意义。因为黄铁矿遇水和氧时易形成硫酸,可使岩石发生迅速、剧烈的破坏。石膏具有较大的可溶性和膨胀性,受水作用后易于溶滤而使岩石中形成空洞。云母极易分裂成薄片,常成夹层状包含在岩石中,使岩石的强度降低、性质不均匀,容易碎裂成单独的板块,特别是黑云母含铁质,较白云母更易于受到破坏。方解石在一定条件下可溶解于水形成溶洞,不仅岩石的强度降低而且产生渗透。黏土矿物(高岭石、蒙脱石、伊利石)遇水易软化,强度很低,极易产生滑动。

1.1.2　矿物的物理性质

矿物的物理性质是固定的,它取决于矿物的化学组成和内部构造。矿物的物理性质是鉴别矿物的重要依据。其主要有形态、颜色、光泽、解理、断口及硬度等。

1.1.2.1　矿物的形态

矿物的形态(或形状)是指固态矿物单个晶体的形态,或矿物晶体聚集在一起的集合体形态。每种矿物一般都具有一定的形态,因而可以帮助识别矿物。自然界的矿物,除少数为液态(如自然汞)和气态(如天然气)外,绝大部分为固态。常见的矿物形态有(见图1-3)片状(如云母)、板状(如石膏)、柱状(如角闪石)、菱面体(如方解石)和粒状(如白云石)等。集合体的形态主要有纤维状(如纤维石膏)、钟乳状(如方解石)、鲕状(如赤铁矿)、土状(如高岭土)和块状(如石英)等。

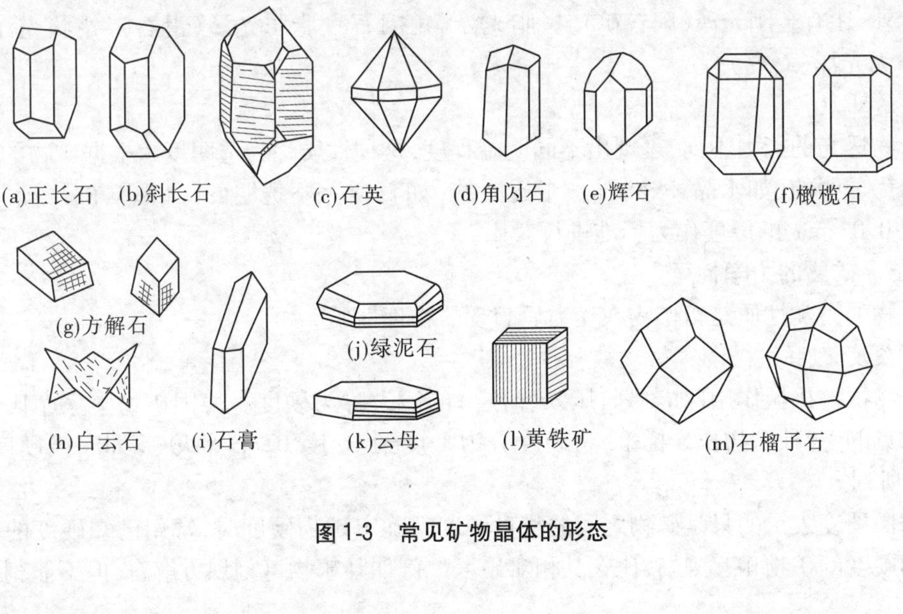

图1-3　常见矿物晶体的形态

1.1.2.2 矿物的光学性质

矿物的光学性质是指矿物对自然光的吸收、反射和折射所表现出的各种性质。

1. 颜色

矿物的颜色指矿物对可见光中不同光波选择吸收和反射后映入人眼的现象。根据成色原因分为:

(1)自色。指由于矿物本身的化学成分中含有带色的元素而呈现的颜色,即矿物本身所固有的颜色,如赤铁矿多呈红色,黄铁矿多呈铜黄色等。

(2)他色。指当矿物中含有杂质时所出现的其他颜色,如石英,一般为无色或白色,含杂质时可呈黄、红、棕、绿等色,一般无鉴定意义。

(3)假色。指矿物内部的某些物理原因所引起的颜色,如光的干涉、内散射等。

有些矿物粉末的颜色与它呈块状时的颜色不同,且前者一般比较固定,如赤铁矿,整块的颜色可呈红、黑、钢灰等色,但其粉末只是樱红色;黄铁矿的颜色为铜黄色,粉末为黑绿色。这种矿物粉末的颜色称为条痕色,简称为条痕。由于矿物的条痕较固定,所以在鉴定矿物时它比颜色更可靠。观察矿物的条痕时,应将矿物放在白色无釉的素磁板(叫条痕板)上刻画,矿物留在素磁板上的颜色即为它的条痕色。

2. 光泽

矿物表面对可见光的反射能力称为光泽。依据反射的强弱可以分为金属光泽(如金、银、铜,辉锑矿)、半金属光泽(如赤铁矿、褐铁矿)和非金属光泽。造岩矿物一般呈非金属光泽,非金属光泽又分为下列几种类型:

(1)玻璃光泽。反射较弱,如同玻璃表面所呈现的光泽(如水晶)。

(2)油脂光泽。某些透明矿物(如石英)断口上所呈现的,如同油脂的光泽。

(3)珍珠光泽。如同蚌壳内表面珍珠层上所呈现的光泽。具极完全片状解理的浅色透明矿物,如云母等常具有这种光泽。

(4)丝绢光泽。是一种较强的非金属光泽,纤维石膏及石棉等表面的光泽最为典型。

此外,还有金刚光泽(闪锌矿)、树脂光泽(角闪石)、脂肪光泽(滑石)、蜡状光泽(叶蜡石)、无光泽(石髓)。

3. 透明度

矿物透光的能力不同,表现出不同明暗程度,这种性质称为透明度。根据矿物的透明度可分为透明的(如水晶、冰洲石)、半透明的(如石膏)、不透明的(如磁铁矿)等。一般规定以0.03 mm的厚度作为标准进行对比。

1.1.2.3 矿物的力学性质

矿物的力学性质是指矿物在受力后表现的物理性质。

1. 硬度

矿物抵抗机械作用(如刻划、压入、研磨)的能力称为硬度。德国矿物学家摩氏取自然界常见的10种矿物作为标准,将硬度分为1度到10度10个等级,此即摩氏硬度,如表1-2所列。

摩氏硬度表示的只是矿物之间的相对硬度。确定矿物硬度时,常用已知硬度的矿物与未知硬度的矿物相互刻划,比较其相对硬度。例如某矿物可刻划方解石,但不能刻划萤石,说明该矿物比方解石硬,比萤石软,硬度为3.5度左右。

表1-2 摩氏硬度计

相对硬度等级	1	2	3	4	5	6	7	8	9	10
标准矿物	滑石	石膏	方解石	萤石	磷灰石	长石	石英	黄玉	刚玉	金刚石

在野外工作中,常用随身携带的物品简便地确定矿物的相对硬度。这些物品相应的硬度等级分别为:软铅笔(1度),指甲(2~2.5度),小刀、铁钉(3~4度),玻璃棱(5~5.5度),钢刀刃(6~7度)。

2. 解理和断口

矿物受敲击后,常沿一定方向裂开成光滑平面,这种特性称为解理,裂开的光滑平面称为解理面。根据解理面方向的数目,分为一组解理(如云母)、二组解理(如长石)、三组解理(如方解石)及多组解理等。根据解理面发育的完善程度,解理又可分为极完全解理(云母)、完全解理(如方解石)、中等解理(正长石)、不完全解理(磷灰石)等。若矿物受敲击后,裂开面无一定方向,呈各种凹凸不平的形状,如锯齿状(石膏)、贝壳状(石英)、平坦状(石榴石)、土状(铝土矿)、粒状(大理石)等,则称为断口。

矿物解理的完全程度和断口是互相消长的,解理完全时则不显断口;反之,解理不完全或无解理时,则断口显著。

1.1.2.4 矿物的其他性质

有些矿物还具有独特的性质,如磁性(磁铁矿)、弹性(云母)、挠性(绿泥石)、滑感(滑石)、咸味(岩盐)、比重大(重晶石)、臭味(硫黄)等物理性质,以及与冷稀盐酸发生化学反应而产生气泡(CO_2)(如方解石、白云石)等现象,对鉴别某些矿物有重要意义。

1.1.3 主要造岩矿物的野外鉴定

正确识别和鉴定矿物,对于岩石命名、研究岩石的性质是非常重要的。鉴定矿物的方法很多。需要精确地鉴定矿物时,可以采用光学和化学的分析方法,如吹管分析、差热分析、光谱分析、偏光显微镜分析、电子显微镜扫描等。但这些方法需要较复杂的设备,不适宜野外工作。野外工作中一般采用肉眼鉴定法。

矿物的肉眼鉴定主要是根据矿物的一些显而易见的物理性质,用肉眼或仅借助于几种简单的工具(如小刀、条痕板、低倍放大镜等)和药品(如稀盐酸),在野外确定矿物的名称。这种鉴定方法简单、方便、迅速,是室内进一步鉴定的基础。

在鉴定矿物时,要善于抓住主要矛盾,注意比较各种矿物的异同点,找出各种矿物的特殊点。表1-3可帮助进行造岩矿物的肉眼鉴定。应用这个表鉴定造岩矿物时,首先应根据颜色确定被鉴定的矿物是属于浅色的(如石英、长石、白云母等)还是深色的(如橄榄石、黑云母、角闪石、辉石等),再以适当的物品确定出硬度范围,然后观察分析其他特征,即可作出结论。常见造岩矿物的肉眼鉴定,可在实验课上结合矿物标本进行学习。

表1-3 主要造岩矿物鉴定表

序号	矿物名称	硬度	形状	颜色	条痕	光泽	解理与断口	比重	其他
1	滑石 $Mg_3[Si_4O_{10}](OH)_2$	1	薄片状、鳞片状、致密块状	白色、灰色、淡黄色、淡绿色	白色	油脂光泽,解理面呈珍珠光泽	一组完全或极完全解理	2.7~2.8	极软,手摸之有滑感;薄片可挠曲而无弹性
2	高岭石 $Al_4[Si_4O_{10}](OH)_3$	1~1.5	块状、土状	白色,因含杂质可呈黄、浅褐、浅蓝等色	白色	无光泽	土状断口	2.5~2.6	有滑感;干时易吸水,湿时具可塑性、黏着性
3	蒙脱石 $(Na,Ca)(Al,Mg)_2[Si_4O_{10}](OH)_2\cdot nH_2O$	1	块状、土状	白色,有时为浅红色、浅绿色	白色	无光泽	土状断口	2	吸水性强,吸水后体积能膨胀增大数倍以上
4	石膏 $CaSO_4\cdot 2H_2O$	2	板状、条状或纤维状、粒状	白色,含杂质时为黄褐色、红色	白色	玻璃光泽或丝绢光泽	一组完全解理	2.2~2.4	有的透明,可溶于盐酸和略溶于水
5	绿泥石 $(Mg,Fe)_5\cdot Al[AlSi_2O_{10}](OH)_3$	2~2.5	片状集合体或块状	浅绿色至深绿色	绿色	珍珠光泽或玻璃光泽	一组极完全解理	2.6~2.9	薄片可挠曲但无弹性
6	黑云母 $K\{(Mg,Fe)_3[AlSi_3O_{10}](OH)_2\}$	2.5~3	片状、鳞片状集合体	黑色、深褐色	白色、淡绿色	珍珠光泽或玻璃光泽	一组极完全解理	2.7~3.1	薄片透明,有弹性
7	白云母 $K\{Al_2[AlSi_3O_{10}](OH)_2\}$	2.5~3	片状、鳞片状集合体	无色、银白色、淡黄色	白色	珍珠光泽或玻璃光泽	一组极完全解理	2.7~3.1	薄片透明,有弹性
8	方解石 $CaCO_3$	3	一般为菱形体,集合体有粒状、钟乳状、块状、晶簇等	白色、无色,因含杂质可具多种颜色	白色	玻璃光泽	三组完全解理	2.6~2.8	遇冷稀盐酸剧烈起泡
9	白云石 $CaMg(CO_3)_2$	3.5~4	菱面体,集合体为粒状	灰白色,有时为淡黄色、淡红色	白色	玻璃光泽	三组完全解理	2.8~3.0	晶体只与热盐酸反应,粉末可与冷稀盐酸反应,但无嘶嘶声;解理面多弯曲呈鞍状,并具条纹

续表1-3

序号	矿物名称	硬度	形状	颜色	条痕	光泽	解理与断口	比重	其他
10	褐铁矿 $2Fe_2O_3 \cdot nH_2O$	5~5.5	土状、块状；钟乳状、球状	黄褐色、黑褐色	黄褐色、棕褐色	半金属光泽	无	3.4~4	为含铁矿物的风化产物，呈铁锈状，易染手
11	角闪石 $Ca_2Na[Mg,Fe]_4(Al,Fe)[(SiAl)_2O_{11}]_2(OH)_2$	5~6	长柱状、针状或纤维状集合体	褐色、绿色至黑色	灰白色、淡绿色	玻璃光泽	两组中等解理成124°或56°斜交	3.1~3.6	晶体横截面为六角菱形
12	辉石 $Ca(Mg,Fe,Al)[(SiAl)_2O_5]$	5~6	短柱状，粒状集合体	绿色、褐色、黑色	白色、褐色	玻璃光泽	两组中等解理近于正交	3.2~3.5	晶体横截面为正八边形
13	赤铁矿 Fe_2O_3	5.5~6.5	多为块状，有的为鲕状、肾状、片状	赤红色、铁黑色、钢灰色	砖红色	半金属光泽	无	4.8~5.3	土状者硬度很低，可染手
14	正长石 $K[AlSi_3O_8]$	6	短柱状、板状或粒状、块状集合体	多为肉红色，也有灰白色、淡黄色	白色	玻璃光泽	两组完全解理成90°相交	2.5~2.6	有时呈双晶，易风化成高岭土
15	石英 SiO_2	7	晶体为六方双锥柱状，但多为块状，晶面具晶纹	纯者无色透明，含杂质时可呈各种杂色	无	断口呈油脂光泽，晶面呈玻璃光泽	贝壳状	2.6	矿物最稳定者，极难风化，不怕酸
16	斜长石 $Na[AlSi_3O_8]$ 与 $Ca[Al_2Si_3O_8]$	6	晶体为短柱状，常以板状出现，晶面及解理面上有条纹	白色、灰色、天蓝色等	白色	玻璃光泽	二向互相斜交	2.5~2.7	风化成高岭土
17	橄榄石 $(Mg,Fe)_2[SiO_4]$	6.5~7	晶体为八面柱体，常呈粒状集合	淡黄色至绿色	无	玻璃光泽	无完全解理	3.2~3.5	溶于硫酸时急剧分解，析出 SiO_2 胶体
18	黄铁矿 FeS_2	6~6.5	晶体立方体或五角十二面体，晶面有条纹	草黄色	绿黑色	金属光泽	贝壳状或不规则	5	在氧和水的作用下可生成硫酸和褐铁矿

1.2 岩浆岩

岩石是在地质作用下产生的、由一种矿物或多种矿物以一定的规律组成的自然集合体。它是建造各种工程结构物的地基和天然建筑材料。因此,了解岩石的工程地质性质,对工程设计、施工和地质勘测人员都是十分必要的。

在研究各种岩石时,必须注意决定着岩石物理力学性质的下列特征:

(1)产状。即岩石在空间所占有的形状。

(2)成分。包括岩石的矿物成分和化学成分。

(3)结构。即构成岩石的(单个)矿物的结晶程度、颗粒的大小和形态及彼此之间的组合方式。

(4)构造。即构成岩石的矿物集合体之间或矿物集合体与岩石的其他组成部分之间的排列及充填方式,反映出岩石的外貌特征。

自然界岩石的种类很多,根据成因可分为三大类,即岩浆岩、沉积岩和变质岩。

1.2.1 岩浆岩的概念及产状

岩浆岩又称火成岩,是由岩浆侵入地壳上部或喷出地表凝固而成的岩石。这种岩石约占地壳质量的95%。

岩浆岩来源于岩浆。岩浆是以硅酸盐为主和一部分金属硫化物、氧化物、水蒸气及其他挥发性物质(F_2、Cl_2、CO_2 等)组成的高温、高压熔融体,具有流动性。岩浆流动是地球物质运动的一种重要形式,常与构造运动相伴发生。当地壳运动出现大断裂带或者岩浆高度流动性和膨胀力超过了上覆岩层压力时,破坏了均衡条件,则岩浆向压力低的地方运动,沿断裂带或地壳薄弱地带侵入地壳上部岩层中,称为侵入作用;若岩浆沿一定通道直至喷出地表,称为喷出作用。因此,在地壳较深的地方(一般是距地表3 km以下)由于侵入作用形成的岩石称为深成岩,在地表由于喷出作用形成的岩石称为喷出岩,在地壳浅处(通常是地表以下3 km以内)形成的岩石称为浅成岩。

按照岩浆活动和冷凝成岩的情况,岩浆岩体可具有各种复杂的产状(见图1-4)。

1.2.1.1 深成侵入岩体的产状——岩基和岩株

岩基是一种规模宏大的深成侵入岩体,下部直接与岩浆相连,分布面积可达几百至几千平方千米。如三峡坝址区就是选定在面积200多 km^2 的花岗岩—闪长岩岩基的南部,岩石结晶好,性质均一,强度高,是良好的建筑地基。岩株出露面积小于100 km^2,平面形状多呈浑圆形,其下与岩基相连,也常是岩性均一的良好地基。

1.2.1.2 浅成侵入岩体的产状——岩脉、岩墙、岩床、岩盘

岩浆沿着围岩裂隙侵入并切断岩层所形成的厚度较小的脉状岩体称为岩脉。厚度较大且近于直立的称为岩墙。岩浆沿着围岩的层面侵入而形成的板状侵入岩体称为岩床。岩浆顺岩层侵入,使岩层隆起而成的蘑菇状的岩体,称为岩盘(又称岩盖)。

1.2.1.3 喷出岩体的产状——火山锥、熔岩流

岩浆沿火山颈喷出地表形成圆锥状的岩体称为火山锥。岩浆喷出地表后,沿着倾斜

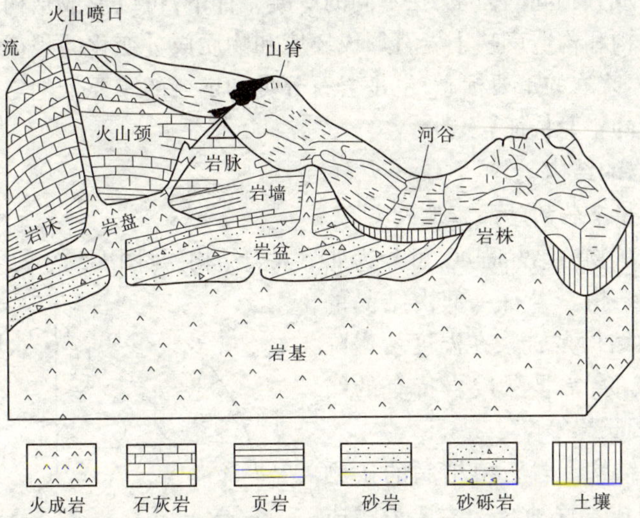

图1-4 岩浆岩体的产状

地面流动时而形成的岩石称为熔岩流。

1.2.2 岩浆岩的化学成分及矿物成分

岩浆岩的化学成分几乎包括了地壳中所有的元素,但其含量却差别很大。若以氧化物计,则以 SiO_2、Al_2O_3、Fe_2O_3、FeO、CaO、MgO、Na_2O、K_2O、H_2O、TiO_2 等为主,占岩浆岩化学元素总量的99%以上,其中以 SiO_2 含量最大,约占59.14%,其次是 Al_2O_3,占15.34%。在不同的岩浆岩中,SiO_2 的含量很有规律。因此,根据 SiO_2 含量的多少,可将岩浆岩分为酸性岩类(SiO_2 含量 >65%)、中性岩类(SiO_2 含量 65% ~52%)、基性岩类(SiO_2 含量 52% ~45%)和超基性岩类(SiO_2 含量 <45%)四类。

组成岩浆岩的矿物有30多种,其中主要是硅酸盐类矿物,含量最多的有石英、长石类、云母、角闪石、辉石和橄榄石等10余种。按照矿物在岩石中的相对含量及其在分类中所起的作用,分为主要矿物、次要矿物和副矿物三类。主要矿物是指岩石中那些含量多(一般超过10%),并对岩石大类命名起决定性作用的矿物。次要矿物在岩石中含量较少,一般在1% ~10%。次要矿物对岩石大类的划分虽不起决定性作用,但它的存在又是岩石进一步定名的依据。副矿物在岩石中含量极少,通常小于1%。副矿物对岩石定名不起作用,常见的副矿物有磷灰石、磁铁矿等。

岩浆岩中的矿物还可以按其颜色及化学成分的特点分为浅色矿物和暗色矿物两类。浅色矿物富含硅、铝,如正长石、斜长石、石英、白云母等;暗色矿物富含铁、镁,如黑云母、辉石、角闪石、橄榄石等。但是,对具体岩石来讲,并不是这些矿物都同时存在,而通常是仅由两、三种主要矿物组成,如花岗岩的主要矿物由石英、正长石和黑云母组成,辉长岩的主要矿物由基性斜长石和辉石组成。

1.2.3 岩浆岩的结构与构造

在研究岩浆岩时,除了要鉴定其矿物成分,还必须了解这些矿物是以什么样的方式组合构成岩石的。成分相同的岩浆,在不同的冷凝条件下,可以形成结构、构造不同的岩浆岩。岩浆岩的结构和构造反映了岩石形成环境和物质成分变化的规律性,与矿物成分一样是区分、鉴定岩浆岩的重要标志,也是岩石分类和定名的重要依据之一,同时它还是直接影响岩石强度的主要特征。

1.2.3.1　岩浆岩的结构

1. 根据岩石中矿物的结晶程度分类

根据岩石中矿物的结晶程度,可分为如下几类结构(见图 1-5):

(1)全晶质结构。岩石全部由结晶的矿物组成。这种结构是岩浆在温度缓慢降低的情况下形成的,常是深成岩特有的结构。如花岗岩、闪长岩等。

(2)半晶质结构。岩石由结晶的矿物和非晶质矿物组成。这种结构主要为浅成岩所具有,有时在喷出岩中也能见到。

(3)非晶质结构。岩石全部由非晶质矿物组成,又称玻璃质结构。这种结构是在岩浆喷出地表迅速冷凝来不及结晶的情况下形成的,为喷出岩特有的结构。

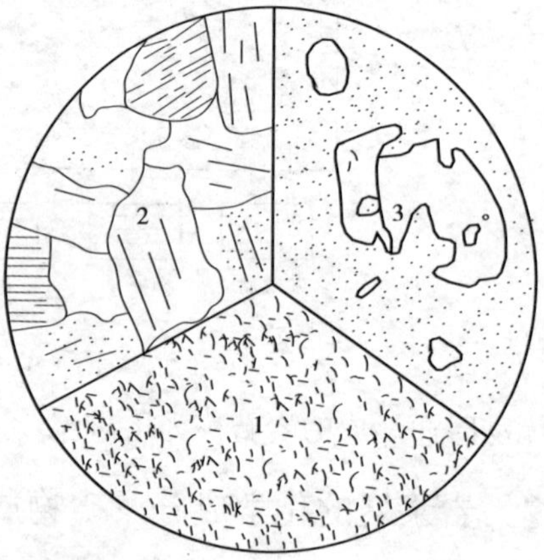

1—非晶质结构;2—全晶质结构;3—半晶质结构

图 1-5　根据矿物的结晶程度划分的三种结构

2. 根据岩石中矿物的晶粒大小分类

根据矿物的晶粒大小,岩石可分为如下几类:

(1)显晶质结构。岩石全部由结晶较大的矿物组成,用肉眼或放大镜即可辨认。

(2)隐晶质结构。岩石全部由结晶微小的矿物组成,用肉眼和放大镜均看不见晶粒,只有在显微镜下可识别。

(3)玻璃质结构。岩石全部由非晶质矿物组成,均匀致密似玻璃。

3. 根据岩石中矿物颗粒的相对大小分类

根据矿物颗粒的相对大小,岩石可分为如下几类(见图 1-6):

(1)等粒结构。岩石中的矿物全部是显晶质粒状,同种主要矿物结晶颗粒大小大致相等。等粒结构是深成岩特有的结构。按矿物结晶颗粒大小可进一步划分为粗粒结构(矿物结晶颗粒平均直径大于 5 mm)、中粒结构(矿物结晶颗粒平均直径 5 ~ 1 mm)、细粒结构(矿物结晶颗粒平均直径小于 1 mm)。

(2)不等粒结构。岩石中同种主要矿物结晶颗粒大小不等、相差悬殊。多见于浅成岩。其中较大的晶体矿物叫斑晶,细粒的微小晶粒或隐晶质、玻璃质叫基质。按其颗粒相对大小又可分为斑状结构和似斑状结构两类。斑状结构是指基质为隐晶质或玻璃质。此种结构是浅成岩或喷出岩的重要特征。似斑状结构是指基质为显晶质的结构。此种结构多见于深成岩体的边缘或浅成岩中。

一般侵入岩多为全晶质等粒结构。喷出岩多为隐晶质致密结构和玻璃质结构,有时

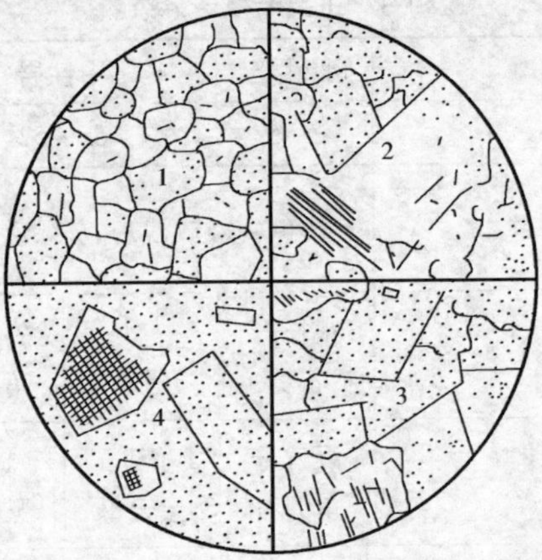

1—等粒结构;2—不等粒结构;3—斑状结构;4—似斑状结构

图1-6 根据矿物颗粒的相对大小划分的结构类型

为斑状结构。

1.2.3.2 岩浆岩的构造

岩浆岩的构造是指岩石中矿物排列与组合的方式,可以表示岩石的外貌与成岩过程中的变化。常见的构造有以下几种:

(1)块状构造。岩石中矿物分布比较均匀,无定向排列,称为块状构造。这种构造在侵入岩中最为常见。

(2)流纹状构造。是因岩浆边流动边冷凝,而在岩石中形成的不同颜色和拉长的气孔呈定向排列的现象。这种构造多出现在喷出岩中,如流纹岩就具有典型的流纹状构造。

(3)气孔状构造。指岩石中有很多气孔,由岩浆中的气体成分挥发而成。这种构造多出现在玄武岩等喷出岩中。

(4)杏仁状构造。岩石中的气孔被后来的物质,如方解石、石英、蛋白石等所充填,形成形似杏仁状的构造。如某些玄武岩和安山岩的构造。

1.2.4 岩浆岩的分类及主要岩浆岩

1.2.4.1 岩浆岩的分类

目前已知的岩浆岩有1 000余种。它们之间虽然存在着矿物成分、结构、构造、产状及成因等方面的差异,但其间又有着紧密的内在联系和变化规律。为了掌握各种岩石的共性、特性及共生关系,有必要对岩浆岩进行分类。

岩浆岩的分类方法甚多,最基本的是按组成物质中 SiO_2 的含量多少将其分为酸性岩、中性岩、基性岩和超基性岩等四大类。然后按岩石的结构、构造和产状将每类岩石划分为深成岩、浅成岩和喷出岩等不同类型,并赋予相应的名称,所以是一种纵向与横向的双向分类法,见表1-4。

1.2.4.2 主要岩浆岩

1. 酸性岩类

在所有的岩浆岩中,酸性岩类 SiO_2 的含量最高,达65%以上。岩石中浅色矿物含量

表1-4　主要岩浆岩分类表

<table>
<tr><td colspan="4">岩石类型</td><td>酸性岩</td><td colspan="2">中性岩</td><td>基性岩</td><td>超基性岩</td></tr>
<tr><td colspan="4">SiO_2 含量(%)</td><td>>65</td><td colspan="2">65~52</td><td>52~45</td><td><45</td></tr>
<tr><td colspan="4">颜色</td><td colspan="3">浅色(浅红、浅灰、灰绿色等)</td><td colspan="2">深色(深灰、黑、暗绿色等)</td></tr>
<tr><td rowspan="2">矿物成分</td><td colspan="3">主要矿物成分</td><td>正长石
石英</td><td>正长石</td><td>斜长石
角闪石</td><td>斜长石
辉石</td><td>辉石
橄榄石</td></tr>
<tr><td colspan="3">次要矿物成分</td><td>黑云母
角闪石</td><td>角闪石
黑云母</td><td>辉石
黑云母</td><td>角闪石
橄榄石</td><td>角闪石</td></tr>
<tr><td rowspan="4">岩石的成因及结构和构造</td><td rowspan="2">喷出岩</td><td rowspan="2">流纹状构造、气孔状构造、杏仁状构造或块状构造</td><td>玻璃质结构</td><td colspan="5">玻璃质火山岩(浮岩、黑曜岩等)</td></tr>
<tr><td>隐晶质结构、细粒结构或斑状结构</td><td>流纹岩</td><td>粗面岩</td><td>安山岩</td><td>玄武岩</td><td>少见</td></tr>
<tr><td>浅成岩</td><td>块状构造(少数气孔状构造)</td><td>斑状结构、显晶质细粒结构或隐晶质细粒结构</td><td>花岗斑岩</td><td>正长斑岩</td><td>闪长斑岩</td><td>辉绿岩</td><td>少见</td></tr>
<tr><td>深成岩</td><td>块状构造</td><td>全晶质结构、均粒状结构或似斑状结构</td><td>花岗岩</td><td>正长岩</td><td>闪长岩</td><td>辉长岩</td><td>辉岩
橄榄岩</td></tr>
</table>

大,占90%左右,主要是正长石和石英。而暗色矿物含量少,主要是黑云母和角闪石,故岩石的颜色较浅,比重也较小(2.5~2.8)。这类岩石与基性岩类相反,深成岩远多于喷出岩,二者之比约为4∶1。主要代表岩石有以下几种:

(1)花岗岩。花岗岩为酸性深成岩,分布非常广泛。常为肉红色或灰白色,全晶质细粒结构、中粒结构或粗粒结构,块状构造。含有大量石英,约占30%,正长石多于斜长石,暗色矿物以黑云母为主,并有少量的角闪石,总计不超过10%。花岗岩的产状常呈巨大的岩基或岩株。花岗岩性质均一、坚硬,岩块抗压强度可达120~200 MPa,是良好的建筑物地基和天然建筑材料。但易风化,风化深度可达50~100 m。

(2)花岗斑岩。花岗斑岩成分与花岗岩相同,为酸性浅成岩。斑状结构,斑晶由长石、石英组成,基质多为细小的长石、石英及其他矿物构成,块状构造。当斑晶以石英为主时称为石英斑岩。

(3)流纹岩。流纹岩是酸性喷出岩,呈岩流状产出。颜色一般较浅,大多是灰、灰白、浅红、浅黄褐等色。常具有流纹状构造,斑状结构,细小的斑晶由长石和石英等矿物组成,基质多由隐晶质和玻璃质的矿物所组成。流纹岩性质坚硬,强度高,可作为良好的建筑材料,但若作为建筑物地基,则需要注意下伏岩层和接触带的性质。

2. 中性岩类

岩石中 SiO_2 的含量为52%～65%，暗色矿物与浅色矿物之比约为1:2，故岩石的颜色也是较浅的。从这类岩石的特点看，一方面与酸性岩成过渡关系，另一方面又与基性岩成过渡关系。所以，这类岩石可以明显分为两支，正长岩—粗面岩类和闪长岩—安山岩类。前者向酸性岩过渡，后者向基性岩过渡。主要代表岩石有以下几种：

(1)正长岩。正长岩多为微红色、浅黄色或灰白色。中粒、等粒结构，块状构造，主要矿物成分为正长石，其次为黑云母、角闪石等；有时含少量的斜长石和辉石，一般石英含量极少；其物理力学性质与花岗岩类似，但不如花岗岩坚硬，且易风化，常呈岩株产出。

(2)正长斑岩。浅红褐色或灰绿色。主要矿物成分与正长岩相同。斑状结构，斑晶为正长石，基质致密。块状构造，属浅成岩。

(3)粗面岩。颜色呈浅红、浅褐黄或浅灰等色。斑状结构，斑晶为正长石，一般石英含量极少，基质很细，为隐晶质，具有细小孔隙，表面粗糙。若岩石中有石英斑晶，可称为石英粗面岩。

(4)闪长岩。闪长岩是中性深成岩体。浅灰色至深灰色，也有黑灰色。主要矿物成分为斜长石、角闪石，其次有辉石、云母等，暗色矿物在岩石中占35%。含石英时称为石英闪长岩，常呈细粒的等粒状结构。分布广泛，多为小型侵入体产出。岩石坚硬，不易风化，岩块抗压强度可达130～200 MPa，可作为各种建筑物的地基和建筑材料。

(5)闪长斑岩。灰绿色、灰褐色。矿物成分与闪长岩相当。斑状结构，斑晶为斜长石，有的为角闪石；基质呈细粒或隐晶质。块状构造。多呈小型岩脉产出，属浅成岩。

(6)安山岩。安山岩为中性喷出岩，矿物成分与闪长岩相当，常呈深灰、黄绿、紫红等色。斑状结构，斑晶以斜长石和角闪石为主，有时为黑云母，无石英斑晶，基质为隐晶质或玻璃质。块状构造，有时具杏仁状构造，常以熔岩流产出。

3. 基性岩类

岩石中 SiO_2 的含量为45%～52%，暗色矿物与浅色矿物含量近于相等。这类岩石分布远较超基性岩广泛，其中喷出岩(玄武岩)又远多于侵入岩，约占所有喷出岩的23%。主要代表岩石有以下几种：

(1)辉长岩。辉长岩为基性深成岩体。岩石多呈黑色或灰黑色。矿物成分以斜长石、辉石为主，也含有少量的黑云母、角闪石矿物。具有中粒结构或粗粒结构，块状构造，常呈岩盘或岩基产出。岩石坚硬，抗风化能力强，具有很高的强度，岩块抗压强度可达200～250 MPa。

(2)辉绿岩。多为暗绿色、黑绿色或暗紫色。其矿物成分与辉长岩相当，常含一些次生矿物，如方解石、绿泥石、绿帘石及蛇纹石等。隐晶质致密结构，常具有杏仁状构造，多呈岩床或岩脉产出。辉绿岩具有良好的物理力学性质，抗压强度也很高，但因节理往往较发育，易风化破碎，会使强度大为降低。

(3)玄武岩。玄武岩是岩浆岩中分布广泛的基性喷出岩。岩石呈黑色、褐色或深灰色。主要矿物成分与辉长岩相同。但常含有橄榄石颗粒，呈隐晶质细粒结构或斑状结构，具有气孔状构造，当气孔中为方解石、绿泥石等所充填时，即构成杏仁状构造。岩石致密坚硬、性脆。岩块抗压强度为200～290 MPa，具有抗磨损、耐酸性强的特点。

4. 超基性岩类

岩石中 SiO_2 的含量 <45%,不含或很少含长石,几乎全部由暗色矿物组成。颜色深,比重大(3.1 ~3.6)。在地壳中分布少,仅占岩浆岩总面积的0.4%。以深成岩为主,浅成岩和喷出岩则少见。主要代表岩石有橄榄岩和辉岩。

(1)橄榄岩。橄榄绿色。主要由橄榄石组成,常含有少量的辉石和角闪石。全晶质中粒结构。块状构造。全由橄榄石组成的称为纯橄榄岩。橄榄岩很少有新鲜的,因其易变成蛇纹石和绿泥石,属深成岩。

(2)辉岩。一般为灰绿色、灰黑色。主要由辉石组成,常含有少量橄榄石。全晶质粒状结构。块状构造。属深成岩。

1.3 沉积岩

沉积岩是指在地表或接近于地表的岩石遭受风化剥蚀破坏的产物,经搬运、沉积和固结成岩作用而形成的岩石。

沉积岩在地表分布极广,出露面积约占陆地表面积的75%。分布的厚度各处不一,且深度有限,一般不过几百米,仅在局部地区才有巨厚的沉积(数千米甚至上万米)。尽管沉积岩在地壳中的总量并不多,但各种工程建筑如道路、桥梁、水坝、矿山等几乎都以沉积岩为地基,同时沉积岩本身也是建筑材料的重要来源。因此,研究沉积岩的形成条件、组成成分、结构和构造等特征,有很大的实际意义。

1.3.1 沉积岩的形成

沉积岩的形成过程是一个长期而复杂的外力地质作用过程,一般可分为四个阶段。

1.3.1.1 风化破坏阶段

地表或接近于地表的各种先成岩石,在温度变化、大气、水及生物长期的作用下,使原来坚硬完整的岩石,逐步破碎成大小不同的碎屑,甚至改变了原来岩石的矿物成分和化学成分,形成一种新的风化产物。

1.3.1.2 搬运作用阶段

岩石风化作用的产物,除少数部分残留原地堆积外,大部分被剥离原地经流水、风及重力作用等,搬运到低地。在搬运过程中,不稳定成分继续受到风化破碎,破碎物质经受磨蚀,棱角不断被磨圆,颗粒逐渐变细。

1.3.1.3 沉积作用阶段

当搬运力逐渐减弱时,被携带的物质便陆续沉积下来。在沉积过程中,大的、重的颗粒先沉积,小的、轻的颗粒后沉积。因此,具有明显的分选性。最初沉积的物质呈松散状态,称为松散沉积物。

1.3.1.4 固结成岩阶段

固结成岩阶段是松散沉积物转变成坚硬沉积岩的阶段。固结成岩作用主要有三种:

(1)压实。压实即上覆沉积物的重力压固,导致下伏沉积物孔隙减小,水分挤出,从而变得紧密坚硬。

(2)胶结。胶结是指其他物质充填到碎屑沉积物粒间孔隙中,使其胶结变硬。

(3)重结晶。重结晶是指新成长的矿物产生结晶质间的联结。

1.3.2 沉积岩的物质组成

沉积岩的物质成分主要来源于先成的各种原岩碎屑、造岩矿物和溶解物质。组成沉积岩的矿物最常见的有20种左右,而每种沉积岩一般由1~3种主要矿物组成。组成沉积岩的物质按成因可分为四类。

1.3.2.1 碎屑物质

碎屑物质是指原岩经风化破碎而生成的呈碎屑状态的物质。它可以是原岩经破坏后的残留碎屑,也可以是原岩经物理风化后,残留下来的抗风化能力较强的矿物碎屑,如石英、长石、白云母等。

1.3.2.2 黏土矿物

黏土矿物主要是含铝硅酸盐岩石经强烈化学风化作用分解后所产生的次生矿物,如高岭石、蒙脱石、水云母等。黏土矿物粒径小于0.005 mm,具有很大的亲水性、可塑性及膨胀性。

1.3.2.3 化学沉积矿物

化学沉积矿物是从真溶液或胶体溶液中沉淀出来的或经生物化学沉积作用形成的矿物。如方解石、白云石、石膏、岩盐、铁和锰的氧化物或氢氧化物等。

1.3.2.4 有机质及生物残骸

有机质及生物残骸是指由生物作用或生物遗骸堆积经地质变化而形成的物质,如贝壳、珊瑚礁、硅藻土、泥炭、石油等。

在沉积岩的组成物质中还有胶结物,这些胶结物通过矿化水的运动被带到沉积物中,它们是来自原始沉积物矿物组分的溶解和再沉淀的生物。常见的胶结物有以下几种:

(1)硅质。胶结物成分为SiO_2。颜色浅,岩性坚固,强度高,抗水性及抗风化性强。

(2)铁质。胶结物成分为铁的氧化物和氢氧化物。颜色深,呈红色,强度仅次于硅质胶结物。

(3)钙质。胶结物成分为Ca、Mg的碳酸盐。颜色浅,强度比较低,具有可溶性。

(4)泥质。胶结物成分为黏土。多呈黄褐色,胶结松散,强度低,易湿软、风化。

(5)石膏质。胶结物成分为$CaSO_4$。硬度小,胶结不紧密。

1.3.3 沉积岩的结构

沉积岩的结构随其成因类型的不同而各具特点,沉积岩的结构主要有以下几种。

1.3.3.1 碎屑结构

碎屑结构是由50%以上的直径大于0.005 mm的碎屑物质被胶结物胶结而成的一种结构。按照岩石中主要碎屑物质颗粒的大小、形状及胶结类型,又可分为以下几种:

(1)按碎屑颗粒大小分为:砾状结构(粒径>2 mm),砂状结构(粒径为2~0.05 mm,其中粗砂结构粒径为2~0.50 mm,中砂结构粒径为0.50~0.25 mm,细砂结构粒径为0.25~0.05 mm),粉砂状结构(粒径为0.05~0.005 mm)。

(2)根据颗粒外形分为:棱角状结构、次棱角状结构、次圆状结构和滚圆状结构(见图1-7)。碎屑颗粒磨圆程度受颗粒硬度、相对密度的大小及搬运距离等因素的影响。

(a)棱角状结构　(b)次棱角状结构　(c)次圆状结构　(d)滚圆状结构

图1-7　碎屑颗粒磨圆分级

(3)按胶结类型可分为三种:基底胶结、孔隙胶结和接触胶结(见图1-8)。当胶结物含量较多时,碎屑颗粒孤立地分散在胶结物之中,互不接触,且距离较大,碎屑颗粒散布在胶结物的基底之上,故称基底胶结。当胶结物含量不多时,碎屑颗粒互相接触,胶结物充填在颗粒之间的孔隙中,称为孔隙胶结。如果只在颗粒接触处才有胶结物,并且颗粒间的孔隙大都是空洞,则称为接触胶结。

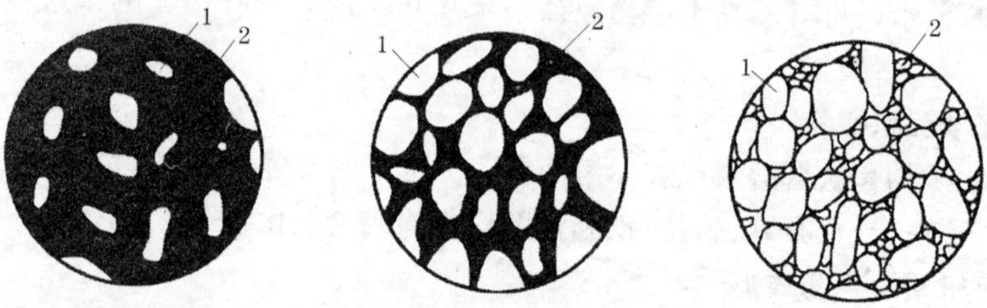

(a) 基底胶结　(b) 孔隙胶结　(c) 接触胶结

1—碎屑颗粒;2—胶结物

图1-8　碎屑岩的胶结类型

碎屑岩胶结物的种类和胶结类型与岩石的工程性质密切相关。硅质胶结的岩石坚硬而泥质胶结的松软;基底胶结牢固,接触胶结的牢固程度最差。所以,不仅要分析胶结物的成分,还应注意其胶结类型。

1.3.3.2　泥质结构

泥质结构是由50%以上的(大都在95%以上)粒径小于0.005 mm的细小碎屑和黏土矿物组成的结构。质地较为均一,致密而性软,也称黏土结构。这种结构是黏土岩的主要特征。

1.3.3.3　晶粒结构

晶粒结构是由岩石中的颗粒在水溶液中结晶(如方解石、白云石等)或呈胶体形态凝结沉淀(如燧石等)而成的。

1.3.3.4　生物结构

生物结构几乎全部是由生物遗体与碎片所组成的,如生物碎屑结构、贝壳结构、珊瑚结构等。

1.3.4　沉积岩的构造

沉积岩的特点是具有层理构造。此外,沉积层面上的波痕、泥裂,以及岩石中的化石、结核等,也是沉积岩的重要构造和鉴定特征。

1.3.4.1 **层理构造**

沉积岩的原始产状一般呈层状分布,其上下为略平而平行的面所分界,上界面称为上层面或顶板,下界面称为下层面或底板。但是,由于沉积环境的变化,沉积岩也可能出现其他一些产状,如图1-9所示。

层理构造是指构成沉积岩的物质由于颜色、成分、颗粒粗细或颗粒特征的不同而形成的分层现象。层与层之间的接触面称为层理面。层理面与层面不同,层理面之间结合得十分紧密,实际上并不真正存在分界面。而层面是由于岩石原始形成过程中发生了沉积间断造成的。层根据其厚度可分为巨厚层(大于1 m)、厚层(1~0.5 m)、中厚层(0.5~0.1 m)、薄层(小于0.1 m)。

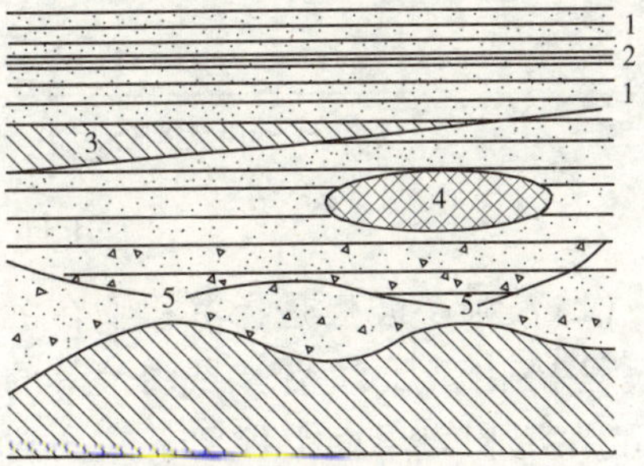

1—层状岩层；2—夹层；3—尖灭层；4—透镜体；5—狭缩

图1-9 沉积岩的产状

层理面与层面的方向不一定一致,根据层理的形态和成因分为以下三种类型(见图1-10)。

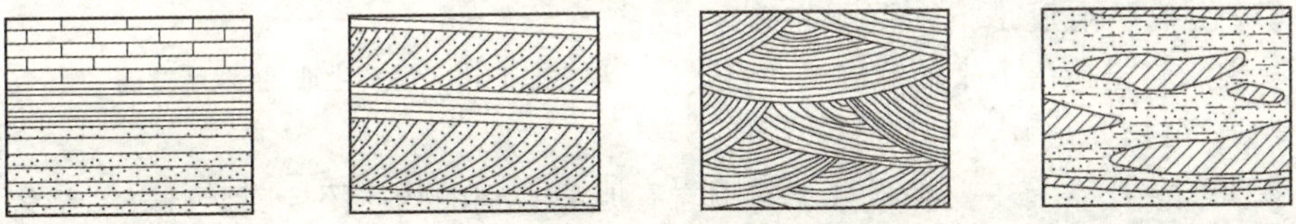

(a) 平行层理 (b) 斜交层理 (c) 交错层理 (d) 透镜体及尖灭层

图1-10 沉积岩层理形态示意图

1. 平行层理

平行层理的层理面与层面相互平行。这种层理主要见于细粒岩石(黏土岩、粉细砂岩等)中。说明是在沉积环境比较稳定的条件下,如广阔的海洋和湖底、河流的堤岸带等,从悬浮物或溶液中缓慢沉积而成的。

2. 斜交层理

斜交层理的层理面向一个方向与层面斜交。这种斜交层理在河流及滨海三角洲沉积物中均可见到,主要是由单向水流所造成的。

3. 交错层理

交错层理的层理面以多组不同方向与层面斜交。交错层理经常出现在风成沉积(如沙丘)或浅海沉积物中,是由于风向或水流动方向变化而形成的。

有些岩层一端厚,另一端逐渐变薄以至消失,这种现象称为尖灭层。若岩层中间厚,向两端不远处的距离内尖灭,则称为透镜体。

1.3.4.2 **层面构造**

层面构造是指在岩层层面上由于水流、风、生物活动等作用留下的痕迹,如波痕(见

图1-11)、泥裂(见图1-12)、雨痕等。

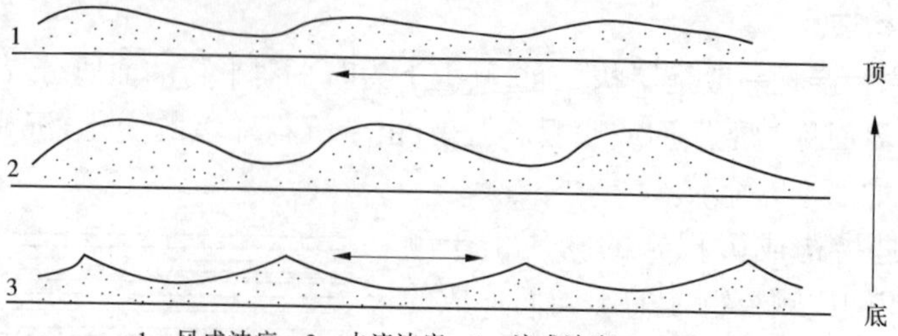

1—风成波痕；2—水流波痕；3—浪成波痕

图1-11 各种不同成因的波痕

(1)波痕。波痕是指沉积物在沉积过程中,由于风力、流水或海浪等的作用,在沉积岩层面上保留下来的波浪痕迹。

(2)泥裂。黏土沉积物表面由于失水收缩而开裂成不规则的多边形裂隙,称为泥裂。裂缝上宽下合,常被泥沙等物质充填。

(3)雨痕。雨痕是指在沉积物表面经受雨滴打击遗留下来的痕迹。

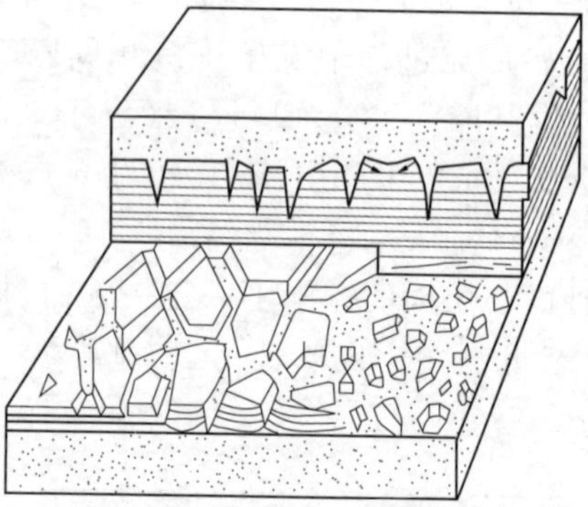

图1-12 泥裂生成、掩埋示意图

1.3.4.3 **结核**

在沉积岩中含有一些在成分上与围岩有明显差别的物质团块,称为结核。结核由某些物质集中凝聚而成,外形常呈球形、扁豆状及不规则形状。如石灰岩中的燧石结核,主要是SiO_2在沉积物沉积的同时以胶体凝聚方式形成的;黄土中的钙质结核,是地下水从沉积物中溶解$CaCO_3$后在适当地点再结晶凝聚形成的。

1.3.4.4 **生物成因构造**

由于生物的生命活动和生态特征而在沉积物中形成的构造称生物成因构造。如生物礁体、叠层构造、虫迹、虫孔等。

在沉积过程中,若有各种生物遗体或遗迹(如动物的骨骼、甲壳、蛋卵、粪便、足迹及植物的根、茎、叶等)埋藏于沉积物中,后经石化交代作用保留在岩石中,则称为化石(见图1-13)。根据化石种类可以确定岩石形成的环境和地质年代。

此外,还有缝合线等,它们都是沉积岩形成条件的反映,不仅对研究沉积岩很重要,而且对研究地史和古地理具有重要意义。

1.3.5 沉积岩的分类及主要沉积岩

根据组成的物质成分和结构特征,沉积岩可分为碎屑岩类、黏土岩类、化学岩和生物化学岩类,如表1-5所示。

在各种沉积岩中,分布最广、最常见的只有几种,即:页岩、砂岩和石灰岩。这三种岩

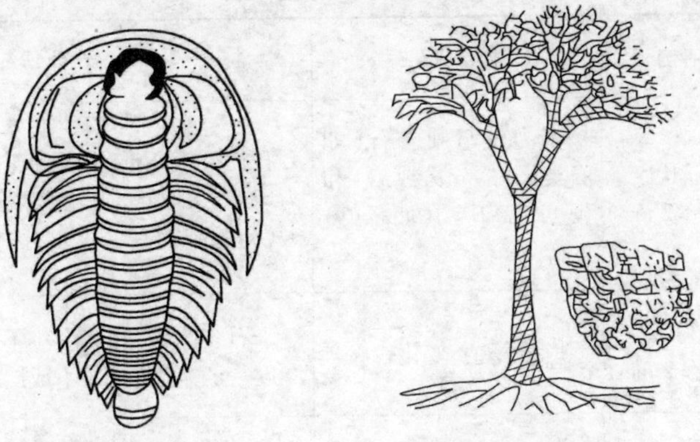

(a) 雷氏三叶虫　　(b) 鳞木

图1-13　几种典型化石

石约占全部沉积岩总量的99%。此外,在地表常可见到砂、砾石、卵石和黏土等松散沉积物。

1.3.5.1　碎屑岩类

1. 砾岩和角砾岩

碎屑岩中大于2 mm的碎屑颗粒,称为砾石或角砾。圆状和次圆状砾石含量大于50%的岩石,称为砾岩。如果砾石为棱角状或次棱角状,则称为角砾岩。砾岩和角砾岩主要由岩屑组成,矿物成分多为石英、燧石,胶结物有硅质、泥质、钙质或其他化学沉淀物。胶结物的成分与胶结类型对砾岩的物理力学性质有很大影响,若为基底胶结类型,且胶结物为硅质或铁质的砾岩,抗压强度可达200 MPa以上,是良好的建筑物地基。

2. 砂岩

砂岩是由50%以上的砂粒胶结而成的岩石。根据颗粒大小、含量不同,砂岩可分为粗粒砂岩、中粒砂岩、细粒砂岩及粉粒砂岩。按颗粒主要矿物成分可分为石英砂岩、长石砂岩、硬砂岩和粉砂岩等。石英砂岩中石英含量大于95%,一般为硅质胶结,呈白色,质地坚硬。长石砂岩中长石含量大于25%,故岩石呈浅红色或浅灰色,颗粒圆度、分选性都较差,中粗粒居多。硬砂岩成分复杂,色暗,表面粗糙,颗粒的圆度及分选性较差。粉砂岩中颗粒粒径在0.05～0.005 mm的含量大于50%,成分以石英为主,常含有云母,颗粒圆度差,泥质含量高,常有水平层理。砂岩中胶结物成分和胶结类型不同,抗压强度也不同。硅质砂岩抗压强度为80～200 MPa,泥质砂岩抗压强度较低,为40～50 MPa或更小。

碎屑岩为区别于火山碎屑岩,亦称为沉积碎屑岩。火山碎屑岩是从火山口喷出的物质,经过短距离的搬运而沉积在地球上的岩石,常见的有火山集块岩、火山角砾岩、凝灰岩等,它们在成分上都是火山质的,与沉积碎屑岩不同。

1.3.5.2　黏土岩类

黏土岩主要是由粒径小于0.005 mm的颗粒组成的,并含大量黏土矿物的岩石。此外,还含有少量的石英、长石、云母。黏土岩一般都具有可塑性、吸水性、耐火性等,有重要的工程意义。主要的黏土岩有两种,即泥岩和页岩。

表1-5　沉积岩分类简表

类型	岩石名称	结构	主要成分	其他特征
碎屑岩	砾岩	砾状（粒径>2 mm）	多为较坚硬岩石（如石英岩、部分火成岩）和硬度较高矿物（如石英）的碎屑	直径大于2 mm的砾石占50%以上，砾石多为球状、次球状，成分较复杂，岩石的颜色变化大（与胶结物有关），岩石中层理多不清楚
	角砾岩	角砾状（粒径>2 mm）	成分复杂，变化较大	砾石多为棱角状，大小不等，形状各异；岩石厚度一般不大，且多不成层状
	砂岩	砂状（粒径2～0.05 mm）	多为耐风化的矿物如石英、长石、白云母及部分岩石碎屑	岩石外表为灰白、红等浅色，由50%以上直径为2～0.05 mm的砂粒组成，按颗粒大小还可分为粗砂岩（2～0.5 mm）、中砂岩（0.5～0.25 mm）和细砂岩（0.25～0.05 mm）；按岩石成分则可分为石英砂岩（含石英颗粒90%以上）、长石砂岩（含长石25%以上，并含石英颗粒）和硬砂岩（含50%左右的石英和长石颗粒，并含其他岩石碎屑）
	粉砂岩	砂状（粒径0.05～0.005 mm）	多为石英，次为长石、白云母，很少岩石碎屑	由50%以上粒径0.05～0.005 mm的粉砂组成，常呈棱角状，胶结物以钙、铁质为主
黏土岩	泥岩（黏土岩）	泥质（粒径<0.005 mm）	主要为粒径<0.005 mm的黏土矿物（肉眼不易确定），并常含有其他矿物碎屑	厚层块状，固结程度较高，无清楚的层理，也可称为黏土岩
	页岩			具页片状层理或薄层状构造，颜色多变，因含杂质可具不同名称，如钙质页岩、炭质页岩、铁质页岩等
化学岩及生物化学岩	石灰岩	隐晶质或结晶粒状	主要为方解石，并常混入白云石、黏土等杂质	多为浅色，因含杂质可有红、褐、灰、黑等色；性脆，遇冷稀盐酸可剧烈起泡；易被溶蚀形成各种喀斯特形态；按成因、结构的不同可有各种名称，如生物石灰岩、竹叶状石灰岩、鲕状石灰岩等
	白云岩	结晶粒状或隐晶质	主要为白云石，次为方解石和黏土矿物	多为淡黄、淡褐、白等浅色，遇稀盐酸不起泡或微弱起泡；风化面常有白云石粉末及纵横交错的网状溶沟
	泥灰岩	微粒状或泥质	除方解石、白云石外，黏土矿物含量达25%～50%	浅黄、浅绿、浅灰等浅色，岩石致密，遇冷稀盐酸起泡，且有泥质残余物出现。为石灰岩和黏土岩间的过渡型岩石

1. 泥岩

泥岩是固结程度较高的一种黏土岩，以层厚和页状构造不发育为特征。泥岩一般为土黄色，常因混入钙质、铁质等，岩石颜色发生变化。

2. 页岩

页岩以具页片状构造为特征，很容易沿页片剥开，岩性致密均一，强度小，不透水，有滑感。颜色多为土黄色或黄绿色。如含较多的炭质或铁质，则岩石相应呈黑色或褐红色。页岩由于基本不透水，通常被作为隔水层。但性质软弱，抗压强度一般为20～70 MPa或更低，浸水后强度显著降低，抗滑稳定性差。

1.3.5.3 化学岩和生物化学岩类

1. 石灰岩

石灰岩简称灰岩，主要化学成分为碳酸钙，矿物成分以结晶的细粒方解石为主，其次含少量白云石等矿物，颜色多为深灰、浅灰，质纯石灰岩呈白色，具有致密状、鲕状、竹叶状等结构。石灰岩一般遇酸起泡剧烈，而硅质石灰岩、泥质石灰岩遇酸反应较差。含硅质、白云质的石灰岩和纯石灰岩强度高，含泥质、炭质的石灰岩和贝壳状石灰岩强度低。石灰岩一般抗压强度为40～80 MPa。石灰岩具有可溶性，易被地下水溶蚀，形成宽大的裂隙和溶洞，是地下水的良好通道。

2. 白云岩

白云岩主要由白云石组成，常含有少量的方解石、石膏、燧石、黏土等矿物，颜色多为灰白、浅灰色，含泥质时呈浅黄色，隐晶质或细晶粒状结构。白云岩与石灰岩的外貌很相似，但白云岩加冷稀盐酸不起泡或微弱起泡，在野外露头上常以许多纵横交叉似刀砍状溶沟为其特征。

3. 泥灰岩

石灰岩中均含有一定数量的黏土矿物，若含量达30%～50%，则称为泥灰岩。颜色有灰色、黄色、褐色、红色等。区别它与石灰岩时，滴盐酸起泡后留有泥质斑点。泥灰岩结构致密，易风化，抗压强度低，一般为6～30 MPa。较好的泥灰岩可做水泥原料。在化学岩和生物化学岩类中，泥灰岩包括富含铝、锰、铁、磷的铝质岩、铁质岩、锰质岩、磷质岩、石膏、岩盐等。煤和油页岩等可燃性有机岩也属于泥灰岩。

1.4 变质岩

地壳中先成岩石，由于构造运动和岩浆活动等所造成的物理、化学条件的变化，使原来岩石的成分、结构、构造等发生一系列改变而形成的新岩石，称为变质岩。这种使岩石发生质的变化的过程，称为变质作用。

1.4.1 变质作用的因素及类型

引起变质作用的因素有温度、压力及化学活动性流体。变质温度的基本来源包括地壳深处的高温、岩浆及地壳岩石断裂错动产生的高温等。引起岩石变质的压力包括上覆岩石自重引起的静压力、侵入岩体空隙中的流体所形成的压力以及地壳运动或岩浆活动产生的定向压力。化学活动性流体则是以岩浆、H_2O、CO_2为主，并含有其他一些易挥发、易流动物质的流体。

因此，岩石的变质作用，一方面是在地下一定深度处于较高温度、较大压力条件下进行的,因而不同于在常温常压条件下进行的外动力地质作用;另一方面,这种作用是在固态固体下进行的,所以也不同于岩浆作用。

根据变质作用的地质成因和变质作用因素,将变质作用分为以下几种类型(见图1-14)。

Ⅰ—岩浆岩;Ⅱ—沉积岩;1—动力变质作用;
2—热接触变质作用;3—接触交代变质作用;4—区域变质作用

图1-14 变质作用及变质岩类型示意图

1.4.1.1 接触变质作用

接触变质作用是由于岩浆活动的侵入,在岩浆高温的影响下,使接触带的围岩发生重结晶或产生新矿物的作用。当地壳深处的岩浆上升侵入围岩时,围岩受岩浆高温的影响,或受岩浆中分异出来的挥发成分及热液的影响,而产生变质,所以这种变质作用仅局限在侵入体与围岩的接触带内,距侵入体越远,围岩变质程度越浅。

根据变质过程中侵入体与围岩间有无化学成分的相互交代,接触变质作用可分为热接触变质作用和接触交代变质作用两种类型。

(1)热接触变质作用。热接触变质作用也称热力变质作用,是由于岩浆侵入体释放的热能,使接触带附近围岩的矿物成分和结构、构造等发生变化的一种变质作用。主要表现为原岩成分的重结晶,产生新的矿物组合和新的结构、构造,而化学成分基本上没有发生变化,如石灰岩变为大理岩,砂岩变为石英砂岩等。

(2)接触交代变质作用。接触交代变质作用是由于岩浆成分结晶晚期析出的大量挥发成分和热液,通过交代作用使接触带附近的侵入体与围岩在岩性和化学成分上均发生变化的一种变质作用。这种作用与热接触变质作用的区别在于围岩温度升高的同时还有化学成分的进入和带出。接触交代变质作用主要发生在酸性、中性侵入体与石灰岩的接触带,往往形成矽卡岩。

1.4.1.2 动力变质作用

动力变质作用也称碎裂变质作用,是在构造运动产生的强应力作用下,使原岩及其组成矿物发生变形、机械破碎及轻微的重结晶现象的一种变质作用。由于应力性质和强度的不同,这种作用可形成断层角砾岩、糜棱岩等,同时有蛇纹石、叶蜡石、绿帘石等变质矿物产生。动力变质作用主要发生在岩层的强烈褶皱带或沿断裂带呈条带状分布(岩石因构造应力作用而产生的变质作用)。

1.4.1.3 区域变质作用

区域变质作用是指由于大规模构造运动和岩浆活动引起的高温高压作用,地下深处广大地区的岩石发生的变质作用。变质范围往往达数百或数千平方千米。这种变质作用实际上是各种变质因素综合作用的结果,形成的岩石种类很多,如黏土质岩石可变成片岩、片麻岩。

变质作用一般不改变原生岩石的产状,因此产状不能作为变质岩的特征。但是由于受到强烈的挤压,原生岩石的产状也可能发生某些变化,如原生岩体在压力作用方向上受到强烈的压缩等。

1.4.2 变质岩的矿物成分

组成变质岩的矿物种类很多,一部分是与原岩相同的,如火成岩和沉积岩中的长石、石英、云母、方解石、黏土矿物等;另一部分则是在变质过程中产生的,只有在变质岩中才出现的矿物(称为变质矿物),如绿泥石、绢云母、蛇纹石、滑石、石榴子石、硅灰石、红柱石、石墨等。变质矿物是在特定环境下产生的,是鉴定变质岩的重要依据。

1.4.3 变质岩的结构

变质岩的结构按成因可分为变晶结构、变余结构、碎裂结构。

1.4.3.1 变晶结构

变晶结构是指原岩在固态条件下,岩石中的各种矿物同时发生重结晶和变质结晶所形成的结构。因变质岩的变晶结构与岩浆岩的结构相似,为了区别起见,一般在岩浆岩结构名称上加变晶二字。变晶是对变质矿物颗粒而言的,包括变晶大小、形状等。如大理岩为粒状变晶结构。绢云母、绿泥石为鳞片状变晶结构等。

1.4.3.2 变余结构

当岩石变质轻微时,重结晶作用不完全,变质岩还可保留有母岩的结构特点,即称为变余结构。如泥质砂岩变质以后,泥质胶结物变成绢云母和绿泥石,而其中碎屑物质(如石英)不发生变化,便形成变余砂状结构。还有其他的变余结构,如与岩浆岩有关的变余斑状结构、变余花岗结构等。

1.4.3.3 碎裂结构

局部岩石在定向压力作用下,矿物及岩石本身发生弯曲、破碎,而后又被黏结起来而形成新的结构,称为碎裂结构。这种结构常具条带和片理,是动力变质中常见的结构,根据破碎程度可分为碎裂结构、碎斑结构、糜棱结构。

1.4.4 变质岩的构造

变质岩的构造与岩浆岩及沉积岩有着显著的区别,是鉴定变质岩的可靠特征。常见的构造有片理构造和块状构造。

1.4.4.1 片理构造

片理构造是指岩石中所含的大量的片状、板状及柱状矿物在定向压力作用下平行排列,且沿此排列方向易使岩石裂开成薄片的构造。裂开的面称为片理面。片理延伸不远,片理面可能是平的、弯曲的或波状的,并且平滑光亮,据此可与沉积岩的层理及层理面相区别。

根据片理面特征、变质程度等特点,片理构造可进一步分为片麻状构造、片状构造、千枚状构造和板状构造。

(1)片麻状构造。又称片麻理。其特征是鳞片状、柱状或针状矿物呈大致平行排列,其间常夹着不规则的粒状矿物(石英、长石等),互相构成深色与浅色条带交互的状态。具有这种构造的岩石叫片麻岩。片麻岩通常矿物结晶程度高,颗粒较粗大。

(2)片状构造。指岩石中大量片状或柱状矿物(如云母、绿泥石、滑石、绢云母、石墨等)定向排列所形成的薄层状构造。片理薄而清晰,沿片理面易剥开成不规则的薄片。狭义的片理构造即指片状构造。具这种构造的岩石叫片岩。

(3)千枚状构造。特点是片理面呈较强的丝绢光泽,有小的皱纹,由极薄的片组成,易沿片理面劈成薄片状。具这种构造的岩石叫千枚岩。

(4)板状构造。又称板理。指岩石中由显微片状矿物大致平行排列所成的具有平行板状劈理的构造。岩石一般变质程度较浅,呈厚板状,板面平整,沿板理极易劈成薄板状,板面微具光泽。具这种构造的岩石叫板岩。

1.4.4.2 块状构造

当变质作用中没有定向、高压这一因素时,则形成的变质岩中,矿物排列无一定方向,结构均一,一般称块状构造。部分大理岩和石英岩具此种构造。这种构造与火成岩的块状构造相似,但又不完全一样。

1.4.5 变质岩的分类及主要变质岩

1.4.5.1 变质岩的分类

变质岩的种类很多,它们生成时的物理化学条件和地质环境又有较大差别。因此,分类和命名方法尚难统一。通常是按变质岩特有的构造特征划分岩石的类型,如具片麻状构造的称为片麻岩,具片状构造的称片岩,具千枚状构造和板状构造的分别称为千枚岩和板岩。常见的具块状构造的变质岩有石英岩、大理岩、碎裂岩、糜棱岩等。主要变质岩的划分类型见表1-6。

表1-6 主要变质岩分类表

岩石名称	构造	矿物成分	其他特征
片麻岩	片麻状	主要为长石和石英,两者含量之和>50%,片状或柱状矿物可有云母、角闪石、辉石等,并可含硅线石、蓝晶石、石榴子石等变质矿物	外表颜色深浅不一,视矿物成分而定;矿物颗粒大小也不一样,但肉眼均能辨认。具明显的片麻状构造为该类岩石的主要特征
片岩	片状	主要为云母、绿泥石、滑石、角闪石等片状或柱状矿物,粒状矿物可有石英	具明显的片状构造,沿片理面易于裂开,岩石表面多具丝绢光泽或珍珠光泽;矿物颗粒呈定向排列,肉眼易于辨认。常为粗粒结晶状,故也称为结晶片岩

续表 1-6

岩石名称	构造	矿物成分	其他特征
千枚岩	千枚状	主要为黏土矿物及绢云母、绿泥石、石英等，但肉眼较难辨认	多为黄绿、灰黑、青褐、红等颜色，岩石致密。一般具细粒鳞片变晶结构，表面具明显的丝绢光泽，千枚状构造明显
板岩	板状	肉眼难辨认，在板理面上可见有绢云母、绿泥石等变质矿物	具明显的板状构造，外表多为深灰色至黑色，大多为隐晶质致密结构，可分裂成薄层的石板作为屋瓦、铺路等建筑材料。敲击石板有清脆的声音
大理岩	块状	主要为方解石、白云石（碳酸盐矿物含量 > 50%），有时含少量石墨、蛇纹石、橄榄石、石榴子石或石英、云母等	一般为白色，但因含杂质可有各种不同的颜色和花纹；具粒状变晶结构；组成矿物的硬度较小，遇稀冷盐酸可起泡
石英岩	块状	石英含量 > 85%，并可含有少量云母、长石、绿泥石、石墨等	纯者为白色，因含杂质可呈灰、黄、红等色；多具粒状变晶构造；断口平坦，具油脂光泽；岩性坚硬，抗风化能力强
碎裂岩	块状	主要由较小的岩石碎屑和矿物碎屑组成，其成分视原岩成分而定，有时有少量绢云母、绿泥石等变质矿物	为原岩经强烈挤压破碎形成的动力变质岩，由大小不一的各种棱角状碎屑经胶结而成，具碎裂结构。碎裂岩的分布常与断裂和褶皱作用有关，如断层角砾岩、压碎岩等
糜棱岩	块状	主要为石英、长石及少量变质矿物如绢云母、绿泥石等	为原岩经强烈挤压破碎后形成的一种粒状较细的动力变质岩；外表多为各种绿色，一般具有似流纹的条带，多出现在断层带内

1.4.5.2 主要变质岩及其特征

1. 片麻岩

片麻岩具有明显的片麻状构造，主要矿物为长石、石英，两者含量大于50%，且长石含量一般多于石英。片状或柱状矿物可以是云母、角闪石、辉石等，有时也含有硅线石、石榴子石、蓝晶石等特征变质矿物。片麻岩为中、粗粒鳞片状变晶结构，多呈肉红色、灰色、深灰色且为变质程度较深的区域变质岩。岩石的物理力学性质视含有矿物成分不同而异，一般抗压强度达120～200 MPa，当云母含量增多且富集在一起时，则强度大为降低。由于片理发育，故岩石较易风化。

2. 片岩

片岩具有典型的片状构造，主要由云母、石英矿物组成，其次为角闪石、绿泥石、滑石、石墨、石榴子石等，以不含长石区别于片麻岩。片岩依所含矿物成分不同可分为云母片岩、绿泥石片岩、角闪石片岩、滑石片岩等。片岩强度较低，且易风化，由于片理发育，易沿片理裂开。

3. 千枚岩

千枚岩是具典型千枚状构造的浅变质岩。多由黏土矿物、粉砂岩变质而成,主要由细小的绢云母、绿泥石、石英、斜长石等新生矿物组成,一般具细粒鳞片变晶结构,片理面上有明显的丝绢光泽和微细皱纹或小的挠曲构造。千枚岩性质软弱,易风化破碎,在荷载作用下容易产生蠕动变形和滑动破坏。

4. 板岩

板岩是页岩经浅变质而成的,多为深灰色至黑灰色,也有绿色及紫色,主要成分由硅质和泥质矿物组成,肉眼不易辨别,结构致密均匀,具有板状构造,沿板状构造易于裂开成薄板状。通过击打板岩会发出清脆声,可据此与页岩区别。板岩能加工成各种尺寸的石板,作为建筑材料。板岩透水性弱,可作隔水层加以利用,但在水的长期作用下软化、泥化形成软弱夹层。

5. 石英岩

石英岩由石英砂岩和硅质岩变质而成,矿物以石英为主,其次为云母,一般呈白色,油脂光泽,具有变余粒状结构,块状构造,是一种极坚硬、抗风化能力很强的岩石,岩块抗压强度可达300 MPa以上,可作为良好的建筑物地基。但因性脆,较易产生密集性裂隙,形成渗漏通道,应采取必要的防渗措施。

6. 大理岩

大理岩由石灰岩重结晶而成,具有细粒、中粒和粗粒结构,主要矿物为方解石和白云石,纯大理岩是白色,又称为汉白玉。含有杂质时带有灰色、黄色、蔷薇色,具有美丽花纹,是贵重的雕刻和建筑石料。大理岩硬度小,与盐酸作用起泡,所以很容易鉴别,具有可溶性,强度随其颗粒胶结性质及颗粒大小而异,抗压强度一般为50~120 MPa。

岩浆岩、沉积岩和变质岩三大类岩石的肉眼鉴定,应结合岩石标本在实验课中进行。

综上所述,地壳是由各种各样的岩石组成的,岩石是在地壳发展过程中内、外动力地质作用的必然产物。由于各类岩石形成条件不同,它们在产状、矿物组成、结构、构造等方面也各具特点。据此,可对三大类岩石进行属性比较和分类鉴定。图1-15基本上标明了三大类岩石之间的关系。

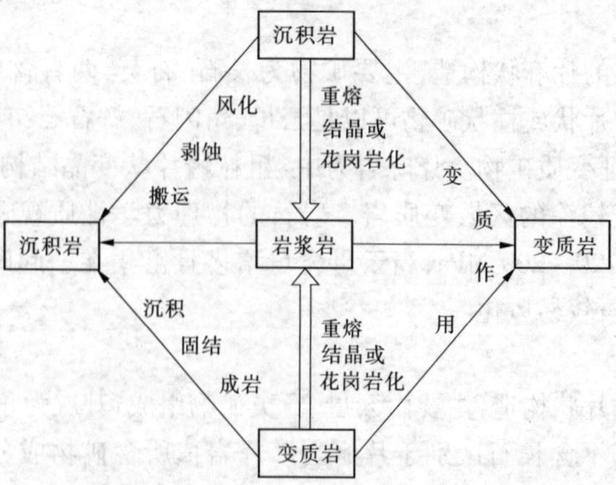

图1-15　三大类岩石之间的关系示意图

1.5 岩石的工程地质性质

不同的岩石具有不同的工程性质,同一岩石由于外部影响条件不一,其工程性质也不一样。岩石的工程性质主要受矿物成分、结构、构造、成因、水和风化等因素的影响。

岩石的矿物成分对岩石的物理力学性质有直接的影响。石英岩的力学强度比大理岩高,是因为石英的强度比方解石高。又如石灰岩或砂岩,如果黏土含量多时,强度就明显降低,也是因为受强度低、抗水性差的黏土矿物影响的的结果。由黏土矿物组成的泥岩或页岩,不仅性质软弱、变形量大、浸水后易软化和泥化,当高岭石、蒙脱石等矿物含量高时,还具有膨胀性及崩解性。因此,这类岩石一般不宜作为水工建筑物的地基,如成为场地边坡,其稳定性往往也很差。在石灰岩、白云岩及大理岩分布地区,由于其主要组成矿物方解石溶于水,故该地区的工程地质问题主要是岩溶渗漏及塌陷。一般情况下,变质岩的力学强度较变质前相对增高。但是,若存在某些软弱变质矿物,如绿泥石、绢云母、滑石等,其力学强度会明显降低,抗风化能力亦会变差。

按结构特征,岩石可分为结晶联结(如花岗岩等)和胶结联结(如砂岩等)。结晶联结结合力强,孔隙度小,一般比胶结联结的岩石具有较高的强度和稳定性。同一岩石结晶颗粒越细,分布越均匀,强度就越大。如粗粒花岗岩的抗压强度一般为120~140 MPa,而细粒花岗岩则可达200~250 MPa。胶结联结的岩石,其强度和稳定性主要取决于胶结物的成分和胶结类型,同时也受碎屑成分的影响。硅质胶结的强度高、稳定性好,泥质胶结的强度低、稳定性差。铁质和钙质胶结的介于两者之间。如泥质胶结的砂岩,其抗压强度一般只有60~80 MPa,钙质胶结的可达120 MPa,而硅质胶结的则可达170 MPa。基底胶结的岩石孔隙度小,其强度和稳定性完全取决于胶结物的成分。孔隙胶结的岩石,其强度与碎屑和胶结物的成分都有关系。接触胶结的岩石强度低,透水性强。

岩石的构造不一,其物理力学性质也各异。具有片理、层理、流纹等构造的岩石,表现出各向异性的特征。例如,垂直片理或层理的岩石,其抗压强度大于平行层理或片理的岩石,见表1-7。沿片理、层理、流纹等方向易产生滑动,故不利于建筑物地基和边坡岩体稳定。此外,致密块状的岩石,比具有气孔状构造的岩石孔隙率小,抗水性、抗冻性强,力学强度高。

表1-7 层理对岩石抗压强度的影响

岩石名称	砂岩		砂质页岩		页岩	
与层理方向的关系	平行	垂直	平行	垂直	平行	垂直
湿抗压强度(MPa)	30~60	40~80	50	80	44	55

水对岩石的影响,主要是表现在其强度的削弱方面。例如,石灰岩或砂岩饱水后,其极限抗压强度低25%~45%。当然,这种削弱的程度,对于不同成因的岩石是不一样的。

实践证明,新鲜岩石的强度比风化岩石高。岩石风化后孔隙率增大,密度减小,吸水性和透水性显著增高,强度和稳定性也大为降低。风化对岩石的影响,最终可以归结为对岩石强度的削弱上。

综上所述,各类岩石的工程地质性质首先取决于岩石的成因类型(包括岩石矿物组成、结构、构造等),其次是各种地质作用对岩石的影响,如水和风化作用等。下面按照岩石的成因类型,分别简述各类岩石的工程地质性质。

1.5.1 岩浆岩的工程地质性质

岩浆岩的特征主要取决于岩浆岩的形成环境和岩浆岩的成分。特别是形成环境,它控制着火成岩的结构、构造及矿物之间的联结能力,也决定了岩石的工程地质性质。一般来说,岩浆岩具有较高的力学强度,可作为各种建筑物良好的地基及天然建筑石料。但各类岩石的工程地质性质有所差异,也应注意。

1.5.1.1 深成岩

深成岩具结晶联结,晶粒粗大均匀,孔隙率小,裂隙较不发育,透水性小,力学强度高。岩体大,整体稳定性好,是良好的建筑物地基,也是常用的建筑材料。但应注意这类岩石由多种矿物结晶组成,晶粒粗大,抗风化能力较差,特别含 Fe、Mg 质较多的基性岩,更易风化破碎,故应注意研究其风化程度及深度。

1.5.1.2 浅成岩

浅成岩和脉岩常呈斑状结构,有时也呈伟晶、细晶和隐晶质结构,所以这一类岩石的力学强度各不相同。一般情况下,中、细晶质和隐晶质结构的岩石透水性小,力学强度较高,抗风化性能较深成岩强。但斑状结构岩石的透水性和力学强度变化较大,特别是脉岩类,岩体小,且穿插于不同的岩石中,易风化,使力学强度降低、透水性增大。

1.5.1.3 喷出岩

喷出岩由于结构和构造多种多样,产状不规则,厚度变化大,岩性很不均一,所以其强度和透水性相差悬殊。致密状玄武岩的重度、密度都较大,力学强度高,抗风化能力较强,是良好的地基和建筑材料。但玄武岩常具有气孔状构造和原生柱状节理,因此使得岩石强度降低、透水性增大。玄武岩柱状节理发育,可形成陡坡,常产生崩塌现象。流纹岩的斑晶较细,基质多为玻璃质,常具流纹状构造,岩性各向异性,强度变化也较大。

1.5.2 沉积岩的工程地质性质

在评述沉积岩的工程地质性质时,应着重考虑沉积岩的两个重要特点:一是各类沉积岩都具有成层分布规律,存在着各向异性特征,且层的厚度各不相同;二是沉积岩从成分上分为碎屑岩、黏土岩、化学岩及生物化学岩,它们的工程地质性质存在着很大的差异。

1.5.2.1 碎屑岩

碎屑岩包括砾岩、砂岩、粉砂岩,工程地质性质一般较好,其特征主要取决于胶结物成分、胶结类型和碎屑颗粒成分。一般情况下,粉砂岩较砂砾岩差,其中硅质胶结的石英砂岩,强度比其他砂岩要高;而钙质、石膏质和泥质胶结的砂砾岩,尤其是粉砂岩,强度极低,抗风化能力弱,遇水容易溶解或软化。我国南方各省的红色岩层,多为钙质、泥质胶结的砂砾岩、粉砂岩和黏土岩互层,在这类红色岩层地区筑坝,应注意地基能否沿泥化夹层产生滑动。

1.5.2.2 黏土岩

黏土岩和页岩的性质相近,抗压强度和抗剪强度低,受力后变形量大,浸水后易软化和泥化。若含蒙脱石成分,还具有较大的膨胀性。这两种岩石对建筑物地基和建筑场地边坡的稳定都极为不利,但其透水性小,可作为隔水层和防渗层。

1.5.2.3 化学岩及生物化学岩

化学岩和生物化学岩抗水性弱,常具有不同形态的可溶性。碳酸盐类岩石具中等强度,一般能满足工程设计要求,但存在于其中的各种不同形态的岩溶,往往成为集中渗漏的通道。易溶的石膏、岩盐等化学岩,往往以夹层形式存在于其他沉积岩中,质软,浸水易溶解,常常导致地基和边坡的失稳。

1.5.3 变质岩的工程地质性质

变质岩一般情况下由于原岩矿物成分在高温高压下重结晶的结果,岩石的力学强度较变质前相对增高。但是,如果在变质过程中形成某些变质矿物,如滑石、绿泥石、绢云母等,则其力学强度会相对降低,抗风化能力变差。

(1)动力变质岩。动力变质作用形成的变质岩,其岩石性质取决于碎屑矿物的成分、粒径大小和压密胶结程度。但通常胶结得不好,孔隙、裂隙发育,强度变低,抗水性差。

(2)接触变质岩。接触变质岩因经过重结晶,岩石的力学强度较变质前相对增高。但变质程度各处不一,距侵入体越近,越易变质,在很小的范围内变质程度就相差悬殊,岩性很不均一。接触变质的岩石,常因受地壳构造运动的影响而裂隙发育,加上其中有小岩脉穿插,岩性显得复杂多样,其工程地质性质变化较大。

(3)区域变质岩。区域变质岩分布范围广,厚度大,变质程度和岩性较均一,但因多数岩石具片理构造,使岩石具有各向异性特征。随着片理的发育,滑石、绿泥石、云母等含量的增加,岩石强度显著降低。一般说来,板岩、千枚岩、滑石片岩、绿泥石片岩、云母片岩等岩石的工程地质性质较差,片麻岩、石英岩及大理岩等岩石,致密坚硬,岩性比较均一,强度高,是建筑物的良好地基;但当裂隙发育或有较大断裂带时,常常会形成裂隙含水带和地下水渗漏的通道,成为岩体滑动的较弱带,而使其工程地质性质变差。

综上所述,不同种类的岩石,由于其成因、成分、结构和构造不同,岩石的工程地质性质差异是很大的。同时,还应结合具体工程的要求来进行评价。

小　结

地球具有层圈构造,地壳是固体地球最外部的层圈。元素、矿物、岩石是组成地壳的基本单位。火成岩是岩浆作用的产物,变质岩是变质作用的产物,沉积岩是沉积作用的产物。它们都有各不相同的矿物成分、结构构造特征和代表性岩石。

1.地球的圈层构造

地球的外部圈层:大气圈、水圈和生物圈。

地球的内部圈层:地壳、地幔和地核。

2. 地壳物质的组成

组成地壳的基本物质是各种化学元素。元素组成矿物，矿物集合形成岩石，所以组成地壳物质的基本单位是岩石。

3. 造岩矿物的物理性质

造岩矿物的物理性质主要有形态、颜色、条痕、光泽、解理、断口、硬度等，它们是肉眼鉴定识别矿物的重要标志。通过学习，要熟悉常见造岩矿物的物理性质。

4. 岩石

岩石是矿物的天然集合体。岩浆岩多为结晶结构，矿物颗粒紧密联结，形成一种刚性的、主要是均质各向同性的岩石材料。沉积岩主要是由岩矿碎屑的机械沉积物和溶液的化学沉积物胶结、固结而成的，强度不高，尤其是未固结的松散沉积物，强度及坚固性较小，而且沉积物层理构造发育，使得其力学性质各向异性显著。变质岩多为重结晶结构，强度一般较高，但受构造运动影响从而片理构造发育，其岩性各向异性。

5. 地层岩性

地层岩性是最基本的工程地质条件之一，它对评价工程岩体的稳定性和渗漏性具有重要的意义。从岩性上讲，它包括了岩浆岩、沉积岩、变质岩三大类岩石。通过研究建筑场地的地层岩性，可以了解岩石的形成时代、成因、产状、颜色、结构、构造等自然属性特征，对岩石的工程地质性质作出定性评价。而岩石的物理性质、力学性质和水理性质指标，则是定量评价岩石工程地质性质的可靠依据。

练习题

1-1 思考题

1. 什么是矿物？野外鉴定矿物时，主要依据矿物的哪些物理性质？常见的造岩矿物有哪几种？

2. 依次熟记摩氏硬度计的代表矿物，并掌握在野外鉴别矿物硬度的方法。

3. 对比下列矿物，指出它们之间的异同点：

(1) 正长石—斜长石—石英；

(2) 角闪石—辉石—黑云母；

(3) 方解石—白云石—石膏。

4. 由石膏、黑云母、黄铁矿及黏土矿物组成的岩石，对工程建筑物有哪些影响？

5. 酸性、中性、基性、超基性的岩浆岩矿物成分有何不同？

6. 试从深成岩、浅成岩、喷出岩的不同结构、构造来说明，为什么岩浆岩的结构、构造特征是其生成环境的综合反映？

7. 试比较下列岩石之间的异同点：

(1) 花岗岩—辉长岩；

(2) 流纹岩—玄武岩；

(3) 闪长岩—安山岩。

8. 试从颜色、盐酸反应、坚固程度三方面比较硅质、铁质、钙质和泥质胶结物的性质。

9. 简述沉积岩的形成过程。

10. 沉积岩区别于岩浆岩和变质岩的重要特征有哪些？为什么？

11. 试述解理、层理、片理之间的主要区别。

12. 分析变质岩在其矿物成分和结构上有何特性。

13. 下列岩石之间有何区别及联系？

(1)花岗岩—花岗片麻岩；

(2)页岩—千枚岩；

(3)石英砂岩—石英岩；

(4)石灰岩—大理岩；

(5)片岩—黏土岩。

14. 分析三大类岩石在成因上的关系。

15. 试述三大类岩石的主要工程地质性质。

1-2　选择题

1. 地表原岩经风化、剥蚀作用形成的碎屑，经流水、冰川的搬运作用沉积、胶结、硬化而成(　　)。

A. 岩浆岩　　B. 沉积岩　　C. 变质岩　　D. 火山岩

2. 沉积岩在构造上区别于岩浆岩的重要特征是(　　)。

A. 沉积岩的层理构造、层面特征和含有化石

B. 沉积岩的页层构造、层面特征和含有化石

C. 沉积岩的层状构造、层面特征和含有化石

D. 沉积岩的层理构造、层面特征

3. 下列属于沉积岩中的生物化学岩类的是(　　)。

A. 大理岩　　B. 石灰岩　　C. 花岗岩　　D. 石英岩

4. 莫氏硬度反映的是(　　)。

A. 矿物相对硬度的顺序　　B. 矿物相对硬度的等级

C. 矿物绝对硬度的顺序　　D. 矿物绝对硬度的等级

5. 花岗岩是(　　)。

A. 酸性深成岩　　B. 侵入岩　　C. 浅成岩　　D. 基性深成岩

6. 岩浆岩中对岩石的矿物影响最大的是 SiO_2，根据 SiO_2 的含量，岩浆岩可分为酸性岩类、中性岩类、基性岩类、超基性岩类，分类正确的是(　　)。

A. 酸性岩类 SiO_2 含量 >65%，中性岩类 SiO_2 含量 65% ~52%，基性岩类 SiO_2 含量52% ~45%，超基性岩类 SiO_2 含量 <45%。

B. 酸性岩类 SiO_2 含量 <45%，中性岩类 SiO_2 含量 52% ~45%，基性岩类 SiO_2 含量 65% ~52%，超基性岩类 SiO_2 含量 >65%

C. 酸性岩类 SiO_2 含量 >65%，中性岩类 SiO_2 含量 52% ~45%，基性岩类 SiO_2 含量 65% ~52%，超基性岩类 SiO_2 含量 <45%

D. 酸性岩类 SiO_2 含量 <45%，中性岩类 SiO_2 含量 65% ~52%，基性岩类 SiO_2 含量 52% ~45%，超基性岩类 SiO_2 含量 >65%

7. 下列岩石中属于变质岩的是(　　)。

A. 大理岩　　B. 石灰岩　　C. 泥灰岩　　D. 白云岩

8. 下列岩石中属于全晶质的有(　　)。

A. 花岗岩　　B. 花岗斑岩　　C. 流纹岩

9. 按照组成岩石矿物的结晶程度,岩浆岩的结构可分为(　　)。

A. 全晶质结构　　B. 半晶质结构　　C. 粒状结构　　D. 非晶质结构

E. 斑状结构

10. 下列结构中,属于沉积岩的结构是(　　)。

A. 泥质结构　　B. 化学结构　　C. 碎屑结构　　D. 生物结构

11. 根据物质组成的特点,沉积岩一般分为(　　)。

A. 碎屑岩类　　B. 生物岩类　　C. 黏土岩类　　D. 生物化学岩类

12. 按岩石的结构、构造及其成因产状等将岩浆岩分为(　　)。

A. 酸性岩　　B. 中性岩　　C. 深成岩　　D. 浅成岩

E. 喷出岩

项目2 地质构造

【知识目标】 掌握地壳运动、地质构造的概念；掌握岩层产状及产状要素的含义，了解岩层产状的测定和表示方法；熟悉褶皱、节理、断层的含义、组成要素、分类及其特征，正确认识学习和研究这些地质构造对水利工程建设的重要意义；熟悉地质年代表；掌握地质图中各地质条件的表示方法，能够阅读和分析一般地质图。

【学习重点】 各岩层产状及产状要素的含义；各类地质构造的含义、组成要素、分类及其特征；阅读和分析地质图。

由地质作用导致组成地壳的岩层或岩体发生变形或变位的现象，以及残留于地壳中的空间展布和形态特征，称为地质构造或构造形迹。地质构造不仅包括岩层的倾斜构造、褶皱构造和断裂构造三种基本形态，还包括隆起和拗陷等形态。这些形态都是地壳运动的产物，并与地震有密切的关系。地质构造大大改变了岩层或岩体原来的工程地质性质。如褶皱和断裂使岩层产生弯曲、破裂和错动，破坏了岩层或岩体的完整性，降低了岩层或岩体的稳定性，并增大了其渗透性，使建筑地区工程地质条件复杂化。因此，研究地质构造不但对阐明和探讨地壳运动发生、发展规律具有理论意义，而且对水利工程位置的选择、设计和施工工作以及指导工程地质、水文地质、地震预测预报工作等都具有重要的实际意义。地质图是水利工程设计、施工的重要依据之一，本项目介绍了地质图的基本内容及阅读方法。

2.1 地质作用

在地球的演变历史中，地壳每时每刻都在变化着，如山脉的隆起、地壳的下沉、火山喷发和地震、风化侵蚀等。这种引起地壳物质组成、地壳结构和地表形态不断发生变化的作用，通称为地质作用。根据发生地质作用的能量来源不同，它又可分为内动力地质作用和外动力地质作用两种类型。

2.1.1 内动力地质作用

内动力地质作用是指由地球内部能源，如地球自转、重力均衡和放射性元素蜕变等所引起的地质作用。它主要表现在地壳运动、岩浆活动及变质作用等方面。

地壳运动是指由内力地质作用引起的地壳组成物质与结构发生变形和变位的运动。如地壳的隆起和拗陷，岩层受挤压发生弯曲、错断或拉张发生裂谷、断陷以及地震等。地壳运动改变了岩层的原始产出状态，使其发生褶皱、断层和裂隙。残留在岩层中的这些变形和变位称为地质构造和地质形迹，因此地壳运动也称构造运动。

地壳运动的基本形式有水平运动和垂直运动两种。

2.1.1.1　**水平运动**

水平运动主要表现为地壳岩层发生水平移动,使岩层相互挤压或拉伸,发生褶皱、断裂,形成山脉、盆地或裂谷。如我国西南的横断山脉、喜马拉雅山、天山、祁连山等都是挤压褶皱形成的。美国西部的圣安德烈斯大断裂,地质学家经过多年研究,一致认为它在大约1 000万年时间里,断层西盘向西北方向移动了400~500 km,现仍在继续变形和位移(见图2-1)。

图2-1　美国圣安德烈斯大断裂及被其错断的篱笆

2.1.1.2　**垂直运动**

垂直运动主要表现在地壳大面积整体缓慢上升或下降,上升形成山岳、高原,下降形成湖海、盆地。如我国西部是总体上升地区,而东部及沿海是相对下降地区。长江三峡地区相对上升,其东西两侧,则相对下降。上升和下降在漫长的地质历史中可以交替进行,造成海陆变迁,所以也有人称之为造陆运动。这种大面积的升降运动一般不会形成强烈的褶皱和断裂。

板块运动理论认为地壳以水平运动为主导,升降运动是伴生现象。

地壳运动及其所形成的各种构造形迹对岩体稳定性、渗透性有很大影响。在水利水电工程或其他大型工程建设中都必须进行详细的勘察研究。

区域构造稳定性也称做区域地壳稳定性,有人简称为区域稳定性,它是指现代地壳活动性对工程安全的影响程度。现代地壳活动主要是地表形变、活断层、地震和火山活动等,这些活动不仅直接影响工程建筑的安全稳定,同时它也会引起崩塌、滑坡、砂土地震液化、黏土塑性流动、岩溶塌陷等地质灾害。

2.1.2　外动力地质作用

它主要由地球以外的能源,如太阳辐射能、日月引力能和陨石碰撞等引起。其中太阳的辐射起着最主要的作用,它造成地面温度的变化,产生空气对流和大气环流,形成水的循环及各种水流以及冰川等,并促进生物活动。这些自然现象是不断改造地表形态的主要动力。外力地质作用一般是按照风化作用、剥蚀作用、搬运作用、沉积作用和固结成岩作用序列进行的(见图2-2)。外力地质作用受气候、地形等诸多条件控制,在地表不同地区有不同特点,形成不同的产物。如潮湿气候区,化学风化作用及生物风化作用、河流地质作用、湖泊地质作用及地下水的地质作用均十分发育;干旱气候区则以物理风化作用及风的地质作用为主。在冰冻地区,则主要是冰川地质作用。同一种地质作用,如湖泊地质作用在干旱气候区和潮湿气候区表现的特点就有所不同,其产物亦有明显差异。地形条件对外力地质作用的方式和强度有显著影响,如大陆以剥蚀作用为主,而海洋则以沉积作用为主,地面流水的地质作用在山区以剥蚀作用为主,在平原区则以沉积作用为主。

图2-2 冰川及风化作用下的岩石

2.2 地质年代

地壳自形成以来经历了30亿~46亿年的历史,在这漫长的地质历史发展过程中,地壳经历了多个发展阶段并产生了巨大的变化。

地壳发展演变的历史,简称地史;研究地壳的发展和变化历史的科学,叫地史学。地史学研究的主要内容,包括地壳岩石生成顺序及年代、古生物的演化及发展、古地理的演变及海陆变迁、地壳的构造发展历史等。

2.2.1 地质年代的概念

地质年代系指地质体形成或地质事件发生的时代,包括两层含义(两种计时方法):

(1)相对年代——地质体形成或地质事件发生的先后顺序。

(2)绝对年龄——地质体形成或地质事件发生距今有多少年。

地质历史划分为太古代、元古代、古生代、中生代和新生代五个大的时代。在每个代中又划分出若干个纪,每个纪再分为几个世,世以下再分出期。代、纪、世、期是地质历史的时间单位。

代、纪、世是国际性单位,全世界是一致的。期是全国性或大区域的地质时代。把地质时代单位从老到新按顺序排列起来,就形成了目前国际上大致通用的地质年代表(见表2-1)。

在地质年代表中,还可列入地壳运动的几个主要构造期,如吕梁运动、加里东运动、海西运动、燕山运动、喜马拉雅运动。地壳运动是划分地层时代的分界标志,次一级的地壳运动往往作为纪的分界标志。

表 2-1　地质年代表

宙	代	纪	世	绝对年龄(百万年)	主要构造运动	我国地史简要特征
显生宙	新生代(Kz)	第四纪(Q)	全新世(Q_4)		喜马拉雅运动	地球表面发展成现代地貌,多次冰川活动,近代各种类型的松散堆积物,黄土形成,华北、东北有火山喷发,人类出现
			上更新世(Q_3)			
			中更新世(Q_2)			
			下更新世(Q_1)	2		
		第三纪(R) 晚第三纪(N)	上新世(N_2)			我国大陆轮廓基本形成,大部分地区为陆相沉积,有火山分布,台湾岛、喜马拉雅山形成。哺乳动物和被子植物繁盛,是重要的成煤时期,有主要的含油地层
			中新世(N_1)			
		第三纪(R) 中第三纪(E)	渐新世(E_3)	25		
			始新世(E_2)			
			古新世(E_1)			
	中生代(Mz)	白垩纪(K)	晚白垩世(K_2)	70	燕山运动	中生代构造运动频繁,岩浆活动强烈,我国东部有大规模的岩浆岩侵入和喷发。我国中生代地层极为发育,华北形成许多内陆盆地,为主要成煤时期。三叠纪时华南仍为浅海沉积。生物显著进化,爬行类恐龙繁盛,海生头足类菊石发育,裸子植物以松柏、苏铁及银杏为主,被子植物出现
			早白垩世(K_1)			
		侏罗纪(J)	晚侏罗世(J_3)	140		
			中侏罗世(J_2)			
			早侏罗世(J_1)			
		三叠纪(T)	晚三叠世(T_3)	195	印支运动	
			中三叠世(T_2)			
			早三叠世(T_1)			
	古生代(Pz) 晚古生代(Pz_2)	二叠纪(P)	晚二叠世(P_2)	230	海西运动	晚古生代我国构造运动十分广泛,尤以天山地区较强烈。华北地区缺失泥盆系和下石炭统沉积。植物繁盛,为主要成煤期。华南地区一直为浅海相沉积,晚期成煤,晚古生代地层以砂岩、页岩、石灰岩为主,是鱼类和两栖类动物大量繁殖时代
			早二叠世(P_1)			
		石炭纪(C)	晚石炭世(C_3)	280		
			中石炭世(C_2)			
			早石炭世(C_1)			
		泥盆纪(D)	晚泥盆世(D_3)	350		
			中泥盆世(D_2)			
			早泥盆世(D_1)			
	古生代(Pz) 早古生代(Pz_1)	志留纪(S)	晚志留世(S_3)	400	加里东运动	寒武纪时,我国大部分地区为海相沉积,生物初步发育,三叶虫极盛。至中奥陶世后,华北上升为陆地,缺失上奥陶统和志留系沉积,华南仍为浅海,头足类,三叶虫、腕足类笔石、珊瑚、蕨类植物发育,是海生物无脊椎动物繁盛时代。早古生代地层以海相石灰岩、砂岩、页岩等为主
			中志留世(S_2)			
			早志留世(S_1)			
		奥陶纪(O)	晚奥陶世(O_3)	440		
			中奥陶世(O_2)			
			早奥陶世(O_1)			
		寒武纪(Є)	晚寒武世($\in_3$)	500		
			中寒武世($\in_2$)			
			早寒武世($\in_1$)			
隐生宙	元古代(Pt) 晚元古代	震旦纪(Z)		600	晋宁运动	元古代地层在我国分布广、发育全,厚度大,出露好。华北地区主要为未变质或浅变质的海相硅镁质碳酸盐岩及碎屑岩类夹火山岩。华南地区下部以陆相红色碎屑岩河湖相沉积为主,上部以浅海相沉积为主。低等生物开始大量繁殖,菌藻类化石较丰富
		青白口(Qn)		800		
	元古代(Pt) 中元古代	蓟县纪(Jx)		1 000		
		长城纪(Ch)		1 400		
	元古代(Pt) 早元古代			1 800	吕梁运动	
	太古代(Ar)			2 600	五台运动	太古代构造运动频繁,岩浆活动强烈,侵入岩和火山岩广泛分布,岩石普遍变质很深,形成古老的片麻岩、结晶片岩、石英岩、大理岩等。构成地壳的古老基底。目前已知最古老岩石的年龄为45.8亿年。最老的菌化石为32亿年
	地球早期发展阶段			3 800 4 600		

2.2.2 地层年代及其确定方法

地层是指在一定地质时期内先后形成的具有一定层位的层状和非层状岩石的总称。它与岩层一词的区别主要是含有时间概念。同时一个地层单位可以包含数种岩性不同的岩层。地质历史的划分主要是根据对地层的观察研究得来的。岩性能说明该岩层形成时的自然地理环境,岩层中的构造形迹记录着地壳运动的情况,而岩层中的化石能更清楚地说明生物进化、气候、环境等自然条件。因此,一层层的岩石地层就像是一页页记录着地质发展历史情况的书本。

地层的划分与地质时代的划分是一致的,但单位名称不同。与地质时代单位——宙、代、纪、世、期相对应,地层时代单位为宇、界、系、统、阶。如寒武纪时期形成的地层称为寒武系等。另外,表示时间的早、中、晚在地层中则用下、中、上表示。此外,有些地区地层不含化石或化石很稀少,其时代不能准确划定,或该地区跨越不同的地质年代。因此,只能根据岩性特征和沉积间断等情况来划分地层的单位和时代。这种只限于在某个地区适用的划分,按级别由大到小称为群、组、段。其中组是最常见的基本单位,群是最大的单位。如浙江新昌嵊州出露的玄武岩,其地层时代为嵊县群铜岭组。

确定和了解地层的时代,在工程地质工作中是很重要的,同一时代形成的岩层常有共同的工程地质特性。如在四川盆地广泛分布的侏罗系和白垩系地层,因含有多层易遇水泥化的黏土岩,致使凡有这个时代地层分布的地区滑坡现象都很常见。而不同时代形成的相同名称的岩层,往往岩性也有区别。在分析地质构造时,必须首先查明地层的时代关系方能进行。

2.2.2.1 地层绝对年代的确定

根据岩层中放射性元素蜕变产物的含量,通过计算可求得地层的绝对年代,如铀铅法、钾氩法、铷锶法等。以铀铅法为例,岩石中的放射性元素铀,在自然条件下按一定速度蜕变,最后形成铅和氦两种终结元素。若用专门的仪器测定出岩石放射性元素和终结元素的含量,可按式(2-1)计算岩层的绝对年代

$$N_0 = N_t e^{\lambda t} \tag{2-1}$$

式中 N_0——放射性物质形成时原子的原始数量;

N_t——放射性物质经过时间 t 后未蜕变的原子数量;

λ——放射性物质的蜕变常数(单位时间内有多少原子发生蜕变);

e——自然对数的基数,e = 2.718 281 82…

式(2-1)经改写并取对数,则

$$t = 1/\lambda\{2.3g[(1 + N_0 - N_t)/N_t]\} \tag{2-2}$$

已知^{235}U的蜕变常数 λ,如能测出岩石中^{207}Pb的含量(即 $N_0 - N_t$)和^{235}U保留含量(即 N_t),即可按式(2-2)求得岩石的绝对年龄 t。

2.2.2.2 地层相对年代的确定

在野外工作中确定地层的相对年代,即判别其新老关系,有下述几种方法。

1. 地层层序法

在地壳表层广泛分布的沉积岩层,如未经剧烈构造变动,则位于下面的地层时代较

老,上面的地层时代较新。

2. 古生物化石法

生物进化是由简单到复杂,由低级到高级,它的演化发展是不可逆的。自然条件的改变会使某些生物灭绝,并可形成化石,那些只在某个较短时代段落出现并分布较广的生物化石,就形成了确定地层时代的最好标志,这样的化石称为标准化石(见图 2-3)。

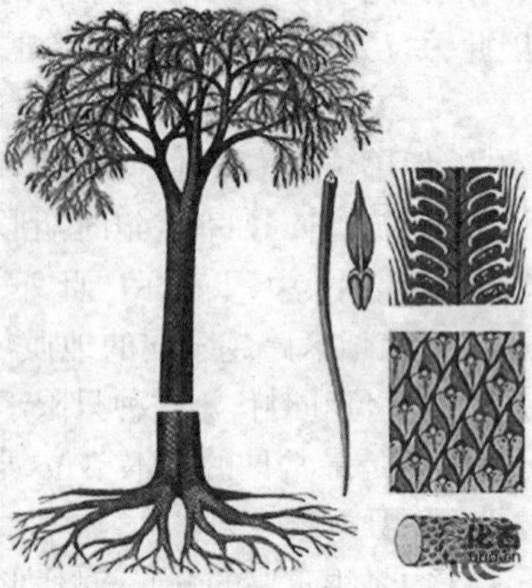

(a) 鳞木(石炭二叠纪)

(b) 三叶虫(寒武纪)

(c) 腕足类,中国石燕(泥盆纪)

(d) 轮叶(石炭二叠纪)

图 2-3　几种较常见的标准化石

3. 岩性对比法

同一时期、同一地质环境下形成的岩石,其成分、结构、构造以及上下相邻岩层的特征,都应是相同或相似的。因此,当某地区地层时代为已知时,则可通过岩性对比来确定其他地区的地层时代。

4. 岩层接触关系法

不同时期形成的岩层,其分界面的特征即互相接触的关系,可以反映各种构造运动和古地理环境等在空间和时间上的发展演变过程。因此,它是确定和划分地层时代的重要依据。岩层接触关系有以下几种类型(见图 2-4):

(1)整合接触。指上下两套岩层产状一致,互相平行,连续沉积形成。它反映岩层形成期间地壳比较稳定,没有强烈的构造运动。

(2)平行不整合接触。也称假整合,指上下两套岩层产状虽大致平行一致,但其分界接触面则是起伏不平的,其间缺失一段时间的沉积岩层。在接触面间常分布有一层砾岩,

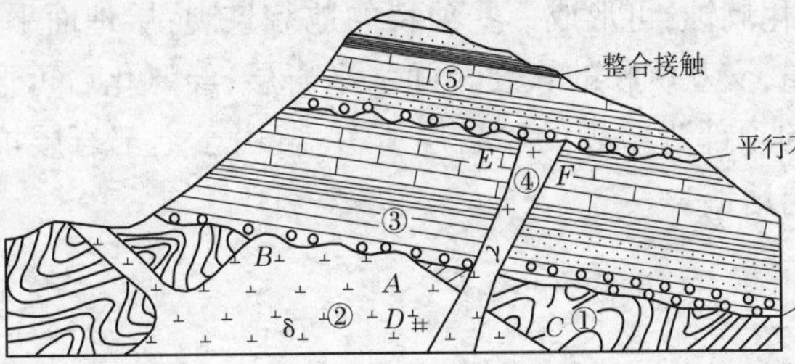

AB—沉积接触面；*AC DE*—侵入接触面；δ—闪长岩体；γ—花岗岩脉

注：①、②、③、④、⑤依次由老到新。

图2-4　岩层接触关系示意剖面图

称为底砾岩。平行不整合代表了两套岩层之间曾有过一次地壳升降运动和沉积间断。因此，剖面图上岩层分界线起伏不平，平面图上地层不连续有缺失。

(3)角度不整合接触。指上下岩层产状不同，彼此呈角度接触，其间缺失某时间段落的岩层，接触面多起伏不平，也常有底砾岩和古风化岩。角度不整合代表着两套岩层之间曾发生过剧烈的构造运动和海陆变迁。即下部岩层形成后，发生造山运动，岩层受挤压发生褶皱和断裂，地壳隆起，海退，遭受风化剥蚀，过一段时期后，地壳下沉，海侵，又接受沉积，形成上部岩层。

上述三种接触类型是沉积岩之间或某些变质岩之间的关系。

5. 岩浆岩年代的确定

岩浆岩年代的确定一般利用其与上下沉积岩的接触关系进行。对于喷出岩，如果喷出岩夹于沉积岩之间，只要把喷出岩上下沉积岩的年代确定出来，喷出岩的年代就可判定。对于侵入岩体和脉状岩体的相对年代的确定，主要是依据它们与相邻沉积岩系的接触关系而定(见图2-4)。如果岩浆岩在沉积岩形成之后侵入，则在侵入岩与沉积岩的接触带上，沉积岩会出现烘烤现象甚至蚀变变质现象，有时还被该侵入岩派生的岩脉所穿插，而侵入岩体则往往残留有围岩的捕虏体，这种接触关系称为侵入接触。侵入接触表示该侵入岩的年代较沉积岩为新。如果侵入岩冷却凝固，并上升至地表遭受侵蚀，在其上又形成新的上覆沉积岩层，则沉积岩底部还往往会有该侵入岩体的碎块，这种接触关系称为沉积接触。沉积接触说明该侵入岩体的年代较上覆沉积岩为老。如果有多次侵入，侵入体往往相互穿插，此时，穿插其他岩体的侵入岩的年代较新，被穿插的侵入岩的年代较老。

6. 变质岩年代的确定

如果变质不深，变质岩年代的确定可分别采用上述确定沉积岩和岩浆岩相对年代的方法进行划分和对比；如果变质太深，则主要靠测定岩石中同位素年龄的方法来确定。

2.3　岩层产状

2.3.1　水平构造

在地壳运动影响轻微、大面积均匀隆起或拗陷的地区，地层保持接近于成岩时水平状态的地质构造称为水平构造。

水平构造的地层经风化剥蚀,可形成一些独特的地貌景观:层理面平直、厚度稳定的岩层,往往形成阶梯状陡崖;交互沉积的软硬相间水平岩层,经风化后可形成塔状、柱状、城堡状地形;若水平岩层的顶部为坚硬的厚岩层所覆盖,由于上部岩层抗风化侵蚀能力强,则可形成方山和桌状山地形。

2.3.2 倾斜构造

原来呈水平状态的岩层经构造变动,成为与水平面成一定角度的倾斜岩层时,称为倾斜构造。在一定范围内,岩层倾斜方向和倾斜角度大体一致的单斜岩层,可称为单斜构造。单斜构造的岩层,倾角较小(<35°)时在地貌上往往形成单面山;倾角较大(>35°)时在地貌上则往往形成猪背岭。

2.3.3 岩层产状

2.3.3.1 岩层产状要素

岩层在地壳中的空间方位和产出状态,称为岩层产状(见图2-5)。它以岩层面在空间的延伸方向和倾斜程度来确定,用走向、倾向和倾角表示,这三者称为岩层产状要素。在野外可用地质罗盘仪来测量岩层的产状要素。

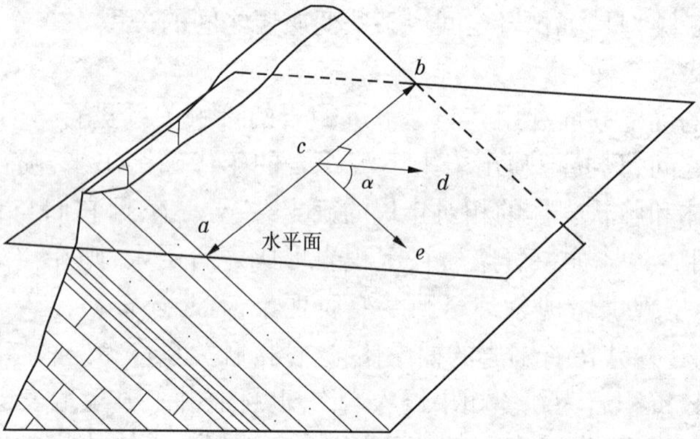

ab—走向线;*cd*—倾向线;*ce*—倾斜线;α—倾角

图2-5 岩层的产状要素

(1)走向。岩层面与水平面交线的水平延伸方向称为岩层的走向。岩层走向用方位角表示。

(2)倾向。岩层面上垂直于走向线且沿层面倾斜向下所引的直线,叫做倾斜线。它在水平面上的投影线所指的层面倾斜方向为该岩层的倾向。

(3)倾角。岩层面上的倾斜线与它在水平面上的投影线之间的夹角,即倾斜岩层面与水平面所夹的最大锐角。

2.3.3.2 岩层产状要素的测量方法

产状要素在野外是用地质罗盘测量的,常见的地质罗盘有长方形、近八角形、方形等种类。地质罗盘主要由磁针、上下刻度盘、倾角指针、水准泡等部分组成(见图2-6)。

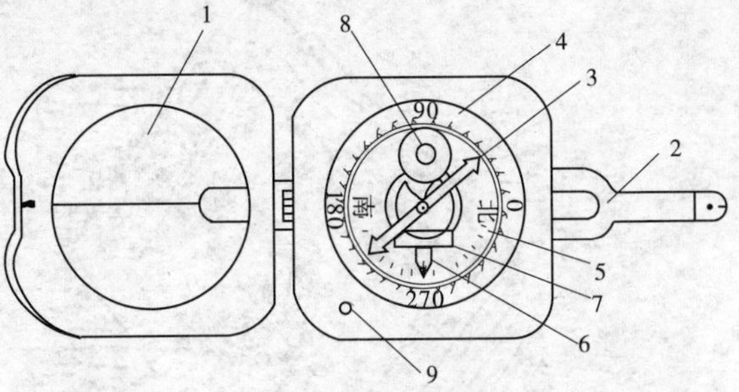

1—反光镜；2—瞄准觇板；3—磁针；4—水平刻度盘；5—垂直刻度盘；
6—测斜指示针(或悬锤)；7—长方形水准器；8—圆形水准器；9—磁针制动器

图2-6　地质罗盘仪构造图

上刻度盘多按方位角划分，以北为0°，按逆时针方向划为360°；按象限角分划时，则北和南均为0°，东西向均为90°，当刻度盘上的南北方向与地面上的南北方向一致时，刻度盘上的东西方向与地面实际方向相反，这是因为磁针永远指向南北方向，在转动罗盘测量方向时，只有刻度盘转动而磁针不动，即当刻度盘向东转动时，磁针则相对向西转动，所以只有将刻度盘上刻的东西方向相反处理时，测的方向才会与实际一致。

下刻度盘和倾角指示针是测倾角用的，下刻度盘的角度分划为90°，它没有方向。长方形罗盘当刻度盘直立时，倾角指示针可以自由摆动，圆形罗盘是用旋钮来控制倾角指示针转动的。

水准泡分固定的和活动的两种。固定水准泡多是圆形的，是用来调整刻度盘位置水平的。活动水准泡多为长条形，是用来调整倾角指示针水平的。

1. 测走向

将罗盘平行于刻度盘南北方向的边(长边)靠在岩层层面上，移动罗盘使固定水准泡居中，这时指北针所指上刻度盘的读数就是走向。

2. 测倾向

将罗盘平行于刻度盘东西方向的边(短边)靠在岩层层面上，并使刻度盘上的北端(N)指向岩层倾斜的方向，调整罗盘使固定水准泡居中，这时指北针所指上刻度盘的读数就是倾向。

3. 测倾角

将罗盘有下刻度盘的边，垂直于走向线紧贴在岩层层面上，并使刻度盘面和岩层层面垂直，这时倾角指示针所指下刻度盘的读数就是倾角(见图2-7)。如为圆形罗盘，则需转动倾角指示针，使活动水准泡居中，然后读下刻度盘的读数。

2.3.3.3　岩层产状要素的记录方法

岩层产状测量的记录有两种方法：象限角表示法和方位角表示法。

1. 象限角表示法

以北或南的方向(0°)为准，一般记走向、倾向、倾角。如N65°W∠25°S，即走向北偏西65°、倾角25°、倾向南；N30°E∠27°SE，即走向北偏东30°、倾角27°、倾向南东。

2. 方位角表示法

一般只记录倾向和倾角。如SW205°∠25°，前者是倾向的方位角，后面是倾角。即倾

图 2-7　岩层产状要素及其测量方法

向南西 205°,倾角 25°。再用加上或减去 90°的方法计算出走向。

2.4　褶皱构造

褶皱构造是岩层在构造运动中受力形成连续弯曲的永久变形。弯曲微小则称为褶曲。绝大多数褶皱是在水平挤压力作用下或力偶作用下形成的。褶皱是最常见的地质构造形态之一,在块状岩体中则很难见到。

2.4.1　褶皱要素

褶皱构造形体的各个组成部分称为褶皱要素,它是用以描述和研究褶皱构造的形态特征和空间展布规律的。褶皱要素主要有核、翼、轴面、轴(线)、枢纽、转折端等名称(见图 2-8)。

(1)核。泛指褶皱的核心部位,故它也称核部,背斜核部由相对较老的岩层组成,向斜则由新岩层组成。

(2)翼。泛指核部两侧的岩层。

(3)轴面。平分两翼的假想面,是平面或曲面。

(4)轴线。轴面与水平面的交线,也称轴线,轴线的方向就是褶皱的延伸方向。

(5)枢纽。同一层面上最大弯曲点(拐点)的连线,即层面与轴面的交线。

(6)转折端。从一翼向另一翼过渡的弯曲部分,即两翼岩层的会合部分。

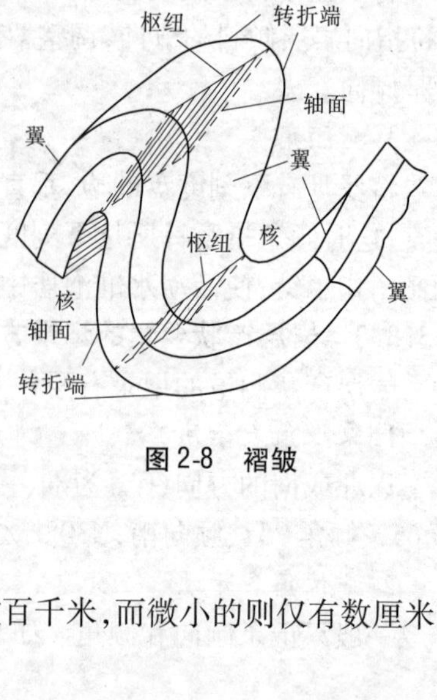

图 2-8　褶皱

2.4.2　褶皱的基本类型及特征

褶皱规模的大小相差悬殊,巨大的可延伸数十至数百千米,而微小的则仅有数厘米。

褶皱的形态,有的只是一个简单的弯曲——褶曲,有的则复杂多变。但最基本的形态就是背斜和向斜两种(见图2-9)。

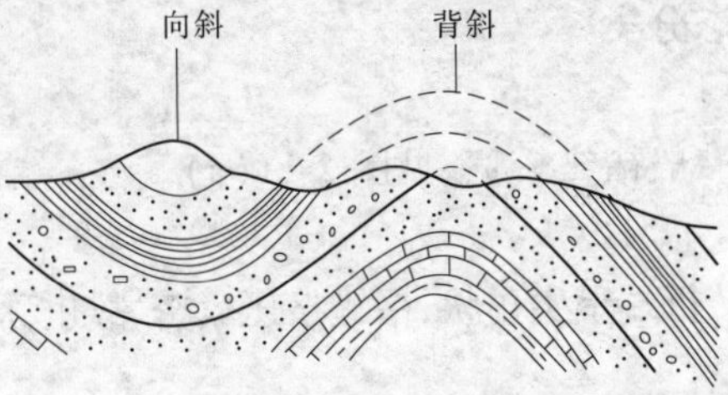

图2-9 背斜和向斜

2.4.2.1 **背斜**

岩层向上弯曲,两侧岩层相背倾斜,核心部分岩层时代较老,两侧依次变新并对称分布。

2.4.2.2 **向斜**

岩层向下弯曲,两侧岩层相向倾斜,核心部分岩层时代较新,两侧较老,也对称分布。

2.4.3 褶皱的形态分类

褶皱的形态各式各样,种类繁多,可从下述不同角度进行分类。

2.4.3.1 **按轴面和两翼岩层产状分类**

1. 直立褶皱

轴面直立、两翼岩层倾向相反,倾角大致相等(见图2-10(a))。

2. 倾斜褶皱

轴面倾斜、两翼岩层倾向相反,倾角不相等(见图2-10(b))。

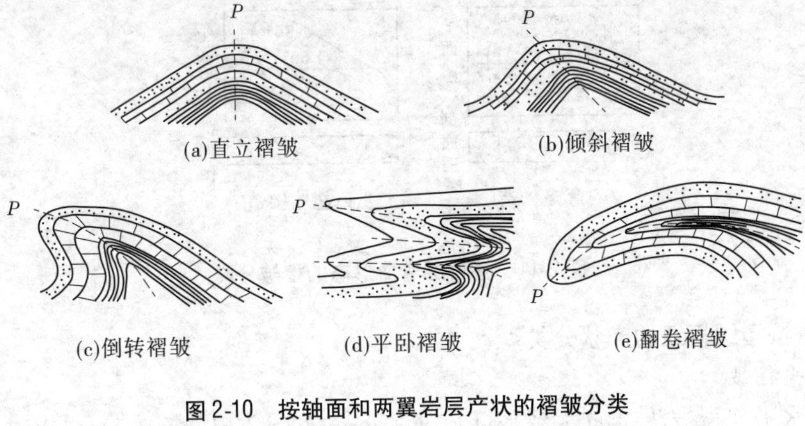

图2-10 按轴面和两翼岩层产状的褶皱分类

3. 倒转褶皱

轴面倾斜,两翼岩层倾向相同,倾角相等或不相等,一翼岩层层位正常,另一翼岩层层位倒转(见图2-10(c))。

4. 平卧褶皱

轴面和两翼岩层近水平,一翼层位正常,另一翼层位倒转。

5. 翻卷褶皱

翻卷褶皱是轴面弯曲的平卧褶皱。

2.4.3.2 按岩层弯曲形态分类

1. 圆弧褶皱

岩层呈圆弧状弯曲,一般褶皱较宽,见图 2-11(a)。

2. 尖棱褶皱

两翼岩层平直相交,转折端呈尖角状,褶皱挤压紧密,故也称紧密褶皱,见图 2-11(b)。

3. 箱形褶皱

两翼岩层近直立,转折端平直,整体似箱形,常有一对共轭轴面,见图 2-11(c)。

4. 扇形褶皱

两翼岩层大致对称呈弧形弯曲,局部层位倒转,转折端平缓,整体呈扇形,见图 2-11(d)。

5. 挠曲

水平或缓倾岩层中的一段突然变为较陡的倾斜,形成台阶状,见图 2-11(e)。

6. 穹窿构造和盆地构造

从水平面上看,岩层向四周倾斜称为穹窿构造,向中心倾斜称为盆地构造。实际上它是背斜或向斜的特例,因此穹窿构造和盆地构造不一定是等半径的圆形,当长轴小于短轴 3 倍时称为穹窿或盆地构造,见图 2-11(f)、(g)。在 3 倍至 10 倍之间时称短轴背斜或短轴向斜。

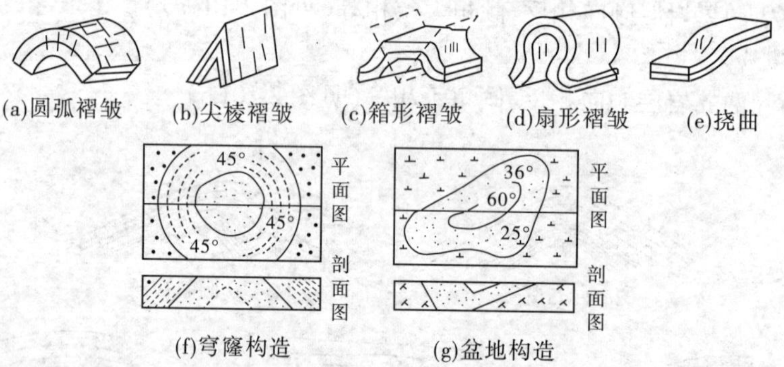

图 2-11 按岩层弯曲形态的褶皱分类

2.4.3.3 按褶皱枢纽的产状分类

1. 水平褶皱

枢纽水平,两翼岩层走向大致平行并对称分布,见图 2-12(a)、(a′)。

2. 倾伏褶皱

枢纽倾斜,两翼岩层走向不平行,在平面上一端收敛于转折端,另一端撒开,岩层呈"之"字形分布,见图 2-12(b)、(b′)。

2.4.3.4 按褶皱的组合分类

1. 复背斜

在一个大的背斜构造的两翼,是由若干个较小的褶皱组成的(见图 2-13(a))。

2. 复向斜

在一个大的向斜构造的两翼，是由若干个较小的褶皱组成的（见图 2-13（b））。

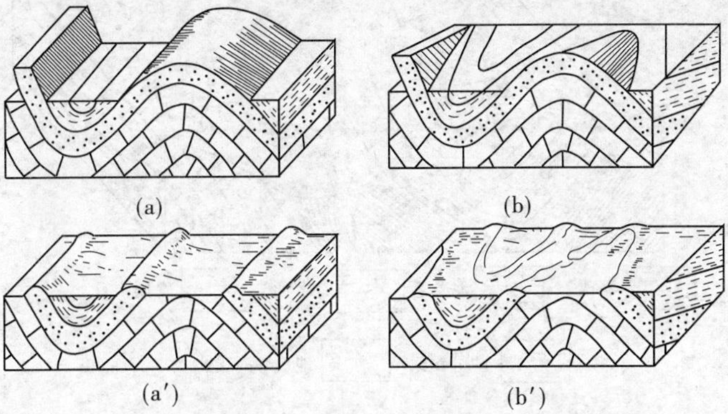

(a)、(a′)水平褶皱　　(b)、(b′)倾伏褶皱

图 2-12　水平褶皱和倾伏褶皱

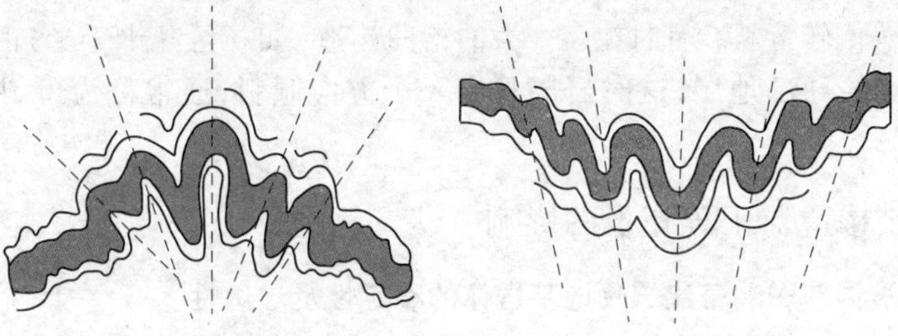

(a)复背斜　　(b)复向斜

图 2-13　复背斜和复向斜剖面示意图

2.4.4　褶皱构造的野外识别

褶皱形成以后，一般遭受风化侵蚀作用，背斜核部由于节理裂隙发育，易于风化破坏，可能形成河谷低地，而向斜核部则可能形成山脊。因此，不能把现代地形与褶皱形态混同起来。在野外，除一些岩层出露良好的小型背斜和向斜，可以直接观察到完整形态外，大部分均遭剥蚀而破坏或露头情况不好，不能直接观察到它的形态，这时应按下述方法进行观察分析。

2.4.4.1　判断褶皱是否存在

首先，垂直于岩层走向进行观察，当岩层重复出现并对称分布时，便可肯定有褶皱构造。如图 2-14 所示，区内岩层走向近东西，从南北方向观察，有志留系及石炭系地层两个对称中线，其两侧地层分布重复对称出现，所以这一地区有两个褶皱构造。

2.4.4.2　判断褶皱的基本类型

其次，再分析岩层新老组合关系，南半部的褶皱构造，中间是老岩层，两边对称分布的是新岩层，故为背斜；北半部的褶皱构造，中间是新岩层，两边是老岩层，故为向斜。

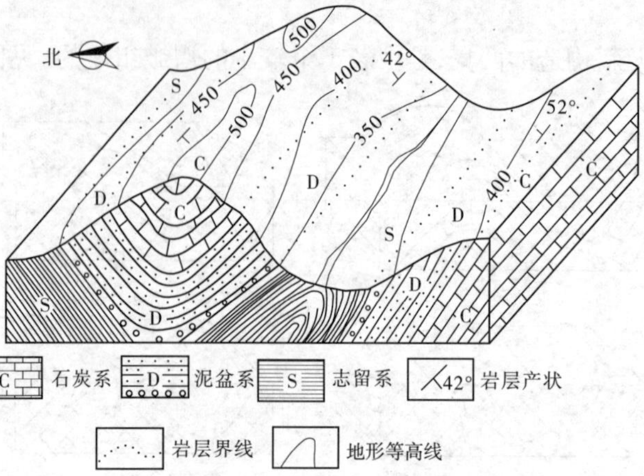

图2-14　褶皱构造立体图

2.4.4.3　**判断褶皱的形态**

上述地区中的向斜、两翼岩层相向倾斜、倾角相近,故为直立向斜;背斜中两翼岩层均向北倾斜,故为倒转背斜。有时在一个大的褶曲构造(如几至几十千米)的局部地段,只能看到一个翼的局部地层,这时岩层只向一个方向倾斜,通常称为单斜构造,如只看图2-14的右部。

2.4.5　褶皱构造对工程建设的影响

2.4.5.1　**褶皱构造影响着建筑物地基岩体的稳定性及渗透性**

选择坝址时,应尽量考虑避开褶皱轴部地段。因为轴部张应力集中,节理发育,岩石破碎,易受风化,岩体强度低,渗透性强,所以工程地质条件差。当坝址选在褶皱翼部时,若坝轴线平行于岩层走向,则坝基岩性较均一。再从岩层产状考虑,岩层倾向上游,倾角较陡时,对坝基岩体的抗滑稳定最有利,但当倾角平缓时,坝基岩体易于滑动;岩层倾向下游,倾角又缓时,岩层的抗滑稳定性最差。

当坝轴线与褶皱岩层走向垂直时,坝基往往置于不同性质的岩层上。在这种情况下,如果岩层软硬相差较大,坝基就可能产生不均匀沉降;如果岩层倾向河谷的一侧,岩体就可能产生顺层滑动。

2.4.5.2　**岩层产状对隧道的影响**

在强烈褶皱区或岩层产状变化复杂的地区,往往在很小范围内岩性及地下水会有很大的变化,这常常给施工带来很多困难。在水平岩层地区修筑地下隧道是有利的,因为可以选择在同一较好的岩层中通过,不但施工简单,而且易于保证安全。如果是在倾斜岩层地区修建隧道,洞轴线与岩层走向的交角应该大一些比较好,岩层倾角也是越大越好。如果洞轴线与岩层走向交角较小或平行,洞顶将产生偏压。

2.5　断裂构造

断裂构造是岩石受地应力作用发生破裂而形成的构造形迹。根据断裂面两侧岩块的相对位移情况，把断裂构造分为节理和断层两大类。断裂面两侧岩块没有发生明显相对位移的断裂构造称为节理，断裂面两侧岩块发生了明显相对位移的断裂构造称为断层。

2.5.1 节理

2.5.1.1 节理的成因类型

节理是指那些有一定成因、形态和分布规律的裂隙，但在工程界节理和裂隙常视为同义语，不加区别地应用。节理按成因分为以下三种类型：

(1)原生节理。成岩过程中形成(见图2-15)。

图2-15 广东徐闻海岸型玄武岩柱

(2)次生节理。风化、卸荷等原因形成。

(3)构造节理。构造运动中形成。

次生节理因产状无序，杂乱无章，通常只称为裂隙而不称为节理。

构造节理是各种裂隙中分布最广泛的，所有大型水电工程都会遇到。据其力学成因可分为剪节理、张节理和劈理三种类型。

1. 剪节理

剪节理是由剪应力所形成的破裂面。剪应力来自构造运动时所产生的压力、拉力或剪力(包括力偶)。

剪节理有下列特征：

(1)节理面平直光滑，产状稳定，可延伸较长(数十米)，在砾岩中常平直切穿坚硬的砾石。

(2)呈闭合状，裂隙本身的宽度很窄小，通常仅1～3 mm，但受后期地质作用力的影响，也可裂开并充填以黏性土或岩屑。

(3)成组成对出现，即多条节理常互相平行排列，并且其间距常大致相等。在同一作用力下形成的两组共轭剪节理，也称X型节理，它们相互交叉切割，使岩层形成菱形或方形，方形者也称棋盘格状构造(见图2-16)。

(4)呈羽状排列，有时主剪裂面是由多条互相平行的微小剪裂面组成的，微小剪裂面呈羽状排列，故称羽状剪节理(见图2-17)。

2. 张节理

张节理是由拉应力所形成的破裂面，拉应力可以是来自构造运动的各种力。

张节理有下列特征：

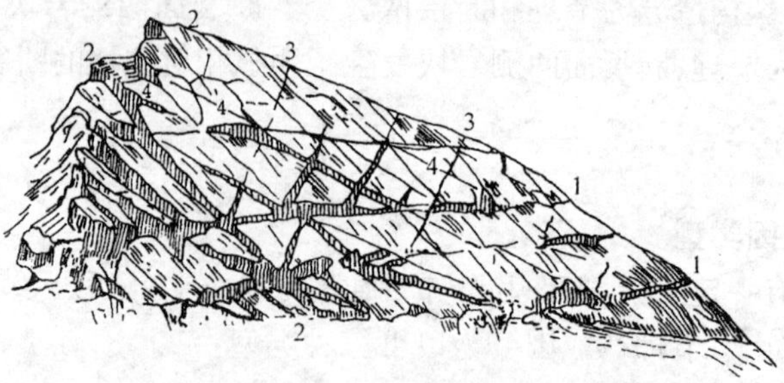

1—走向节理;2—倾向节理;3、4—斜交节理

(1、2、3、4各为一个节理组;3、4两组构成X剪切节理系)

图2-16　节理形态素描图

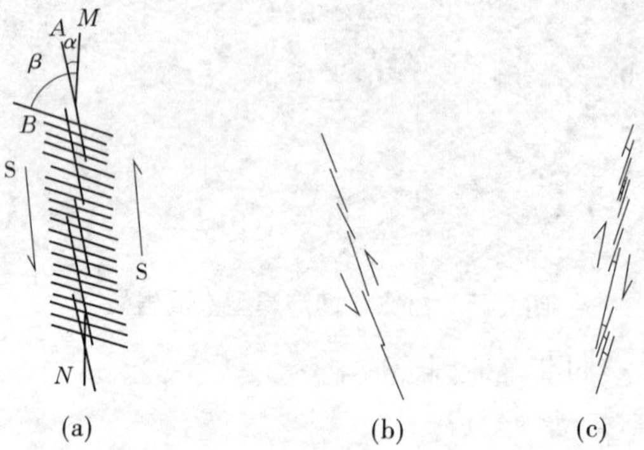

(a)剪切试验形成的羽状节理；(b)、(c)三峡黄陵南部灰岩中的羽状节理,(b)为左列,(c)为右列

图2-17　羽状剪节理

(1)节理面起伏不平、弯曲粗糙,产状不稳定,延伸较短,在砾岩中常绕砾石而过,不切穿砾石。

(2)多为张开的裂隙,横断面可呈扁豆状、透镜状,其中常充填有呈脉状的方解石、石英(热液凝结而成),也可充填有未胶结或胶结的黏性土或岩屑等。

(3)张节理常沿先期形成的X型节理发育而成,故多呈锯齿状延伸,通常称为追踪张裂隙。

3. 劈理

劈理是指岩层中大致平行、密集、微细的构造节理,其间距一般为几毫米至几厘米,若大于几厘米则应称为节理。劈理可使岩石劈开成薄板状或碎片状。有时它容易和层理混淆,但在多数情况下,劈理面和层面的产状是不一致的。劈理只是在构造运动强烈,特别是强烈挤压地段才易出现,故常与褶皱、断层同时形成相伴产出。劈理按成因分为流劈理和破劈理两种类型。

流劈理是在强烈挤压力作用下,岩石中的矿物发生塑性变形或重结晶,使矿物形成扁平状、片状、长条状、针状等平行定向排列。沿定向排列面极易劈开形成裂面。流劈理面总是与压力方向垂直,并与褶皱轴面平行,不随两翼岩层的产状而变化,如图2-18所示。

流劈理多发生在塑性较大的柔性岩层中，如页岩、板岩、片岩等。

破劈理实际上就是密集的剪节理，所以有时工程上也称节理密集带。通常在两组共轭剪节理中只有一组发育为破劈理，它们常在局部剪应力集中地段产生，如在褶皱发生时，沿错动层面的两侧或断层面的两侧（见图2-19）。破劈理在脆性和柔性岩层中都可出现，但在软硬相间的岩层中，在同一构造应力作用下，破劈理总是出现在较软的岩层中，并常呈羽状排列。

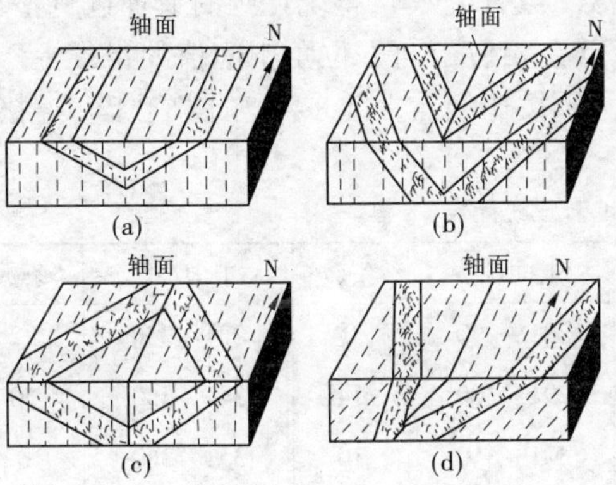

图2-18　流劈理与褶皱轴面的关系

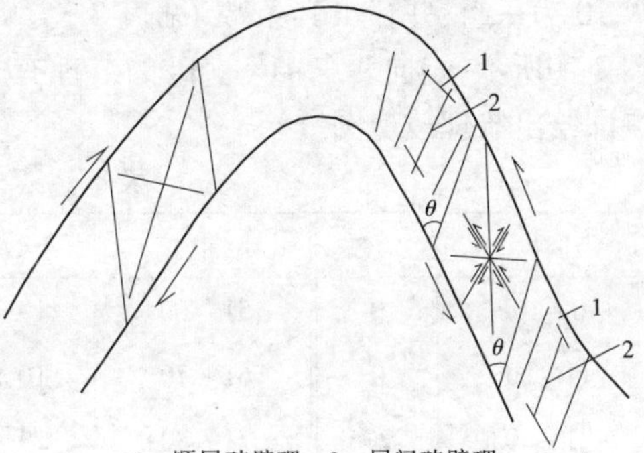

1—顺层破劈理；2—层间破劈理

图2-19　层间滑动形成的破劈理

2.5.1.2　节理统计及节理玫瑰图

1. 节理观测与统计

节理在岩层中广泛分布，对工程的不良影响主要是岩体稳定和渗漏两个方面，但其影响程度取决于节理的成因、形态、数量、大小、连通以及充填等诸多因素。因此，在工程地质勘察中应首先查明这些特征，然后对节理的密度和产状进行统计计算，最后才能对岩体的稳定和渗漏作出正确的分析和评价。

节理密度是指垂直于节理走向方向上，单位长度内的节理条数（条/m），也称节理的线密度。据线密度可划分岩体节理裂隙发育程度或岩体完整程度。具体划分见表2-2。

表2-2　节理裂隙发育程度划分表

节理发育程度	不发育	较发育	发育	很发育	极发育
岩体完整性	完整	较完整	较破碎	破碎	极破碎
平均节理间距（m）	>1	1~0.4	0.4~0.2	≤0.2	无序
节理线密度（条/m）	0~1	1~3	3~5	≥5	

裂隙率（K_j）是指在被统计的岩体面积（A）上，裂隙面积与被统计面积之比，用百分数表示。其表达式为

$$K_j = \frac{\sum l_i b_i}{A} \times 100\% \tag{2-3}$$

式中　l_i——任一条节理的长度，m；

b_i——任一条节理的宽度,m。

2. 节理玫瑰图的绘制

节理统计图可以清晰、直观地表示出统计地段各组节理裂隙的数量和产状,从而便于进行岩体稳定和渗漏等的分析评价。常用的有节理玫瑰图、节理极点图和节理密度图等,这里只介绍节理玫瑰图。

节理玫瑰图是在一半圆图形上,用圆周代表节理走向,并标以北、东、西及方位角度数值。用圆半径长度按一定比例代表节理的条数(或百分数),将统计到的节理进行整理,以10为一组,并算出其条数,见表2-3,然后点在相应走向方位角中间值的半径上。如图2-20所示,走向北东41°~50°的节理有35条,按比例点在北东45°的半径上。连接各点即绘出节理玫瑰图。

表2-3　某坝址节理统计表

走向(°)	条数	走向(°)	条数	走向(°)	条数	走向(°)	条数
0~10	0	51~60	19	281~290	0	331~340	22
11~20	0	61~70	10	291~300	14	341~350	30
21~30	20	71~80	20	301~310	10	351~360	0
31~40	25	81~90	0	311~320	30		
41~50	35	271~280	0	321~330	50		

为表示最发育节理的倾向和倾角,将该组节理走向沿半径延伸出半圆以外,沿径向按比例划分出9个刻度(0°~90°)代表倾角,切线方向代表倾向,并按比例取一定长度代表条数,如图2-20所示。图中最发育的一组走向为321°~330°,在其半径延长线上,倾向为北东有两组,一组倾角为21°~30°,有25条;另一组倾角为71°~80°,有10条;倾向南西者15条,倾角为51°~60°。同样,如有必要,也可将其他主要节理的倾向、倾角绘出。

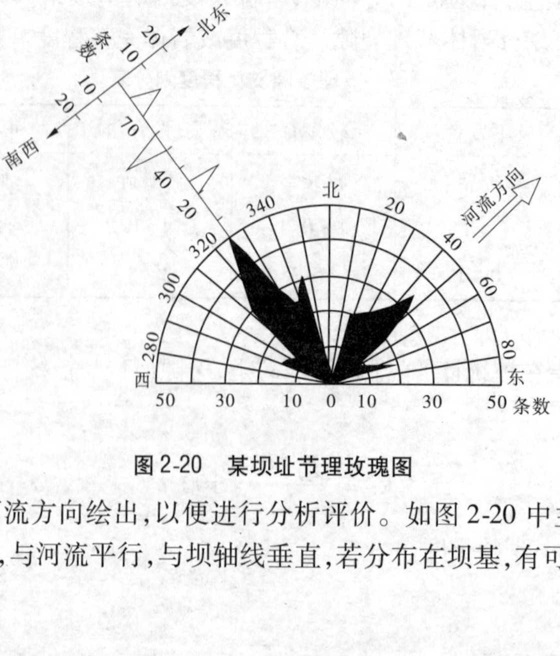

图2-20　某坝址节理玫瑰图

此外,还应将河流方向绘出,以便进行分析评价。如图2-20中主要节理有两组:一组走向北东45°左右,与河流平行,与坝轴线垂直,若分布在坝基,有可能形成连通坝基上下游的渗漏通道,若分布在坝头两岸,则节理向北西倾斜,对右岸边坡稳定不利;若向南东倾斜则对左岸不利。另一组走向北西325°左右,更为发育,走向与坝轴线平行,其中倾向北东者是向下游倾斜,对坝基岩体抗滑稳定不利,倾角越小越易造成危险的滑动面,所以对倾角为21°~30°的一组应予特别注意。另两组倾角较大,对岩体主要起切割作用。

2.5.2 断层

岩层或岩体在构造应力作用下发生破裂,沿破裂面两侧有明显相对位移的构造现象称为断层。它与构造节理合称为断裂构造。断层的规模大小相差悬殊,小的在岩石手标本上即可见到,大者可延伸数十千米以上。有时还有多条大致平行延伸、性质相近的大断层组成一个断裂带,它们长可达数百甚至上千千米,宽可达几千米,如我国东部的营口—郯城—庐江断裂带。断层的切割深度也差别很大,有些深大断裂可切穿地壳而达上地幔。断层也是常见的构造现象之一,常对工程岩体的稳定性和渗漏造成很大的危害。

2.5.2.1 断层要素

断层的几何要素包括断层的基本组成部分以及与阐明其错动性质有关的几何因素(见图2-21)。

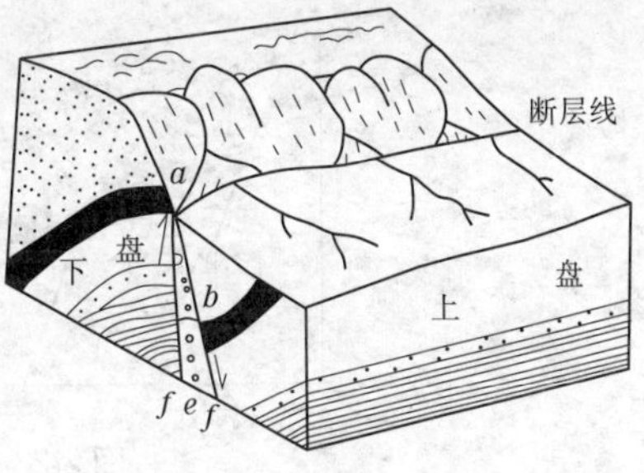

ab—总断距;e—断层破碎带;f—断层影响带

图2-21 断层要素图

1. 断层面

岩层发生错动位移的破裂面称断层面,它可以是平面或是弯曲面。小断层或大断层的局部地段常是平直的,有时较大的断层可呈舒缓波状的曲面。断层面的产状也用走向、倾向、倾角来测定。

2. 断层线

断层面与地面的交线称断层线,它反映断层在地表的延伸方向。

3. 断层带

较大的断层常错动形成一个带,包括破碎带和影响带。破碎带是被断层错动搓碎的部分,它可以由岩块碎屑、角砾、岩粉和黏土颗粒组成,常称为断层角砾或断层泥等,其两侧被断层面所限制。影响带是指靠近破碎带受断层影响、节理发育或发生牵引弯曲的部分。

4. 断盘

断层面两侧相对位移的岩体称为断盘。在断层面上部的称为上盘,下部的称为下盘。若断层面直立则无上下盘之分。

5. 断距

断距是断层两盘相对错开的距离。岩层原来相连的两点,沿断层面错开的距离称为总断距,总断距的水平分量称为水平断距,铅直分量称为铅直断距。

2.5.2.2 断层的基本类型

1. 按断层两盘的相对位移分类

1)正断层

正断层的基本特征是上盘相对下移,下盘相对上移(见图2-22(a))。它一般是受水平张应力或垂直作用力使上盘相对向下滑动而形成的,所以在构造变动中多垂直于引张力方向发生,但有时也沿已有的剪节理发生。其断距可从几厘米到数十米,延伸范围一般自几十米至数千米。正断层的倾角一般均较陡,多在50°~60°以上。在野外有时见到由数条正断层排列组合在一起,形成阶梯式断层、地垒和地堑等(见图2-23)。

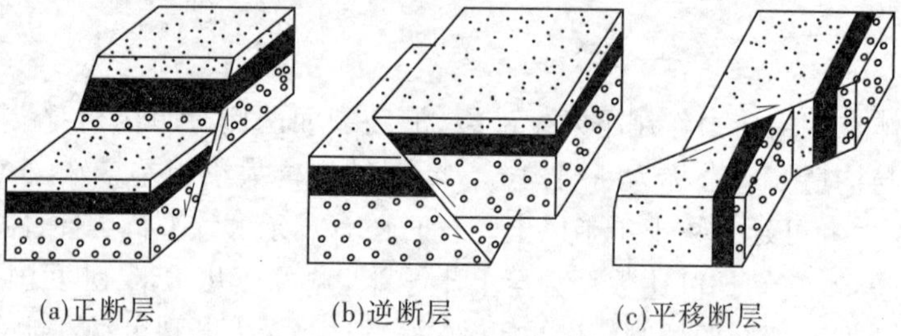

图2-22　断层类型示意图

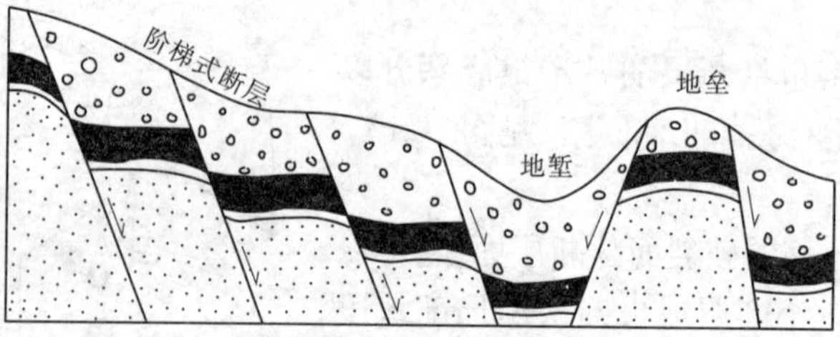

图2-23　阶梯式断层、地垒及地堑

(1)阶梯式断层。岩层沿多个相互平行的断层面向同一方向依次下降成阶梯式断层。

(2)地垒。两边岩层沿断层面下降,中间岩层相对上升形成地垒。

(3)地堑。两边岩层沿断层面上升,中间岩层相对下降形成地堑。

2)逆断层

逆断层的基本特征是上盘相对上移,下盘相对下移(见图2-22(b))。它一般是受水平挤压力沿剪切破裂面形成的,所以常与褶皱同时伴生,并多在一个翼上平行于褶皱轴发育。断层带中往往夹有大量的角砾和岩粉。根据断层面的倾角大小,又可将逆断层分为以下四种类型:

(1)冲断层。断层面倾角大于45°的高角度逆断层。

(2)逆掩断层。断层面的倾角为45°~25°,往往由倒转褶皱发展形成,它的走向与褶皱轴大致平行,逆掩断层的规模一般都较大。

(3)辗掩断层。倾角小于25°的逆断层,常是区域性的巨型断层,断层上盘较老的地层沿着平缓的断层面推覆在另一盘较新岩层之上,断距可达数千米,破碎带的宽度也可达几十米。

(4)叠瓦式断层。一系列冲断层或逆掩断层,使岩层依次向上冲掩,形成叠瓦式断层(见图2-24)。

3)平移断层

这是断层两盘产生相对水平位移的断层(见图2-22(c))。多系受剪(扭)应力形成,

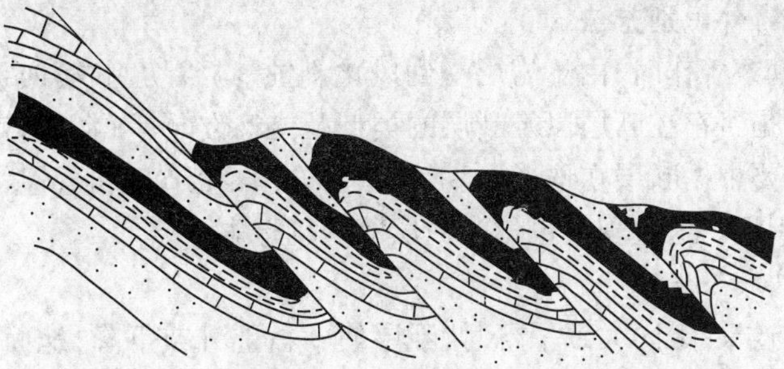

图2-24 叠瓦式断层

因此大多数与褶皱轴斜交,与X型节理平行或沿该节理形成,断层的倾角常常是近于直立的。这种断层的破碎带一般较窄,沿断层面常有近水平的擦痕。

有时断层错动方向兼有平移和上下的相对位移。这时如以平移为主,则称正平移断层或逆平移断层。若以上下错动为主,则称平移正断层或平移逆断层。

2.按断层的力学性质分类

断层是在地壳构造运动的应力作用下,岩体内部相应产生的压应力、张应力和扭应力(剪应力)的作用所形成的。因此,断层按力学性质可分为以下五种类型。

1)压性断层

由压应力派生的剪力作用形成,也称压性结构面。压性断层的走向与压应力方向垂直,在断层面两侧,主要是上盘岩体受挤压相对向上位移,如逆断层等。压性断层常与褶皱轴平行,并可成群出现而构成挤压构造带。断层带往往有断层角砾岩、糜棱岩和断层泥,形成软弱破碎带。破碎带中常有挤压形成的透镜状、扁豆状或菱形块体及劈理裂隙。在较脆弱的岩石中,断层面上常有反映错动方向的擦痕。

2)张性断层

由张(拉)应力派生的剪力作用形成,也称张性结构面。张性断层的走向是垂直于张应力方向,断层面上盘岩体因引张而相对向下位移,如正断层等。

3)扭性断层

由扭(剪)应力作用形成,也称扭性结构面。扭断层一般是两组共生,呈X型交叉分布,但往往是一组发育,而另一组不发育,如平移断层等。

4)压扭性断层

具有压性断层兼扭性断层的力学特性,如部分平移逆断层。

5)张扭性断层

具有张性断层兼扭性断层的力学特性,如部分平移正断层。

3.按断层面产状与地层产状关系分类

(1)走向断层。断层走向与岩层走向平行。

(2)倾向断层。断层走向与岩层走向垂直。

(3)斜交断层。断层走向与岩层走向斜交。

此外,也可根据断层走向与褶皱轴线方向的关系进行分类,可分为纵断层(与褶皱轴平行)、横断层(与褶皱轴垂直)、斜断层(与褶皱轴斜交)。

2.5.2.3　断层的野外识别方法

在野外进行勘察工作时,由于岩层受到风化剥蚀、沟谷切割、第四系松散岩土覆盖等多种因素影响,对是否存在断层以及断层的类型及错动方向等,常不能直接观察或不易分辨清楚。因此,需要根据断层在地形地貌、地层分布、伴生节理和岩性特征等方面形成的一些独特现象来判断。这些现象也称为断层的识别标志。

1. 地层的重复或缺失

当断层走向与岩层走向大致平行时,断层使一盘上升或下降,地面受剥蚀夷平后,沿地表顺倾向方向观察,会看到相同地层的重复出现,或应该出现而没有出现的缺失现象,如图2-25所示。

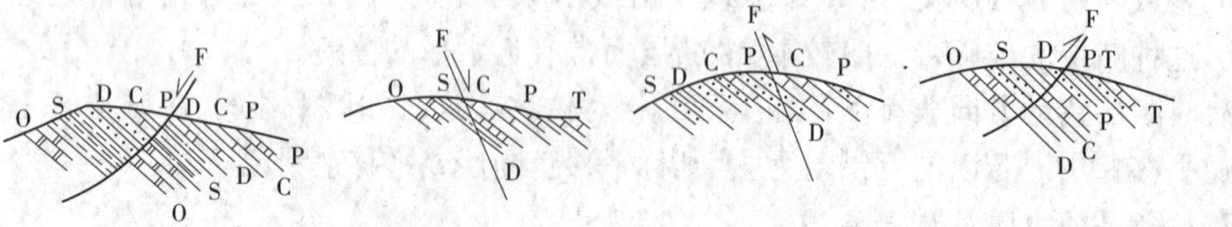

(a)正断层(重复)　(b)正断层(缺失)　(c)逆断层(重复)　(d)逆断层(缺失)

图2-25　纵断层造成的地层重复或缺失

2. 岩层、岩脉突然中断

当断层横切岩层走向时,岩层沿走向延伸方向会突然中断、被错断开来,如图2-26所示。如断层横切褶皱轴表现为断层两侧核部岩层的宽度突然变化,在背斜核部相对变宽的一侧为上升盘,而向斜核部相对变宽的一侧为下降盘。

(a)正断层　(b)逆断层　(c)平移断层

图2-26　断层造成岩层的不连续

3. 断层破碎带及构造岩

规模较大的断层常形成断层破碎带,其宽度为几厘米至数十米不等。破碎带由被挤压、错动形成的大小不一、粗细不等的岩石碎块、岩粉等组成,但它们常被胶结或在强烈的挤压力作用下发生动力变质,某些矿物重新结晶,定向排列或产生一些新的变质矿物,如叶蜡石、绿帘石、绿泥石、绢云母等。这种断层破碎带中所特有的岩石称构造岩。根据破碎程度、重结晶及结构特征,构造岩又可分为下列几种:

(1)断层角砾岩。主要由大于2 mm被搓碎的棱角状碎块及岩粉等经胶结形成,角砾仍保持原岩的矿物成分和结构。

(2)碎裂岩。主要由小于2 mm的原岩碎粒并杂以岩粉经胶结形成。能用放大镜分辨原岩成分。

(3)糜棱岩。由被碾碎成均匀细小的粉末碎屑胶结而成,以小于0.05 mm的颗粒为主,只有在显微镜下才能看出颗粒的成分和结构特征,外观致密,类似硅质岩。矿物有重结晶、重组合现象。除含有石英、长石等原岩矿物外,常含有一些变质矿物。风化后常呈岩粉或泥状。

(4)断层泥。在断层破碎带中常可见到厚度不等的泥状物质,脱水干燥后呈硬块状,它们是糜棱岩、碎裂岩或岩粉等经浸水风化而成的。大多由亲水性较强的黏土矿物及石英等组成。断层泥压缩变形大、强度低,常给工程带来很大的危害。

4. 牵引现象及伴生节理

断层两盘相对错动时,两侧岩层受到拖拉而形成的弧形弯曲现象,称为牵引褶皱。通常表现为单个褶皱,且离断层稍远,岩层即恢复正常产状。据弯曲形状可判别断层错动方向,弧形弯曲凸向指向本盘错动方向(见图2-27)。在断层剪切滑动产生的应力作用下,两侧岩层常相伴产生规律排列的节理或劈理,多呈羽状排列。其中伴生张节理(T)与断层面斜交,其锐角指示本盘错动方向。伴生剪节理可有两组:一组与断层面呈锐角相交(s),锐角指向对盘滑动方向;另一组与断层面近于平行(s)。两组剪节理常只有一组发育,由于岩层受力情况复杂,时常有例外情况。

5. 断层擦痕

在断层面上由于岩块相互滑动和摩擦,常留下具有一定方向密集的微细刻槽的痕迹,称为擦痕。顺擦痕方向用手摸,感觉光滑的方向即表示另一盘滑动的方向。在具擦痕的滑面上有许多小陡坎,称为阶步,其陡的一侧常指示另一盘滑动的方向(也有例外情况的)。根据擦痕和阶步可判别断层两盘相对位移方向及断层性质(见图2-28)。

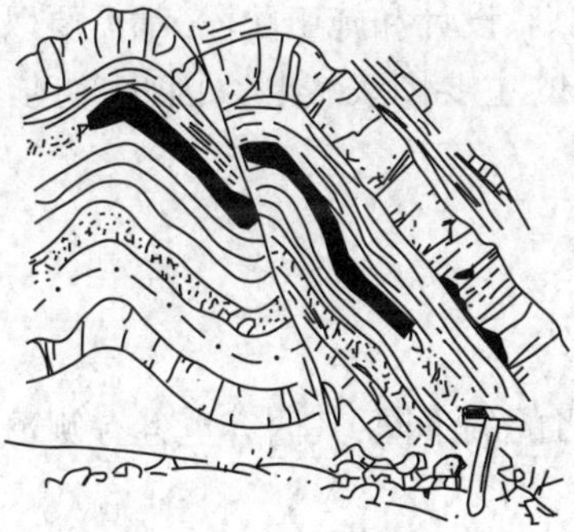

图2-27 断层的牵引褶皱

图2-28 断层擦痕

6. 地貌及地下水特征

巨大的断层两侧,常使地貌发生突然变化,如山区沿断层线突然变为平原,同时沿山脊在横切的断层处被切成陡崖,陡崖常呈三角形,故称断层三角面。另外,在山区因断层破碎带易受风化剥蚀,常沿断层形成沟谷,地质人员戏称"逢沟必断",这虽非全部事实,但在构造运动强烈上升地区,是较常见的。断层横切河谷时,在河底常被冲刷成深潭。

断层破碎带常是地下水的良好通道。当断层切断地下水含水层时,地下水会沿断层带渗出地表形成泉水。泉水出露地点则沿断层线呈线状分布,形似串珠。呈线状分布的热泉多与现代活动性断层有关。

2.5.3 断裂构造对工程建筑的影响

断裂构造对工程建筑的影响是很大的。断裂构造的存在破坏了岩体的连续完整性,降低了岩石的强度,增大了岩体的透水性,将导致工程建筑物发生不均匀沉降、滑动和渗漏,影响工程建筑物的安全稳定、经济效益及施工方法等一系列问题,对工程极为不利。因此,在选择工程建筑物地址时,应查明断层的类型、分布,断层面产状,破碎带宽度,充填物的物理力学性质、透水性和溶解性等。另外,沿断层破碎带易形成风化深槽,特别是在断层节理密集交会处,更易风化侵蚀形成很深的囊状风化带。为了防止断裂构造对工程的不利影响,要尽量避开大的断层破碎带和节理密集地;若确实无法避开,则必须采取有效处理措施。在工程建设中,对断裂构造的处理方法一般有以下几点:

(1)开挖清除。将断层破碎带的松散碎屑物质挖掉,然后回填混凝土或黏土。

(2)灌浆。多采用水泥灌浆,以提高破碎带的强度并降低其渗透性。

(3)做阻滑截渗墙。修筑混凝土或钢筋混凝土墙,将破碎带截断,以提高地基的抗滑能力并降低其渗透性。

2.6 地质图

用规定的符号、线条和色彩来反映一个地区的各种地质现象、地质条件和地质发展历史的图样,叫做地质图。它是依据野外探明和收集的各种地质勘测资料,并按一定比例投影在地形底图上编制而成的,是地质勘察工作的主要成果之一。地质图的基本内容一般通过统一规定的图例符号来表示。工程建设中的规划、设计和施工阶段,都需要以地质勘测资料为依据,而地质图是可直接利用和使用方便的主要图表资料。因此,初步学会编制、分析、阅读地质图的基本方法是很重要的。

2.6.1 地质图的基本内容

2.6.1.1 地质图的类型

地质图的种类繁多,但由于在经济建设中应用目的的不同,其内容也各有侧重。在工程建设中,常用的地质图有以下几种。

1. 普通地质图

以一定比例尺的地形图为底图,反映一个地区的地形、地层岩性、地质构造、地壳运动及地质发展历史的基本图样,称为普通地质图。在普通地质图上,除了编绘一个地区地表出露的不同地质年代的地层分界线和主要地质构造的构造线外,还附有一两个地质剖面图和综合地层柱状图。普通地质图是编绘其他专门性地质图的基本图样。

2. 地貌及第四纪地质图

以一定比例尺的地形图为底图,主要反映一个地区的第四纪沉积层的成因类型、岩性及其形成年代、地貌单元的类型和形态特征的一种专门性地质图(用来表示某一项地质条件或服务于某一专门的国民经济项目的地质图称专门性地质图,如专门表示地下水条件的水文地质图、服务于各种工程建设的工程地质图)称为地貌及第四纪地质图。在建筑物地区的河流两岸及河谷地段，测绘编制地貌及第四纪地质图是必要的。

3. 工程地质图

工程地质图是根据工程地质条件而编制且在相应比例尺的地形图上表示各种工程地质勘察工作成果的图件。

4. 天然建筑材料图

反映天然建筑材料的产地、分布与储量的图样称为天然建筑材料图。

5. 地质剖面图及地层柱状图

地质剖面图及地层柱状图是指在平面地质图的基础上，为了更清楚地反映一个地区地表以下一定深度内的各种地质现象而编制的垂直方向上的地质图样。它们常与平面地质图配合使用，路桥工程建设需要的图样有建筑物工程地质剖面图、综合地层柱状图、钻孔柱状图等。

2.6.1.2 地质图的规格

如前所述，地质图是根据工作阶段和应用目的选用一定的比例尺将地表出露的各种地质现象测绘在拟选的相等或大于地质图比例尺的地形图底图上编制而成的。因此，一幅完整的符合标准的地质图，应包括以下基本内容。

1. 平面地质图

平面地质图是地质图的主体部分，包括如下几点内容：

(1)地理概况。包括图区所在的地理位置(经纬度、坐标系)、主要居民点位置(城镇、乡村所在地)、地形地貌的特征等。

(2)一般地质现象。包括各种不同地质年代的地层种类、岩性、产状、分布规律及地层界线、各种地质构造类型等。

(3)特殊的地质现象。包括崩塌、滑坡、泥石流、喀斯特、泉和重要的蚀变现象等。

2. 地质剖面图

在平面地质图上，选择一至数条有代表性方向的图切剖面，以表示岩层、褶皱、断层的空间形态及产状和地貌特征。

3. 综合地层柱状图

综合地层柱状图主要表示平面图区内的地层层序、厚度、岩性变化及接触关系。

1)图例

图例主要说明地质图中所用线条符号和颜色的含义，按沉积地层层序、岩浆岩、地质构造及其他地质现象顺序排列。

2)比例尺

比例尺的大小反映了图的精度。比例尺越大，图的精度越高，对地质条件的反映也越详细、越准确。一般地质图比例尺的大小是由工程的类型、规模、设计阶段和地质条件的复杂程度确定的。按工作的详细程度或工作阶段的不同，地质图可分为大比例尺(1:25 000 ~ 1:1 000)地质图、中比例尺(1:100 000 ~ 1:50 000)地质图、小比例尺(1:100 000 ~ 1:1 000 000)地质图。工程建设地区的地质图一般是大比例尺地质图。

3)责任栏

责任栏说明地质图的编制单位、编审人员、成图日期等。

2.6.2 地质现象及地质条件在地质图上的表示方法

地质图所反映的地质内容如地层岩性、岩层产状、岩层接触关系、褶皱、断层及其他地质现象等,是通过不同的线条符号和色彩表示在一幅相应比例尺的地形底图上的。现将主要的几种地质条件在图上的表示方法简述如下。

2.6.2.1 地层岩性的表示方法

地层岩性在地质图上是通过地层分界线、地层年代代号、岩性符号和颜色配合图例说明来表示的。但地层分界线在地质图上可能呈现各种形状,归纳起来有以下几种。

1. 第四纪松散沉积层和基岩分界线

这种分界线形状不规则,但有一定规律,大多位于河谷斜坡、盆地边缘、平原与山区交界处,大致沿着山麓等高线延伸在冲沟发育、厚度较大的松散沉积层分布地区,基岩则常在冲沟的底部出露。

2. 岩浆岩侵入体的分界线

这种分界线形状最不规则,也无规律可循,必须根据情况进行实地测绘。

3. 层状岩层的分界线

这种分界线在地质图上出现最多,其规律性较强,形状主要取决于岩层的产状与地形之间的关系。有以下三种情况。

1)水平岩层

水平岩层的地层界线与地形等高线平行或重合,呈封闭的曲线,如图2-29所示。

2)直立岩层

直立岩层的地层界线不受地形的影响,呈直线沿岩层的走向延伸,并与地形等高线直交。

3)倾斜岩层

倾斜岩层的地层界线与地形等高线斜交,呈V字形弯曲的曲线状,如图2-29所示。地层界线的弯曲程度与岩层倾角和地形起伏有关。一般岩层倾角越小,V字形越紧闭;倾角越大,V字形越开阔。按岩层产状与地形的关系,则有以下几条规律,称为V字形法则。

当岩层倾向与地形坡向相反时,地层界线的弯曲方向(即V字形的尖端,下同)和地形等高线的弯曲方向相同,但地层界线的弯曲度比地形等高线的弯曲度小(见图2-29(a))。

岩层倾向与地形坡向相同且岩层倾角大于地面坡度时,地层分界线的弯曲方向和地形等高线的弯曲方向相反(见图2-29(b))。

岩层倾向与地形坡向相同而岩层倾角小于地面坡度时,地层分界线的弯曲方向和地形等高线的弯曲方向相同,但地层界线的弯曲度比地形等高线的弯曲度大(见图2-29(c))。

2.6.2.2 岩层产状的表示方法

地质图常用下列符号表示岩层产状:“⊥”表示水平岩层;“⊥↓”表示直立岩层,其中箭头指向新岩层;“ㄑ”表示倾斜岩层。

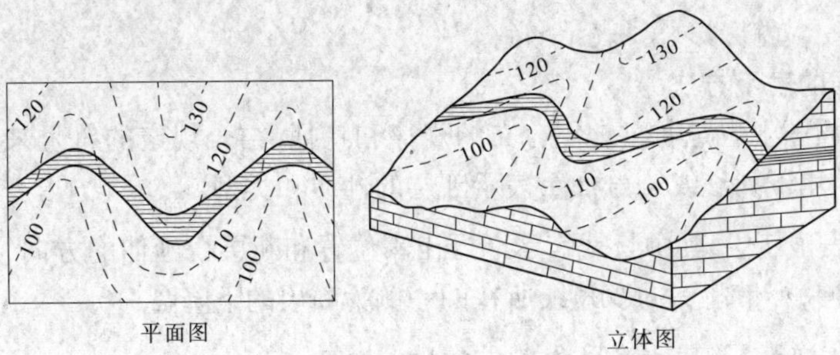

(a)岩层与坡向相反

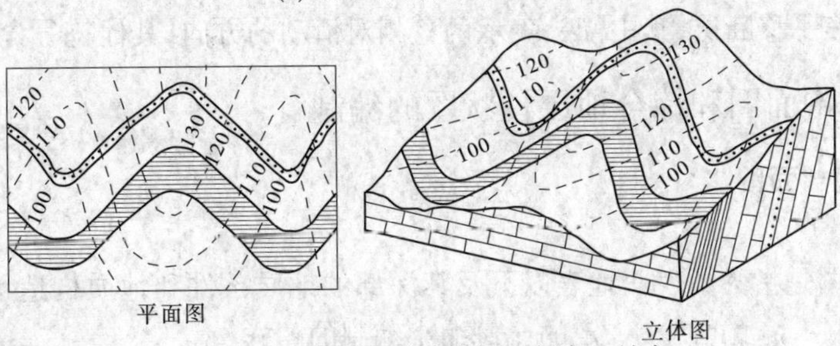

(b)岩层倾向与坡向相同，倾角 > 坡角

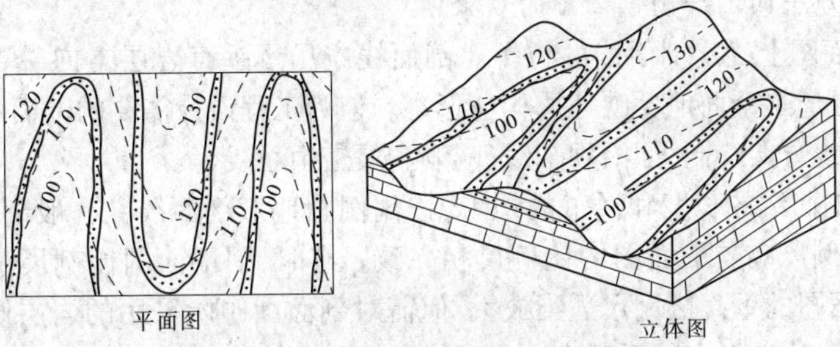

(c)岩层倾向与坡向相同，倾角 < 坡角

图2-29　倾斜岩层在地质图上的分布特征

2.6.2.3　岩层接触关系的表示方法及特征

1. 整合接触

在地质图上整合接触表现为两套地层的界线大体平行,较新地层只与一个较老地层相邻接触,而且地层年代连续,用实线"——"表示。

2. 平行不整合接触

在地质图上平行不整合接触表现为两套地层的界线大体平行,较新地层也只与一个较老地层相邻接触,但地层年代不连续,用虚线"------"表示。

3. 角度不整合接触

在地质图上角度不整合接触表现为两套地层的界线不平行且呈角度交截,一种较新地层同多种较老地层相邻接触,产状不同,地层年代不连续,用波浪线"~~~"表示。

2.6.2.4　褶皱的表示方法

褶皱在地质图上主要通过地层的分布规律、年代新老关系和岩层产状综合表示出来。为了突出褶皱轴部的位置及褶皱的形态类型,常在褶皱核部地层的中央用下列符号加重表示:“”表示背斜;“”表示向斜。

2.6.2.5　断层的表示方法

断层在地质图上也是通过地层分布的规律和特征,结合规定的符号来表示的。在断层出露的位置,用下列红线符号加重表示断层的性质和类型。

“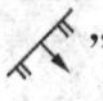”代表正断层,其中长线表示断层出露位置和断层线延伸的方向,带箭头的短线表示断层面倾向,不带箭头的双短线所在的一侧为断层的下降盘。

“”代表逆断层,其他符号含义同上。

“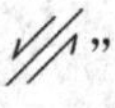”代表平移断层,其中箭头表示两盘相对滑动的方向,其他符号含义同上。

2.6.3　地质剖面图和综合地层柱状图的编制

2.6.3.1　地质剖面图

1. 概念

地质剖面图是指为了表明地表以下及其深部的地质条件和地质构造情况,常用统一规定的符号且按一定的方位、一定的比例缩小编制的图样。

2. 根据地质平面图绘制剖面图的步骤

(1)在平面图上确定剖面线的位置。剖面线应尽量垂直岩层走向、褶皱轴或断层线方向,以便能更清楚全面地反映地质构造形态。但为工程设计需要的剖面图,常平行或垂直于建筑物轴线方向绘制,如沿坝轴线、隧洞和渠道中心线等。

(2)根据剖面线的长度和通过的地形,按比例画地形剖面线。一般剖面图的水平比例尺和垂直比例尺应与平面图的比例尺相一致。有时,因平面图比例尺过小,或地形平缓,也可将剖面图的垂直比例尺适当放大,但需对剖面图中所采用的岩层倾角进行换算。此时的剖面图对构造形态的反映有一定程度的失真。有时为工程应用,专门绘制较大比例尺的剖面图。

(3)画完地形剖面线后,就可将岩层界线、断层线等,投影到地形剖面线上;再根据岩层倾向、倾角、断层面产状等画出岩性及断层符号,加注代号,标出剖面线方向,写上图名、图例、比例尺等。这就完成了地质剖面图的绘制工作。

2.6.3.2　综合地层柱状图

综合地层柱状图是把一个地区从老到新出露的地层岩性按最大厚度和接触关系等,自下而上地按原始形成次序用柱状图的形式表示出来,但不能反映褶皱和断裂情况。综合地层柱状图对了解一个地区的地层特征和地质发展史等很有帮助。因此,实际中常将它和地质平面图及剖面图放在一起,相互对照,相互补充,共同说明一个地区的地质条件。

2.6.4　地质图的阅读分析

2.6.4.1　阅读地质图的方法步骤

(1)先看图名和比例尺,以了解地质图所表示的内容、位置、范围及精度。

(2)阅读图例,了解图中有哪些时代的岩层,并熟悉图例的颜色及符号,在附有地层柱状图时,可与图例配合阅读,通过综合地层柱状图能较完整、清楚地了解地层的新老次序，岩性特征及接触关系等。

(3)分析地形地貌，了解本区的地形起伏、相对高差、山川形势、地貌特征等。

(4)阅读地层的分布、产状及其与地形的关系，分析不同地质时代地层的分布规律、岩性特征及接触关系，了解区域地层的基本特点。

(5)阅读图上有无褶皱，褶皱类型及轴部、翼部的位置；有无断层，断层性质、分布以及断层两侧地层的特征。分析本地区地质构造形态的基本特征。

(6)综合分析各种地层、构造等现象之间的关系，说明其规律性及地质发展简史。

(7)在上述阅读分析的基础上，结合工程建设的要求，进行初步分析评价。

2.6.4.2　地质图的阅读分析

根据黑山寨地区地质图（见图2-30及图2-31），对该地区地质条件进行分析阅读如下。

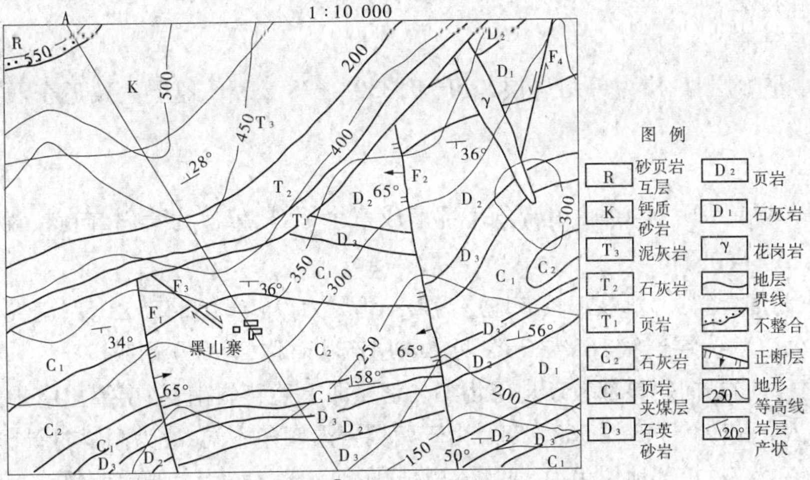

图2-30　黑山寨地区地质

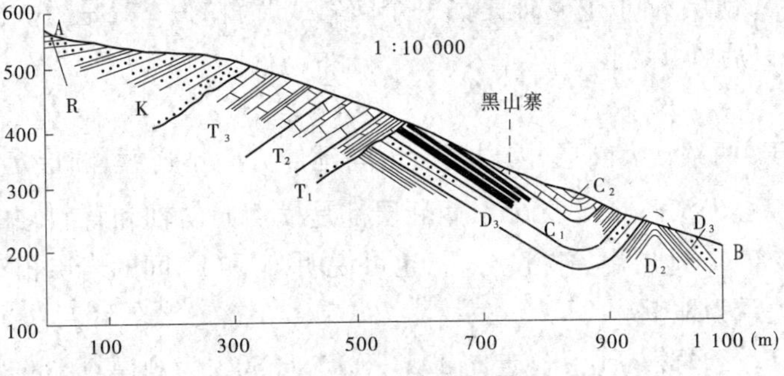

图2-31　黑山寨地区地质剖面图

1. 比例尺

地质图比例尺为1∶10 000，即1 cm代表实地距离为100 m。

2. 地形地貌

本区西北部最高,高程约为 570 m;东南部较低,约为 100 m;相对高差约达 470 m。东部有一山岗,高程为 300 多 m。顺地形坡向有两条北北西向沟谷。

3. 地层岩性

本区出露地层从老到新有:古生界——下泥盆统(D_1)石灰岩、中泥盆统(D_2)页岩、上泥盆统(D_3)石英砂岩、下石炭统(C_1)页岩夹煤层、中石炭统(C_2)石灰岩;中生界——下三叠统(T_1)页岩、中三叠统(T_2)石灰岩、上三叠统(T_3)泥灰岩、白垩系(K)钙质砂岩;新生界——第三系(R)砂、页岩互层。古生界地层分布面积较大,中生界、新生界地层出露在北、西北部。

除沉积岩层外,还有花岗岩脉(γ)侵入,出露在东北部。侵入在三叠系以前的地层中,属海西运动时期的产物。

4. 地质构造

1)岩层产状

R 为水平岩层;T、K 为单斜岩层,其产状 330°∠28°,D、C 地层大致近东西向或北东东向延伸。

2)褶皱

古生界地层从 D_1 至 C_2 由北部到南部形成三个褶皱,依次为背斜、向斜、背斜。褶皱轴向为 NE75°~80°。

(1)东北部背斜:背斜核部较老地层为 D_1,北翼为 D_2,产状 345°∠36°;南翼由老到新为 D_2、D_3、C_1、C_2,岩层产状 165°∠36°;两翼岩层产状对称,为直立褶皱。

(2)中部向斜:向斜核部较新地层为 C_2,北翼即上述背斜南翼;南翼出露地层依次为 C_1、D_3、D_2、D_1,其产状 345°∠56°~58°;由于两翼岩层倾角不同,故为倾斜向斜。

(3)南部背斜:核部地层为 D_1,两翼对称分布 D_2、D_3、C_1,为一倾斜背斜。

这三个褶皱发生在中石炭世(C_2)之后,下三叠世(T_1)以前,因为从 D_1 至 C_2 的地层全部经过褶皱变动,而 T_1 以后的地层没有受此褶皱影响。但 T_1~T_3 及 K 的地层呈单斜构造,产状与 D、C 地层不同,它可能是另一个向斜或背斜的一翼,是另一次构造运动所形成的,发生在 K 以后、R 以前。

3)断层

本区有 F_1、F_2 两条较大断层,因岩层沿走向延伸方向不连续,断层走向 345°,断层面倾角较陡,F_1:75°∠65°,F_2:255°∠65°,两断层都是横切向斜轴和背斜轴的正断层。另从断层两侧向斜核部 C_2 地层出露宽度分析,也可说明 F_1 和 F_2 间的岩层相对下移,所以 F_1、F_2 断层的组合关系为地堑。

此外,尚有 F_3、F_4 两条断层,F_3 走向 300°,F_4 走向 30°,为规模较小的平移断层。

断层也形成于中石炭世(C_2)之后,下三叠世(T_1)以前,因为断层没有错断 T_1 以后的岩层。

从该区褶皱和断层分布的时间和空间来分析,它们是处于同一构造应力场,前后受到两次构造运动所形成的。压应力主要来自近北北西向,故褶皱轴向为北东东。F_1、F_2 两断层为受张应力作用形成的正断层，故断层走向大致与压应力方向平行，而 F_3、F_4 则为受剪应力所形成的扭性断层。

5. 接触关系

第三系（R）与其下伏白垩系（K）产状不同，为角度不整合接触。

白垩系（K）与下伏上三叠系（T_3）之间缺失侏罗系（J），但产状大致平行，故为平行不整合接触。T_3、T_2、T_1 之间为整合接触。

下三叠统（T_1）与下伏石炭系（C_1、C_2）及泥盆系（D_1、D_2、D_3）地层直接接触，中间缺失二叠系（P）及上石炭统（C_3），且产状呈角度相交，故为角度不整合接触。由 C_2 至 D_1 各层之间均为整合接触。

花岗岩脉（γ）切穿泥盆系（D_1、D_2、D_3）及下石炭统（C_1）地层并侵入其中，故为侵入接触，因未切穿上覆下三叠统（T_1）地层，故 γ 与 T_1 为沉积接触。说明花岗岩脉（γ）形成于下石炭世（C_1）以后，下三叠世（T_1）以前，但规模较小，产状呈北北西—南南东分布的直立岩墙。

6. 地质发展简史

在地质发展历史过程中，本区泥盆纪至中石炭世期间，地壳处于缓慢升降过程，且幅度甚小，一直接受沉积。中石炭世以后，受海西运动的影响，地壳发生剧烈变动，岩层褶皱断裂，并伴随有岩浆侵入，二叠纪时期本地区上升为陆地，遭受风化剥蚀。到早三叠世时，又沉降为海洋，重新接受海相沉积。到晚三叠世后期，地壳大面积平缓持续上升成为陆地，侏罗纪期间，地壳遭受风化剥蚀，再次受燕山运动影响，三叠系及白垩系产生平缓褶皱。新生代无剧烈构造变动，所以第三系地层为水平产状。

小 结

本项目主要介绍了地质作用、地质构造、地质图等方面的内容。

地质作用指引起地壳物质组成、地壳结构和地表形态不断发生变化的作用。根据发生地质作用的能量来源不同，它又可分为内动力地质作用和外动力地质作用两种类型。其中内动力地质作用主要由地壳运动、变质作用、岩浆活动等组成，外动力地质作用主要是指风化作用、冰川作用、河流地质作用、人工地质作用等。

地质年代系指地质体形成或地质事件发生的时代。划分地层的单位称为地层年代。

岩层在地壳中的空间方位和产出状态，称为岩层产状。它可用走向、倾向和倾角三要素来表示。在野外可用地质罗盘仪来测量岩层的产状要素。

褶皱构造是岩层在构造运动中受力形成连续弯曲的永久变形。其基本类型为向斜和背斜。

断裂构造是岩石受地应力作用发生破裂而形成的构造形迹。根据断裂面两侧岩块的相对位移情况，把断裂构造分为节理和断层两大类。断裂面两侧岩块没有发生明显相对位移的破裂面称为节理，断裂面两侧岩块发生了明显相对位移的破裂面称为断层。断层的基本形态可分为正断层、逆断层、平移断层三种。

地质图是指用规定的符号、线条和色彩来反映一个地区的各种地质现象、地质条件和地质发展历史的图样。工程建设中的规划、设计和施工阶段,都需要以地质勘测资料为依据,而地质图是可直接利用和使用方便的主要图表资料。

练习题

2-1 思考题

1. 地质历史如何划分? 熟记代、纪和主要构造运动的名称、顺序。
2. 深刻理解岩层产状要素的概念,并熟练掌握其测量方法。
3. 试述褶皱形态的分类及主要特征。
4. 野外如何识别褶皱并判断其类型?
5. 构造节理有几种类型? 主要特征是什么? 节理与褶皱有何成生上的联系?
6. 节理玫瑰图如何绘制? 怎样从图上分析岩体稳定和渗漏情况?
7. 试述断层的分类及各种断层的主要特征。
8. 在野外如何识别断层?
9. 各种地质条件在地质图中是如何表示的?
10. 理解岩层的各种接触关系的含义,掌握其识别方法。
11. 综合地层柱状图能反映出哪些地质现象?

2-2 选择题

1. 外力地质作用包括风化作用、(　　)、沉积作用及成岩作用。

A. 岩浆作用　　B. 剥蚀作用　　C. 地质作用　　D. 地震作用

2. 下列不属于内力地质作用的有(　　)。

A. 地壳运动　　B. 地震作用　　C. 剥蚀作用(搬运)　　D. 变质作用

3. 沉积岩的不整合接触面上常常形成底砾岩,与底砾岩岩性一致的岩层形成时间(　　)。

A. 较早　　B. 较晚
C. 无法确定　　D. 沉积岩未经构造变动影响时,较晚

4. 下列(　　)不是地质年代单位。

A. 宙　　B. 代　　C. 纪　　D. 统

5. 下列有关岩层走向的叙述不正确的是(　　)。

A. 岩层的走向有两个数值,且两数值相差180°
B. 岩层的走向只有一个数值
C. 岩层的走向可由走向线的方位角表示
D. 岩层走向方位角与倾角方位角相差90°

6. 下列(　　)不能作为判断断层的标志。

A. 擦痕和阶步　　B. 牵引构造
C. 地层的重复和缺失　　D. 底砾岩

7. 岩层在空间的位置是由(　　)要素确定的。

A. 地壳运动　　B. 地形地貌

C. 走向倾斜　　　　　　　　　　　　D. 走向、倾向、倾角

8. 下列有关褶皱的叙述,不正确的是(　　)。

A. 褶皱构造中岩层的连续性未受到破坏

B. 褶皱是岩层产生的一系列波状弯曲

C. 褶皱核部为新地层,翼部为老地层

D. 褶皱的基本类型有背斜和向斜

9. 下列有关节理的叙述,不正确的是(　　)。

A. 内、外地质作用均可使岩层产生节理

B. 由张应力形成的节理即张节理

C. 由剪应力形成的节理即剪节理

D. 断裂后两侧岩块具显著位移的断裂构造即节理。

10. 下列有关平行不整合接触的叙述,正确的是(　　)。

A. 不整合面上、下两套岩层产状不一致。

B. 与不整合面上的底砾岩岩性一致的岩层形成时间相对较早。

C. 与不整合面上的底砾岩岩性一致的岩层形成时间较晚。

D. 根据底砾岩无法判断上、下岩层的相对新老关系。

11. 下列有关断层的叙述,不正确的是(　　)。

A. 断裂后两侧岩块具有显著位移的断裂构造即断层。

B. 岩层断裂可以造成岩层突然中断。

C. 断层不能造成岩层的重复

D. 断层能够造成岩层缺失。

12. 逆断层即(　　)。

A. 上盘相对上升,下盘相对下降的断层

B. 上盘相对下降,下盘相对上升的断层

C. 上盘水平左移,下盘水平右移的断层

D. 上盘水平右移,下盘水平左移的断层

13. 一幅完整的地质图应包括(　　)。

A. 钻孔分布图、平面图、柱状图

B. 钻孔分布图、剖面图和柱状图

C. 钻孔分布图、平面图和剖面图

D. 平面图、剖面图和柱状图

项目3 地貌及物理地质作用

【知识目标】 了解地貌、地貌的形态分类及地貌的成因分类;掌握风化作用的类型及岩石风化程度的分级;掌握河流地质作用,了解河流地貌以及与坝址选择的关系;掌握岩溶的形成条件及影响因素,了解岩溶地貌的类型及岩溶对工程建筑的影响;了解第四纪沉积环境的一般特征,掌握第四纪沉积物成因类型及其工程地质特征。

【学习重点】 地貌的形态分类、岩石风化程度的分级及第四纪沉积物成因类型及其工程地质特征。

地貌及第四纪沉积物与工程的建设及运营有着密切的关系。许多工程建筑常穿越不同的地貌及第四纪沉积物,地貌及第四纪沉积物是评价工程地质条件的重要内容之一。第四纪沉积物主要是外动力地质作用对地壳综合作用的结果,外动力地质作用常见有风化作用、河流地质作用、岩溶等,因此本项目主要研究地貌及第四纪沉积物、风化作用、河流地貌及岩溶地貌。

3.1 地 貌

3.1.1 地貌概述

地貌是指在各种地质应力作用下形成的地球表面各种形态的总称。地表形态是多种多样的,成因也不尽相同,但都是内外力地质作用对地壳综合作用的结果。内力地质作用造成了地表的起伏,控制了海陆分布的轮廓及山地、高原、盆地和平原的地域配置,决定了地貌的构造格架。而外力(流水、风力、太阳辐射能、大气和生物的生长和活动)地质作用,通过多种方式,对地壳表层物质不断进行风化、剥蚀、搬运和堆积,从而形成了现代地面的各种形态。简言之,内力规定了地貌的基本结构,外力则在这个基础上,不断对它们进行雕塑。所有地貌都在不断变化发展。地貌变化发展受构造运动、外力作用和时间三个因素的影响。

3.1.2 地貌类型

自然界存在千变万化的地表形态,有各式各样的地貌类型。总体可分为大陆和海洋两大部分。

海洋的面积约占地壳总面积的71%,其平均深度为3 700多m。海洋地形的半数为表面平坦且无明显起伏的大洋盆地。海底的山脉称为海岭,而海底长条形的洼地称为海沟,一般深度大于6 km,可谓地球表面最低洼地区,如西太平洋马里亚纳海沟深度为

11 034 m，菲律宾海沟深度为 10 540 m。地壳厚度为 1.6 km。与陆地连接的浅海平台则称为大陆架。大陆架外缘的斜坡称为大陆坡。

地貌分类原则涉及因素较多，一般可按地貌形态和地貌成因进行分类。

3.1.2.1　地貌的形态分类

大陆的平均海拔为 800 多 m，按高程和起伏状况，大陆表面可分为山地（33%）、丘陵（10%）、平原（12%）、高原（26%）和盆地（19%）这几种地貌形态，见表 3-1。

表 3-1　大陆地貌的形态分类

形态类型		绝对高度（m）	相对高度（m）	平均坡度（°）	举例
山地	高山	>3 500	>1 000	>25	喜马拉雅山、
	中山	1 000~3 500	500~1 000	10~25	庐山、大别山
	低山	500~1 000	200~500	5~10	川东平行岭谷
丘陵		<500	<200		闽东沿海丘陵
高原		>600	>200		青藏高原、内蒙古高原、黄土高原、云贵高原
平原	高平原	>200			成都平原
	低平原	0~200			
盆地		<海平面高度			东北、华北、长江中下游平原

1. 山地

陆地上海拔在 500 m 以上且由山顶、山坡和山麓组成的隆起高地，称为山地。按山地的外貌特征、海拔、相对高度和坡度，并结合我国的具体情况，将山地分为高山、中山和低山三类。

（1）高山。海拔为 3 500~5 000 m、相对高度为大于 1 000 m、山坡坡度大于 25°的山地，称为高山。大部分山脊与山顶位于雪线以上，冰川地形的山地也属高山。

（2）中山。海拔为 1 000~3 500 m、相对高度为 500~1 000 m、山坡坡度为 10°~25°的山地，称为中山。中山的外貌特征多种多样，有的平缓，有的陡峭，有的由于冰川作用而具有尖锐的角峰和锯齿形山脊。

（3）低山。海拔为 500~1 000 m、相对高度为 200~500 m、山坡坡度为 5°~10°的山地，称为低山。有些切割较深的低山，坡度较大（常大于 10°）。

2. 高原

陆地表面海拔在 600 m 以上、相对高度在 200 m 以上、面积较大、顶面平坦或略有起伏且耸立于周围地面之上的广阔高地，称为高原。规模较大的高原，顶部常形成丘陵与盆地相间的复杂地形。世界上最高的高原是我国的青藏高原，平均海拔超过 4 000 m。

3. 平原

陆地表面宽广平坦或切割微弱、略有起伏并与高地毗连或为高地围限的平地，称为平原。按海拔分为高平原和低平原两种。低平原海拔小于 200 m，为地势平缓的沿海平原。

我国的华北平原就是典型的低平原。高平原海拔大于200 m,为切割微弱而平坦的平地。如我国的河套平原、银川平原等都是高平原。

4. 盆地

陆地上中间低平或略有起伏、四周被高地所围限的盆状地形,称为盆地。盆地的海拔和相对高度一般较大,我国的四川盆地中部的平均高程为500 m,青海柴达木盆地的平均高程为2 700 m。根据成因分为构造盆地和侵蚀盆地。

5. 丘陵

丘陵是一种起伏不大、海拔一般不超过500 m、相对高度在200 m以下的低矮山丘。丘陵多数由山地、高原经长期外力侵蚀作用形成。

3.1.2.2 地貌的成因分类

地貌形态虽然千姿百态,但形成地貌的动力主要有两类,即内力地质作用和外力地质作用。内力地质作用主要形成地表起伏,向着增强地势趋向发展;外力地质作用趋向于削平地表起伏,向着减弱地势的趋向发展。

1. 内力地貌

内力地貌即以内力地质作用为主所形成的地貌。以不同的内力地质作用又可分为构造地貌和火山地貌。

(1)构造地貌。构造地貌是指由构造运动所形成的地貌,其形态能充分反映地质构造的原始形态。例如,高地符合构造隆起和以上升运动为主的地区,盆地符合构造拗陷和以下降运动为主的地区。由于地质构造形迹的多样性,构造地貌可分为很多类型,如单面山、褶皱山、断块山等。

(2)火山地貌。火山地貌是由喷发出来的熔岩和碎屑物质堆积所形成的地貌。如熔岩盖、火山锥、熔岩丘等。

2. 外力地貌

外力地貌指以外力地质作用为主所形成的地貌。根据外力地质作用的不同,外力地貌又可分为水成地貌、风成地貌、岩溶地貌、冰川地貌、重力地貌等。

(1)水成地貌。水成地貌是指由各种流动水体对地表松散碎屑物的侵蚀、搬运和堆积过程中形成的地貌,又称流水地貌。流水地貌及其堆积物是陆地上分布最为广泛的地貌类型和第四纪沉积类型。对土木工程建设、水利工程建设、农田基本建设和水土保持等具有极其重要的意义。

(2)风成地貌。风成地貌是指由风对地表松散碎屑物的侵蚀、搬运和堆积过程中形成的地貌。风成地貌又可分为风蚀地貌和风积地貌。风蚀地貌如风蚀洼地、蘑菇石等;风积地貌如新月形沙丘、沙垄等。前者称流水地貌,是由喷发出来的熔岩和碎屑物质堆积所形成的地貌。

(3)岩溶地貌。岩溶地貌是指以地下水为主、地表水为辅,对可溶性岩石进行化学溶蚀作用所形成的地貌,如溶沟、溶洞、石芽、峰林、地下暗河等。

(4)冰川地貌。冰川地貌是指冰川流经地区,由于受到冰川的侵蚀、搬运和堆积作用,以及冰川消融或退缩而形成的一系列独特的冰川地貌。冰川地貌又可分为冰蚀地貌、冰碛地貌和冰川堆积地貌等。

(5)重力地貌。重力地貌是由于斜坡上的风化碎屑或不稳定的岩体、土体在重力作用下产生崩塌、错落、滑坡及蠕动而形成的各种地貌。

(6)其他地貌。黄土地貌、冻土地貌等。

3.2　风化作用

3.2.1　风化作用的类型

岩石在太阳热能、大气、水和生物等各种风化应力作用下,不断发生物理和化学的变化过程,称为岩石风化。这种在气温变化、大气、水溶液和生物因素的影响下,使地壳表层或接近地表的岩石在原地遭受破坏和分解的作用,称为风化作用。岩石经过风化作用后,残留在原地的堆积物称为残积物。被风化的地壳表层称为风化壳。风化作用是地表最常见的外力地质作用,它的产物是地表各种沉积物的主要来源。

根据风化作用性质和影响因素的不同,可分为物理风化作用、化学风化作用和生物风化作用三种类型。

3.2.1.1　**物理风化作用**

处于地表的岩石,主要是由于气候和温度的变化,在原地产生的机械破坏而不改变其化学成分、不形成新矿物的作用,称为物理风化。物理风化作用的方式有以下两种。

1. 温差风化

由于气温昼夜和季节的显著变化,使岩石表层发生不均匀膨胀,这一过程的频繁交替,使岩石表层产生纵横交错的裂隙乃至由表及里呈层状剥落。此外,不同矿物受热的体积膨胀系数各不相同,故由多种矿物组成的岩石在温度变化的影响下,各种矿物的体积胀缩也有差异,使它们之间的结合力被破坏,完整的岩石被崩解、破碎成大大小小的碎块,见图3-1。

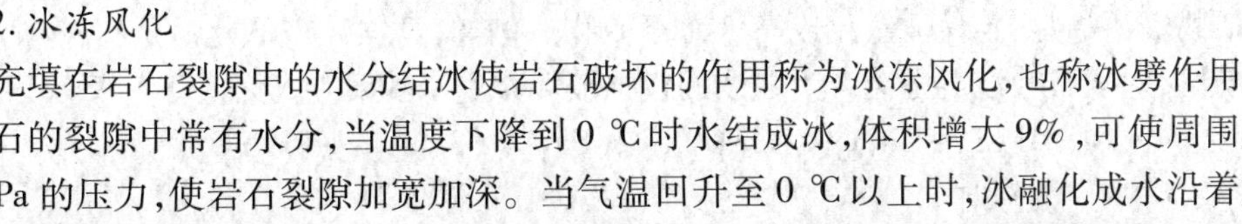

图3-1　温差风化使岩石逐渐崩解过程示意图

2. 冰冻风化

充填在岩石裂隙中的水分结冰使岩石破坏的作用称为冰冻风化,也称冰劈作用。地表岩石的裂隙中常有水分,当温度下降到0 ℃时水结成冰,体积增大9%,可使周围产生96 MPa的压力,使岩石裂隙加宽加深。当气温回升至0 ℃以上时,冰融化成水沿着加宽加大的裂隙更加深入到岩石内部,尤其是温度在0 ℃左右波动时,充填在岩石裂隙中的水分反复冻结和融化,使岩石的裂隙不断加深、扩大,从而使岩石崩裂成碎块。

3.2.1.2　**化学风化作用**

处于地表的岩石,与水溶液和气体等在原地发生化学反应逐渐使岩石破坏,不仅改变了物理状态,同时也改变了其化学成分,并可形成新矿物的作用,称为化学风化作用。化学风化作用的方式主要有溶解作用、水化作用、水解作用和氧化作用。

1. 溶解作用

岩石中的矿物溶解于水中的过程就是溶解作用。溶解作用的结果是岩石中的易溶物质被溶解而随水流失,难溶物质则残留于原地。此外,由于溶解作用也使岩石的空隙增加,使岩石更易遭受物理风化。最容易溶解的矿物是卤化盐类(岩盐、钾盐),其次是硫酸岩类(石膏、硬石膏),再次是碳酸岩类(石灰岩、白云岩),其他岩石虽然也溶解于水,但溶解度很低,但是,当水的温度升高以及压力增大时,特别是当水中含有侵蚀性 CO_2 而发生碳酸化合作用时,水的溶解作用就会显著增加,如在石灰岩分布地区,由于这种溶解作用常有溶洞、溶孔等岩溶现象。

2. 水化作用

有些矿物与水接触时,能够吸收水分形成新矿物,称为水化作用。如硬石膏经水化作用后形成软石膏;赤铁矿经水化作用后形成褐铁矿;矿物经水化作用后体积膨胀而对周围岩石产生压力,使岩石胀裂,促进物理风化的进行。此外,水化后形成的新矿物硬度一般较原矿物小,从而降低了岩石的抗风化能力。

3. 水解作用

水解作用是指天然水中部分离解的 H^+ 和 OH^-,与矿物在水中离解的离子间的交换反应。水解作用的结果是引起矿物的分解,部分离子以水溶液或胶体溶液的形式随水流失,还有部分难溶于水的残留于原地。例如,钾长石被水解的化学反应式为

$$\underset{\text{钾长石}}{4K[AlSi_3O_8]} + 6H_2O \rightarrow \underset{\text{高岭土(难溶)}}{Al_4[Si_4O_{10}](OH)_8} + \underset{\text{胶体}}{8SiO_2} + \underset{\text{溶液}}{4KOH}$$

高岭土在地表一般是稳定的,但在湿热气候条件下,经长期风化,还可进一步水解。化学反应式为

$$\underset{\text{高岭土}}{Al_4[Si_4O_{10}](OH)_8} + nH_2O \rightarrow \underset{\text{铝土矿(难溶)}}{2Al_2O_3 \cdot nH_2O} + \underset{\text{胶体}}{4SiO_2} + 4H_2O$$

4. 氧化作用

矿物中低价元素与空气中的氧发生反应形成高价元素的作用,称为氧化作用。由于大气中含有氧(21%),故氧化作用在地表极为普遍。尤其在湿热气候条件下,氧化作用更为强烈。

自然界中许多变价元素在地下缺氧条件下多形成低价元素矿物。但在地表环境下,这些矿物极不稳定,容易被氧化成高价元素矿物。例如,黄铁矿被氧化后成为褐铁矿,并析出硫酸,对岩石和混凝土会产生强烈的侵蚀破坏作用。其反应式为

$$\underset{\text{黄铁矿}}{4FeS_2} + 14H_2O + 15O_2 \rightarrow \underset{\text{褐铁矿(难溶)}}{2(Fe_2O_3 \cdot 3H_2O)} + 8H_2SO_4$$

3.2.1.3 生物风化作用

生物风化作用是指动物、植物及微生物在其生命过程中,直接或间接地对岩石所起的破坏作用,分为物理的和化学的两种作用方式。如树根在岩石裂隙中长大、穴居动物的挖掘等,都会引起岩石的崩解和破碎,属于生物的物理风化作用。而生物化学风化作用的影响要比生物物理风化作用大得多。它是指生物新陈代谢的分泌物、死亡后遗体腐烂分解

过程中产生的物质与岩石发生化学反应，促使岩石破坏的作用。如生命活动与动植物残体的分解所产生的大量二氧化碳，在碳酸化方面起着重要作用。生物活动所产生的各种有机酸、无机酸（如固氮菌产生的硝酸，硫化菌产生的硫酸等）对岩石的腐蚀，生物体对某些矿物的直接分解（如硅藻分解铝硅酸盐，某些细菌对长石的分解等）以及因生物的存在使局部温度、湿度及化学环境的改变，都使岩石矿物更易发生风化。

另外，人类活动如开矿、筑路、灌溉与耕作等对风化作用也有影响。

上述三种风化作用并不是孤立进行的，而是相互联系、相互影响的统一过程。但在某一自然条件下，常以一种风化作用占主导地位，如高寒和干燥地区以物理风化作用为主，而在潮湿炎热的地区，则以化学风化作用和生物风化作用为主。

3.2.2　岩石风化带的划分

风化作用对岩石的破坏，首先从地表开始，逐渐向地壳内部深入。在正常情况下，越接近地表的岩石，风化得越剧烈，向深处便逐渐减弱，直到过渡到未受风化的新鲜岩石。这样在地壳表层便形成了一个由风化岩石构成的层，称为风化壳。在整个风化壳的剖面上，岩石的风化程度是不同的，因而岩石的外部特征及其物理力学性质也不相同，适于建筑的性能也不一样。为了说明风化壳内部岩石风化程度的差异，特别是为了正确评价风化岩石是否适于作为建筑物地基，必须对风化壳进行分带。

不同专业的划分方法和标准大同小异。本书所讲是水利工程部门的划分标准。一般将岩石风化壳按风化程度划分为全风化、强风化、弱风化和微风化四个带，详见表3-2。表中所列的四个风化带，不是任何风化岩石的垂直剖面上都能见到，由于水流冲刷等外力作用的影响，常保留其中2～3个带。

表3-2　岩石风化壳垂直分带划分表

分带名称	颜色、光泽	岩石组织结构的变化及破碎情况	矿物成分的变化情况	物理力学特性的一般变化	其他特征
全风化	颜色已全改变，光泽消失	结构已完全破坏，呈松散状或仅外观保持原岩状态，用手可掰碎	除石英颗粒外，其余矿物大部分风化变质，形成风化次生矿	浸水崩解，与松软土或松散土体的特征相似，$K_\omega < 25\%$	锤击声为土哑声，锹、镐可开挖
强风化	颜色改变，唯岩石块的断口中心尚保持原有颜色	外观具原岩结构，但裂隙发育，岩石呈干砌块石状，岩块上裂纹密布，疏松易碎	易风化矿物均已风化变质，形成风化次生矿物。其他矿物仍有部分保持原来特征	物理力学性质显著减弱，具有某些半坚硬岩石的特性，变形模量小，承载强度低，$K_\omega = 25\% \sim 50\%$	锤击声为石哑声，锹、镐可开挖，偶需爆破
弱风化	表面和裂隙面大部变色，但断口仍保持新鲜岩石特点	结构大部完好，但风化裂隙发育，表面风化强烈	沿裂隙面出现次生、风化矿物	物理力学性质减弱，岩石的软化系数与承载强度变小，$K_\omega = 50\% \sim 75\%$	锤击声发声不够清脆，需爆破开挖

续表 3-2

分带名称	颜色、光泽	岩石组织结构的变化及破碎情况	矿物成分的变化情况	物理力学特性的一般变化	其他特征
微风化	沿裂隙面微有变色	结构未变,除构造裂隙外,一般风化裂隙不易觉察	矿物组成未变,仅在裂隙面上有时有铁、锰质浸染	物理性质几乎不变,力学强度略有减弱,$K_\omega > 75\%$	锤击声发声清脆,需爆破开挖

3.3 河流地质作用

3.3.1 河流的地质作用

河流所流经的槽状地形称为河谷,河谷是由谷底和谷坡两大部分组成的(见图3-2)。谷底包括河床及河漫滩,河床是指平水期占据的谷底,或称河槽;河漫滩是河床两侧洪水时才能淹没的谷底部分,而枯水时则露出水面。谷坡是河谷两侧的岸坡。谷坡下部常年洪水不能淹没并具有陡坎的沿河平台叫阶地,但并不是所有的河段均有。

河水流动时,对河床进行冲刷破坏,并将所侵蚀的物质带到适当的地方沉积下来,故河流的地质作用可分为侵蚀作用、搬运作用和沉积作用。

3.3.1.1 河流的侵蚀作用

河流的侵蚀作用包括机械侵蚀和化学侵蚀两种基本方式。前者最为普遍,后者在可溶性岩石分布地区比较显著。按照河流侵蚀作用的方向,分为垂直侵蚀、侧向侵蚀和向源侵蚀。

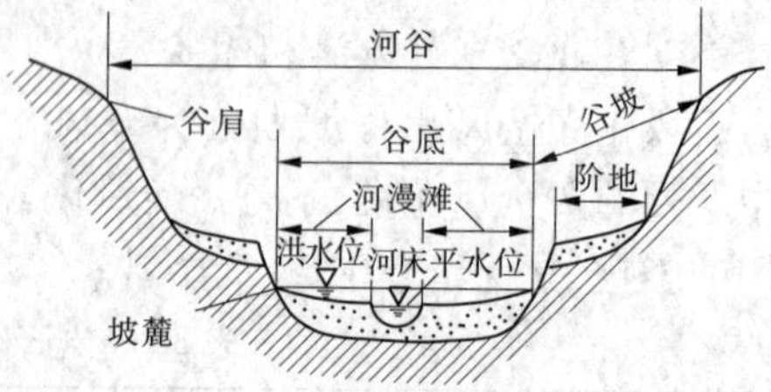

图3-2 河谷要素示意图

1. 垂直侵蚀

河流的垂直侵蚀,是指河水对河床底部的冲刷加深及水流所携带的砂砾石对谷底的磨蚀加深。山区河流,一般由于地势高,河床坡度陡,流速大,向下侵蚀的能量强,往往形成峡谷。平原河流一般垂直侵蚀微弱,甚至没有。垂直侵蚀作用取决于河流的流速和含砂量。河流上游区坡度大,垂直侵蚀作用明显,常形成横剖面呈V字的深切峡谷。此外,垂直侵蚀作用还与河床岩性和地质构造有关。岩石坚硬则垂直侵蚀作用较弱,河床下切浅,河底易形成凸起的浅滩和礁石。反之,则垂直侵蚀作用较强,河床下切深。易形成地形下凹的河底,甚至形成较大的深潭。河流有时在岩石强度差异较大的地段易形成瀑布。如贵州安顺黄果树瀑布就是这种原因形成的,落差74 m,极为壮观。

河流的垂直侵蚀并不是无限制地进行的,当河流垂直侵蚀达到一定深度即河床趋近于海平面时,河流的垂直侵蚀就停止了,这个垂直侵蚀不再发生的海平面称为河流的侵蚀基准面。但它只是一种潜在的基准面,并不能决定整条河的实际侵蚀作用过程,在特殊情况下,某些河段还能下蚀得比这更低。如长江三峡中许多地方河床低于黄海海面以下,最深的南津关深槽达海面以下45 m。

2. 侧向侵蚀

河水在流动过程中,由于受河床的岩性、微地形、地质构造以及地球的自转等影响,河流不可能是笔直流的,往往发生弯曲。在弯曲河道中,水流由于受离心力的作用,从而形成了如图 3-3 所示的不对称螺旋状横向环流,表层水流流向凹岸,而底层水流流向凸岸。

横向环流引起凹岸的侧向侵蚀,是使凹岸坡的下部淘空,上部垮落,致使河流不断向凸岸或下游适当地点堆积。随着侧蚀作用的继续进行,凹岸不断后退而凸岸则向河心增长,结果导致河谷越来越宽,河槽越渐弯曲。

河流弯曲进一步发展,就形成河曲(蛇曲),当河曲发展到一定程度时,在其上下游两个相邻的弯曲之间的最窄地带,某一次洪水时被冲开变成直线段,叫做河流的截弯取直,而被废弃的河道则逐渐淤塞断流,成为与新河道隔开的牛轭湖(见图 3-4)。

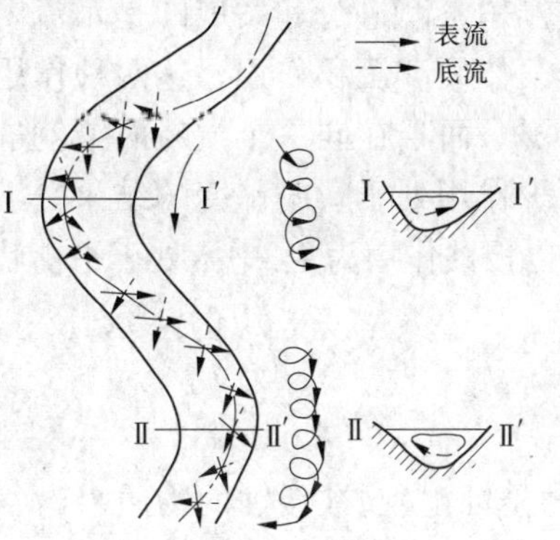

图 3-3 河流侧向侵蚀作用示意图

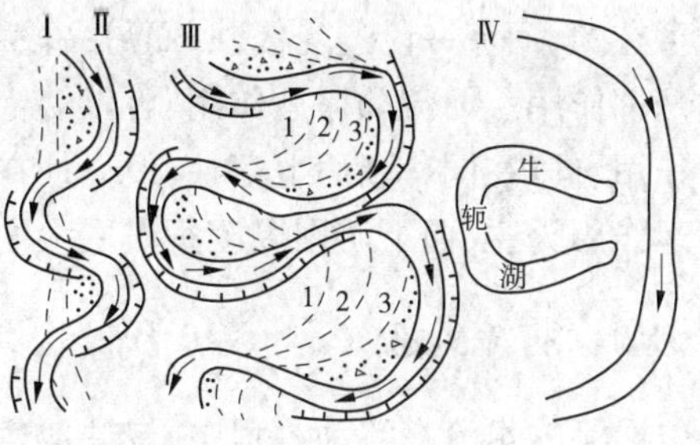

(a)弯曲河道 (b)蛇曲 (c)牛轭湖

图 3-4 河曲的发展及牛轭湖的形成

3. 向源侵蚀

在河流不断下蚀加深河床的过程中,同时还表现出另一方向的侵蚀作用,即河流的源头逐渐向分水岭方向延伸,称为向源侵蚀(溯源侵蚀)。向源侵蚀的结果使河流加长。同时扩大流域面积。有时一条河流的向源侵蚀会将另一条河流切断,将其上游的水夺过来,发生河流袭夺现象。

3.3.1.2 河流的搬运作用

河水携带了大量的泥沙和溶解物质,不断地从上游向下游搬运,最后带入湖泊或海洋,称为河流的搬运作用。流水的搬运力主要取决于流速与被搬运物质本身的重力,按埃里定律,被搬运物质的重力与流速六次方成正比,即流速增加一倍,搬运力可增加 64 倍。所以,山区河流在洪水期间可以搬运很大的石块。

河流搬运物质的方式有推运、悬运和溶解运三种,相应的搬运物质被称为推移质、悬移质和溶解质。溶解质就是物质溶解在水中而被搬运,被溶解的物质为各种可溶盐类,其中以碳酸盐类为最多。推运是物质以滑动、滚动和跳跃等方式沿河底运移。悬运则是物质在水流中悬浮运移。后两种搬运方式的区别,主要由流速和粒径来决定,如果流速增加,则使较粗的颗粒也可成为悬移质,相反,流速减小,较细的颗粒也可能成为推移质。

河水的搬运能力影响到河床的稳定性。因为河床的稳定程度与流速、比降和河床泥沙的粒径有关。泥沙的运移既随流速的增大而加强,所以在洪水期河床的稳定程度最差;

但是流速取决于比降,当其他条件相同时,比降大的河床更易变形。同时,河床变形的强度也取决于河床泥沙的粒径,粒径越粗,越不易变形。

3.3.1.3　河流的沉积作用

河水携带的泥沙,由于河床坡度和流量减少而使流速变缓,或含沙量增加,引起搬运力减弱,便逐渐沉积下来,这个过程称为河流的沉积作用。形成的堆积物称为河流冲积物。河流的沉积作用,主要发生在河流的中下游地区。

在河流的纵剖面上,一般上游沉积较粗的砂卵砾石,越往下游沉积物颗粒越细,最后由细砂土逐渐变为亚砂土以至黏土,更细的或溶解质多被带入海中。

河流形成的大量沉积物,不仅会改变河床的形态和水力条件,淤浅河床,也会引起水库发生淤积,以及引水工程建筑物淤塞等现象。

归纳上述河流的地质作用可见:促使河流地质作用不断进行和发展的是水流。水流同时进行着两种相互依存和相互制约的作用,即侵蚀作用和沉积作用。这两种作用是同时存在的,河流一段遭受侵蚀,而另一段就会发生沉积,而且在同一个横断面上就进行着这两种作用。河流的搬运作用,可以认为是以上两种作用处于暂时平衡的结果。虽然这些作用可以在同一断面上存在,但往往在河流上游以侵蚀作用为主,中游处于平衡状态以搬运作用为主,而下游则以沉积作用为主。

3.3.2　河流地貌

河流的水流在流动过程中,侵蚀地表,形成各种侵蚀地貌,被侵蚀的物质沿沟谷向下游搬运并堆积,形成各种堆积地貌,凡是由河流作用形成的地貌,称为河流地貌。河谷在发展演变过程中,可形成各种不同类型的纵、横剖面和特有的地貌形态。

3.3.2.1　河谷地貌

河流的纵剖面总是起伏不平的,上游地势高,坡度大,往下游逐渐变为低而平缓,河谷地势出现明显落差,且由于河流流经地段的岩性或地质构造的差异,在局部地段还会出现深潭、陡坎、瀑布和深槽等地形。河流纵剖面的这种变化,为水利资源的梯级开发创造了自然条件。

在横剖面上,河流上下游的河谷也具有不同的形态。在上游山区,河流的下蚀作用超过侧蚀作用,因而多形成两壁陡峭的 V 形河谷。在河床坡度平缓的下游地区,河流侵蚀作用以侧向侵蚀为主,拓宽河谷的作用较强,并伴有不同程度的沉积作用,因而河谷多发展为谷底平缓,谷坡较陡的 U 形河谷。

河流流经块状岩层和厚层状岩层地区时,由于岩层岩性比较均一,河流侧向侵蚀差异小,因而形成两岸谷坡坡角大致相等的对称河谷。如果河谷两侧岩层较薄,岩性软硬不一,则河谷易向软弱岩层一岸冲刷,从而形成一岸坡陡、另一岸坡缓的不对称河谷。

3.3.2.2　河床地貌

山区河床形态复杂,横断面常呈深而窄的 V 形,平面上受地质构造及岩性控制,纵剖面比降大,常呈阶梯状,多跌水和瀑布。

1. 岩坎和石滩

岩坎是由坚硬岩石横亘于河床底部形成的。河流在岩坎处形成急流,当岩坎高度大于水深时，即形成瀑布。这类地形常与断层崖有关（如黄果树瀑布，尼亚加纳瀑布）。岩坎总是随着向源侵蚀不断后退，直到消失。石滩是由山区河床上堆积很多巨大岩块所构成的，巨大岩块来源于谷坡的崩坠、滑坡或河谷两侧支沟冲出的堆积物。石滩形态不如岩坎稳定，在水流长期作用下较易移动、变形或消失。

2. 深槽和深潭

河床中的深槽主要是由地质构造因素而形成的。如断层破碎带、裂隙密集带、软弱岩层等抗冲刷能力较弱的部位易形成深槽，深槽常分布于水流侵蚀性很强的峡谷河流。

3.3.2.3 河漫滩地貌

在洪水期，河水高出河床，由于流速突然减小，较粗的沉积物便迅速沉积下来，形成河漫滩沉积物，还留下明显的地形特征。沉积物多由粉砂与黏土组成，内侧较粗，向外逐渐变细。由于河曲的不断发展，河床侧向迁移，在河床沉积层上堆积了河滩沉积，这一套沉积构成冲积层的二元结构。

3.3.2.4 河流阶地地貌

河谷地貌的另一种重要形态是河流阶地。所谓阶地，是指河谷谷坡上分布的洪水不能淹没的台阶状地形。若有数级阶地，按照高低位置的不同，自下而上可分别称为Ⅰ级阶地、Ⅱ级阶地等（见图3-5）。阶地的形成是由于地壳运动的影响，使河流侧向侵蚀和垂直侵蚀交替进行的结果。如在地壳运动相对稳定时期，由于河流的侧向侵蚀作用，使河床加宽，并形成平缓的滩地，枯水期这些滩地露出水面，洪水期则被水淹没，这种滩地称为河漫滩。当地壳上升时，基准面相对下降，河流下切，河漫滩位置相对升高至洪水期也不再被水淹没时便成为阶地。如果上述作用反复交替进行，则老的河漫滩位置将不断相对抬高，并有新的阶地和新的河漫滩形成，故多次地壳运行将出现多级阶地。由于形成阶地的原因是复杂的，因而可出现不同的类型：主要是由河流侵蚀作用而形成的可称为侵蚀阶地，其特征是阶地面上没有或只有很少的沉积物，如图3-5（a）所示；当地壳下降或海平面上升，河流以沉积作用为主时，则形成堆积阶地，如图3-5（b）所示；若河流的沉积作用和下切作用是交替进行的，还可形成下部为基岩、上部为沉积物的基座阶地（又称侵蚀堆积阶地），如图3-5（c）所示。

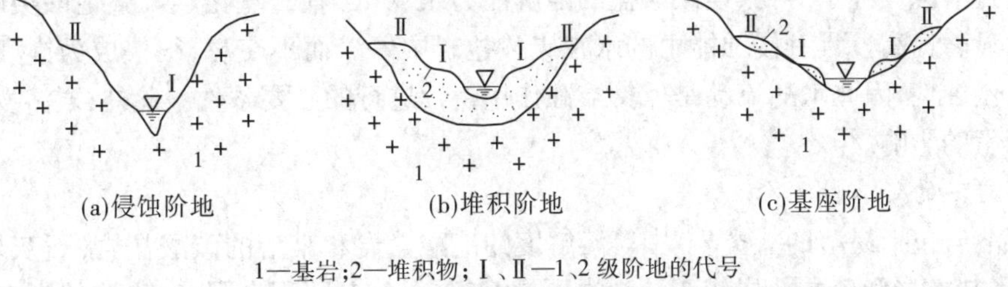

(a)侵蚀阶地 (b)堆积阶地 (c)基座阶地

1—基岩；2—堆积物；Ⅰ、Ⅱ—1、2级阶地的代号

图3-5 河流阶地的主要类型

3.3.2.5 坝址选择与河流地貌关系

河谷是水利水电建设的基本场所。因此，在选择坝址位置时，应尽可能地利用良好河谷地段，以减少投资，增大效益。一般在选择坝址时，应注意以下几点：

（1）坝址最好选择在河谷较窄地段，上游有足够宽阔的盆地或较宽的河谷，以便增加库容。下游最好有河漫滩或宽阔的阶地,以利于施工场地的布置。选择地质条件适合筑坝的地段。

(2)选择坝址必须避开断层破碎带等不良地质条件,要尽量避开冲沟、岩坎和深潭相间分布地段。冲沟常是坝下渗漏的通道,岩坎、深潭将相应增加清基和回填工程量,增加了工程造价。

(3)坝址两岸谷坡应较规整,修筑拱坝时要求对称,以利于坝身应力分布均匀。

总之,坝址选择应综合考虑河谷形态、地质条件、水工布置和施工场地、天然建筑材料等条件。

3.4 岩 溶

岩溶是水(地下水为主、地表水为辅)对可溶性岩石长期进行的以化学溶蚀作用为主、机械侵蚀作用为辅的综合地质作用,以及由这些地质作用所产生的各种现象的总称。这里所说的可溶性岩石主要是碳酸盐岩。岩溶在国外又称为喀斯特。喀斯特一词来源于原南斯拉夫亚得里亚海沿岸喀斯特高原地区,那里发育着由地下水化学作用形成的奇特地貌景观,原南斯拉夫学者司威治(J. Cvijic)将其命名为喀斯特。

我国岩溶区出露面积130万km^2,占国土总面积的13%,其中尤以广西(13.9万km^2)、贵州(15.6万km^2)、云南(24.1万km^2)、四川(30.0万km^2)为最多,闻名于世的桂林山水就是由岩溶作用发育而成的。我国岩溶地貌面积之广、类型之多为世界之最。因此,我国在1966年第二届全国岩溶会议上决定改用岩溶一词。

3.4.1 岩溶形成的基本条件和影响因素

3.4.1.1 岩溶发育的基本条件

岩溶发育必须具备下列四个基本条件:岩石的可溶性、岩石的透水性、水的溶蚀性、水的流动性。

可溶性岩层是发生溶蚀作用的必要前提,且必须具有一定的透水性,使水能进入岩层内部进行溶蚀。纯水对钙、镁碳酸盐的溶解能力很弱,含有二氧化碳及其他酸类时,侵蚀能力才显著提高。具有侵蚀能力的水在碳酸盐岩中停滞而不交替,很快成为饱和溶液而丧失其侵蚀性,因此水的流动是保持溶蚀作用持续进行的必要条件。此外,岩溶发育还受以下因素的影响。

1. 岩石的可溶性

可溶岩包括易溶的盐类岩、中等溶解度的硫酸盐岩和难溶的碳酸盐岩(石灰岩、白云岩等)。盐类岩和硫酸盐岩较碳酸盐岩更易溶解,但分布面积有限,对岩溶的影响远不如分布广泛的碳酸盐岩。碳酸盐岩是由不同比例的方解石和白云石组成的,并含有泥质、硅质等杂质。纯方解石的溶解速度约为纯白云石的两倍,故纯灰岩地区的岩溶最为发育。白云岩次之,硅质和泥质灰岩最难溶蚀。

碳酸盐岩的化学成分对岩溶发育程度有重要的影响。$CaCO_3$含量越高,溶解度越大。如岩石中含有较多的硅质、黏土质等不溶物质时,溶解度降低;岩石的结构也是影响岩溶发育的重要因素。岩石中晶屑越粗,溶解度越大。

2. 岩石的透水性

碳酸盐岩的初始透水性取决于它的原生孔隙和构造裂隙的发育程度。厚层质纯的灰岩,构造裂隙发育很不均匀,各部分初始透水性差别很大,溶蚀作用集中于水易于进入的裂隙发育部位;薄层的碳酸盐岩,通常裂隙发育比较均匀,连通性好的层面裂隙尤其发育。

3. 水的溶蚀性

水的溶蚀性主要取决水溶液的成分。含有碳酸的水,对碳酸盐类的溶蚀能力比纯水大得多。水中二氧化碳的含量受空气中二氧化碳含量的影响,水中二氧化碳的含量越多,水的溶蚀力越大。其化学方程式如下

$$CaCO_3 + H_2O + CO_2 \rightleftharpoons Ca^{2+} + 2HCO_3^-$$

另外,水中二氧化碳的含量与大气中的二氧化碳含量及局部气压成正比,而与温度成反比。这样地壳上层的水的溶蚀能力比地表水及地下深处的水的溶蚀能力更强,尤其是地壳上层经强烈的生物化学作用生成侵蚀性碳酸,加强了地壳上部水的溶蚀能力。但是,地球化学作用的影响也促进了深部岩溶的发育。

4. 水的流动性

水的溶蚀能力与水的流动性关系密切。在水流停滞的条件下,随着二氧化碳不断消耗,水溶液达到平衡状态,成为饱和溶液而完全丧失溶蚀能力,溶蚀作用便告终止。只有当地下水不断流动,与岩石广泛接触,富含二氧化碳的渗入水不断补充更新,水才能经常保持溶蚀性,溶蚀作用才能持续进行。

3.4.1.2 影响岩溶发育的因素

影响岩溶发育的因素很多,除上述基本条件,地质的因素包括地层(包括地层的组合、厚度)、构造(包括地层产状、大地构造、地质构造等)。地理因素有气候、覆盖层、植被和地形等。其中,气候因素对岩溶影响最为显著。

1. 气候影响

从大范围来说,气候是影响岩溶发育的一个重要因素。气候温湿的我国南方,岩溶远较干燥寒冷的北方发育。据统计,广西中部可溶盐的年溶蚀量为0.12~0.3 mm,而河北西北部仅为0.02~0.03 mm,前者为后者的6~10倍。湿热气候下植被发育,土层生物化学作用强烈,水中富含碳酸及有机酸,又有充沛的降水量,大量富有侵蚀性的水,提供了强大的溶蚀能力。

2. 地层的组合、厚度及产状的影响

根据地层组合特征,碳酸盐地层可粗略地分为:由比较单一的各类碳酸盐岩层组成的均匀地层;由碳酸盐岩层和非碳酸盐岩层相间组成的互层状地层;以非碳酸盐为主,中间夹有碳酸盐类岩层的间层状地层。不同的组合特征构成不同的水文地质断面,同时也控制了岩溶的空间分布格局。在均匀地层分布区,岩溶成片分布,且发育良好,如广西的阳新统、马平统地层分布区,在互层状地层分布区,岩溶成带状分布,如贵州北部。而间层状地层分布区,岩溶只零星分布,如广西西北部。

在巨厚层和厚层碳酸盐类岩层中,一般含不溶物较少,颗粒粗大,因此溶解度较大。加之张开的节理裂隙发育,岩溶化程度较剧烈,而薄层碳酸盐类地层则相反。

岩层产状由于控制地下水的流态,而对岩溶的发育程度及方向有影响,如水平岩层中岩溶多水平发育;直立岩层区岩溶可发育很深;倾斜岩层中,由于水的运动扩展面大,最有利于岩溶发育。

3. 构造的影响

岩溶发育与地质构造关系甚为密切,很多典型岩溶区均受构造体系控制。断裂及褶皱构造均有利于岩溶发育,尤其是断裂构造发育的地区,沿断裂破碎带岩溶发育较为强烈。断层的规模、性质、走向,断裂带的破碎及填实状态,都和岩溶发育密切相关。例如,张性断层带岩体较破碎,断层裂隙宽大,破碎带内多断层角砾岩,透水性强,有利于岩溶发育。一般其上盘的岩溶发育程度常较下盘显著。压性断层的破碎带,常形成大量碎裂岩、糜棱岩,胶结好,孔隙率低。呈致密状态,其构造面常起隔水作用。但在断层两端,裂隙发育,常形成富水地段,因此岩溶发育。

褶皱构造对岩溶发育的影响:一是控制水流的循环动态,二是受褶皱区的裂隙发育特点的影响。例如,背斜构造为山时构成补给区,为谷时构成汇水区。都因裂隙的发育而促进岩溶的发展。在背斜的轴部和倾伏端,岩溶发育最强烈,向两翼逐渐减弱。向斜构造区由于裂隙发育、地下水及地表水的汇集而形成特定的水交替条件,因此在其轴部及向斜翘端,岩溶最发育,向两翼逐步减弱。

3.4.2 岩溶地貌

岩溶地貌一般分为地表岩溶地貌及地下岩溶地貌两大类型。

3.4.2.1 地表岩溶地貌

1. 溶沟与石芽

雨水在可溶岩表面沿着层面或裂隙流动时,形成一些沟槽,其深度由几厘米到几米或者更大些,浅的叫溶沟,深的叫溶槽。沟槽之间凸起叫做石芽。在质纯层厚的石灰岩地区,可形成巨大的貌似林立的石芽,称为石林,如云南路南石林,最高可达50 m。

2. 落水洞

落水洞是联结地表水流和地下溶洞暗河的垂直通道,它是渗透水流沿着可溶岩石的裂隙进行溶蚀及机械侵蚀作用的结果。落水洞的形态主要受裂隙控制,有垂直的、倾斜的和曲折的三种。落水洞的深度从十几米到几十米,甚至达百余米,直接与水平溶洞或地下河相通;宽度仅几米。深度大而垂直的落水洞又称竖井。

3. 溶蚀漏斗

溶蚀漏斗是地面洼地由于汇集雨水沿节理垂直下渗,并溶蚀扩展成漏斗状的洼地,直径一般几米至几十米,底部常有落水洞与地下溶洞相通。

4. 盲谷与干谷

盲谷是一端封闭的河谷。河流前端常遇石灰岩陡壁阻挡,石灰岩陡壁脚下常发育落水洞,使地表水流经转为地下暗河,这种向前没有通路的河谷称盲谷。干谷是岩溶地区的旧河谷,由于地壳上升,原地面河水沿落水洞或溶蚀漏斗转入地下,而遗留在地表干涸的河谷称为干谷。

5. 溶蚀洼地

溶蚀洼地为岩溶地区规模较大的封闭或半封闭的洼地，一般是由溶蚀漏斗扩大或相邻溶蚀漏斗合并而成的，其平面形态为圆形或椭圆形，面积数平方千米至数十平方千米。大的洼地叫溶蚀谷或坡立谷。洼地四周为陡壁，底部呈浅凹形或略有起伏，其上覆盖着厚度不等的黏土或碎石，并发育落水洞与溶斗，成为大量吸收地表水流的通道。当通道被堵塞而积水时，便形成溶蚀湖。

6. 峰林

峰林是热带、亚热带气候区岩溶作用充分发育条件下的产物。峰林是由于落水洞、溶斗及洼地等负向地貌不断扩大和地下溶洞与暗河的顶部岩层不断塌陷，从而使得巨厚的石灰岩块体被切割成为分离散立的山峰。它平地拔起，形似丛林，故称峰林。著名的桂林山水，峰林挺拔秀丽、千姿百态，极为奇观。

3.4.2.2 地下岩溶地貌

1. 溶洞

溶洞指地下水流沿着可溶岩的层面、断层面、节理面等进行溶蚀及侵蚀而形成近于水平或倾斜的大型空洞。洞的规模可以很大，长度可达几百米至几千米。洞的形态也是多种多样的。洞内常发育有石笋、石钟乳和石柱等洞穴堆积。洞内溶有重碳酸钙的岩溶水，当温度压力改变时，可逸出 CO_2，产生 $CaCO_3$ 的沉淀，形成石灰华。由洞顶渗水形成的垂悬于洞顶的石灰华沉积，叫做石钟乳；渗水滴至洞底，形成自下而上生长的沉积，叫做石笋；当两者相连时，称为石柱。沿洞壁漫溢形成的形似垂帘的堆积物，称为石幔。洞中这些碳酸钙沉积琳琅满目，形态万千。一些著名的溶洞，如张家界黄龙洞、北京房山县云水洞、贵阳南郊白龙洞、桂林七星岩和芦笛岩等，均为游览胜地。

2. 伏流与暗河

伏流与暗河通称为“地下河系”，是岩溶地区的主要水源。地面河水潜入地下，流经一段距离之后，又流出地表，这种有进口又有出口的地下潜行的河段，称为伏流，它常发育于地壳上升区。暗河是指由地下水汇集而成的地下河道，它有一定范围的地下汇水流域。因此，暗河有明显出口，而无明显入口。高温多雨的热带及亚热带气候区，最有利于暗河的形成。

3.4.3 岩溶与水利工程建设

碳酸盐类岩石在我国分布广泛，仅地表出露的面积就为 120 km^2，约占全国面积的 12.5%，在一定的水、热气候条件下，能塑造出多种类型，尤以广西、贵州、滇东、湘西、鄂西、川东等地较为集中，在山西、河北、山东和辽宁等地也有分布。岩溶发育对水利工程建设影响很大，主要表现为如下四个方面：

(1)使岩石强度降低。岩溶水在可溶岩层中溶蚀，使岩层产生孔洞，最常见的是岩层中有溶孔或小洞，被溶蚀的岩石强度大为降低。

(2)地基承载力减小。建筑物地基中如果有岩溶洞穴，将大大降低地基岩体的承载力，容易引起洞穴顶板塌陷，使建筑物遭受破坏。

(3)涌水问题。在岩溶区基坑开挖和隧洞施工中，经常遇到涌水或洞穴坍塌问题，岩溶水可能突然大量涌出,造成施工困难。

(4)渗漏问题。在修建水工建筑物时,岩溶会造成库水渗漏,轻则造成水资源或水能损失,重则使水库不能蓄水而失效。

(5)地表基岩面起伏不均。石芽、溶沟、溶槽的存在,使地表基岩面起伏不均。若利用石芽、溶沟或溶槽发育的场地作为地基,则必须作出相应的工程处理。

此外,岩溶地区还易发生地面坍塌、干旱与洪涝、土壤贫瘠和石漠化等环境地质问题。因此,充分认识岩溶作用和岩溶现象,对岩溶地区修建工程建筑有着重要意义。

3.5 第四纪沉积物

3.5.1 第四纪沉积环境的一般特征

(1)第四纪沉积基本上是一个连续的层圈。在现今地球表面的任何地方,包括大陆和海洋的各个角落,都有第四纪沉积物分布。

(2)第四纪沉积主要由尚未胶结成岩的松散沉积物构成,只有在少数情况下才能见到已成岩的第四纪沉积。所以,第四纪沉积常被称为沉积物,而不称为岩石。

(3)组成第四纪沉积的沉积物包括陆相沉积物和海相沉积物,其中陆相沉积物类型复杂多样,而海相沉积物类型比较简单。

(4)第四纪沉积由于其松散性,而处于不稳定状态。第四纪沉积除了受外力作用被再次搬运、沉积外,在其内部由于生物与水的作用,也在不断地发生物质的移动。相对来讲,海相沉积物尤其是深海沉积物要比陆相沉积物稳定得多。

(5)第四纪沉积的厚度变化较大,其中陆相沉积物的厚度可以从几厘米到几千米,而海相沉积物的厚度较薄,一般仅厚几米到几十米,变化幅度也较小。

(6)第四纪沉积的分布、厚度及组成物质与地貌关系密切,例如河流沉积的分布及特征与阶地有关,而风沙沉积与沙漠有关。

(7)第四纪沉积中的生物化石以哺乳动物为特征,而人类化石及其文化遗存则更为第四纪沉积所特有。

3.5.2 第四纪沉积物成因类型及其工程地质特征

沉积物成因类型的判别是一项重要而又复杂的工作。由于各种地质现象的多解性,沉积物成因的判断比较困难。其主要依据为沉积物产出部位的地貌、沉积体的形态、沉积物的结构和构造、沉积物的物质组成、生物化石的种类及排列方式、地球化学指标。

第四纪沉积物的成因类型复杂多样,但根据沉积物形成的环境和作用应力,可以按照成因把沉积物分为三大类(陆相、海陆过渡相和海相),共包含15个成因系列、18个成因组、44种成因类型,而44种成因类型又可进一步划分为若干亚类。其中常见的沉积物及其工程地质特征叙述如下。

3.5.2.1 残积物

残积物是指原岩表面经过风化作用而残留在原地的碎屑物。残积物主要分布在岩石出露地表及经受强烈风化作用的山区、丘陵地带与剥蚀平原。残积物组成物质为棱角状的碎石、角砾、砂粒和黏性土。残积物裂隙多、无层次、不均匀,如以残积物作为建筑物地基,应当注意不均匀沉降和土坡稳定问题。

3.5.2.2 坡积物

山坡高处的碎屑物质,经过降水或雪水洗刷破坏搬运和堆积在斜坡的凹处或坡脚处,这种堆积物称为坡积物,其成分由斜坡上的母岩成分和风化产物决定。组成颗粒由坡积物坡顶向坡脚逐渐变细,坡积物表面的坡度越来越平缓。由于搬运距离不远,磨圆度差,分选不良。坡积物较疏松,孔隙度高、压缩性大,若为建筑物地基,应当注意不均匀沉降和稳定性。在开挖基坑和边坡时,坡积物易发生滑塌。

3.5.2.3 洪积物

由暂时性洪流搬运、沉积而形成的堆积物称为洪积物。由于其形态似扇状或锥状,故称之为洪积扇或洪积锥(见图3-6)。相邻沟谷的洪积扇相互连接起来则形成洪积裙,洪积裙再不断地重叠堆积就形成了山前倾斜平原。洪积物主要分布于西北和华北地区,其厚度可达几百米。

洪积物的物质组成有一定的变化规律(见图3-7)。山口附近以粗粒物质为主,由大量的块石、巨砾夹砂组成。在洪积扇边缘的物质颗粒较细,主要由亚砂土、轻亚黏土及黏土组成。洪积物的厚度呈明显的规律性变化,在山口处厚度大,向扇体边缘逐渐变薄。

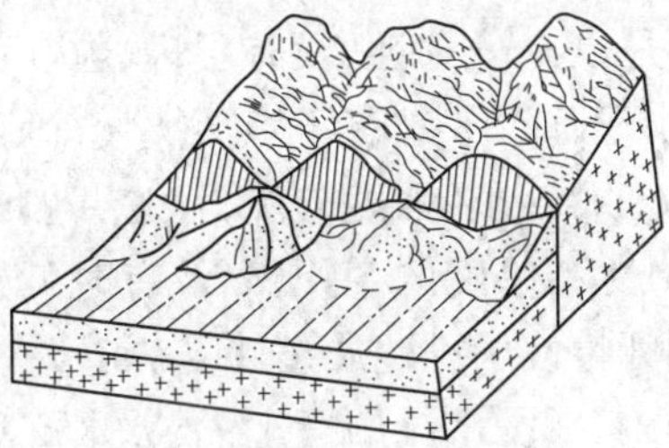

图3-6 洪积扇

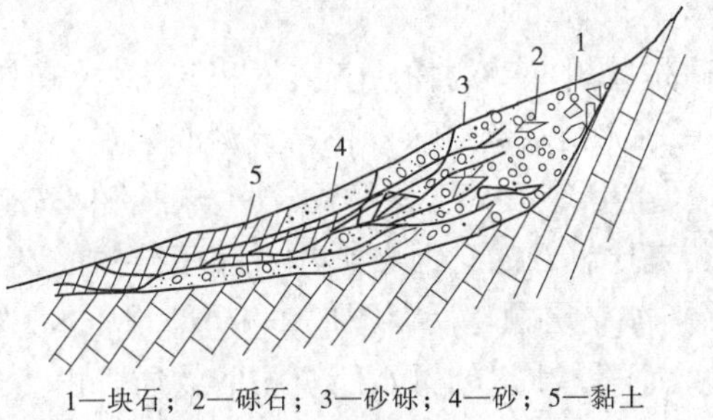

1—块石;2—砾石;3—砂砾;4—砂;5—黏土

图3-7 洪积扇沉积物结构示意剖面图

洪积物的粗粒物质,孔隙度大,透水性强,地下水埋藏较深。其强度较高,压缩性小,是良好的建筑基地,但对水工建筑物则存在渗漏及渗透变形问题。洪积物的细粒物质,透水性弱,压缩性大,不宜做大型建筑物地基。在粗粒与细粒堆积的过渡带,常有地下水溢出地表,往往形成沼泽地带,土质软弱,强度低,不宜作为建筑物地基。

3.5.2.4 冲积物

由河流搬运、沉积而形成的堆积物,称为冲积物。冲积物的特点是:山区河谷只发育单层砾石结构的河床相沉积,而山间盆地和宽谷中有河漫滩相沉积,其分选性差,具透镜状或不规则的带状构造,有斜层理出现,厚度不大,一般不超过10~15 m,多与崩塌堆积物交错混合。一般说来,平原河流具河床相、河漫滩相和牛轭湖相沉积。正常的河床相沉积结构是底部河槽被冲刷后,成为由厚度不大的块石、粗砾组成的沉积;中间是由粗砂、卵石土组成的透镜体;上面为分选性较好的具斜层理与交错层理、由砂或砾石组成的滨河床浅滩沉积。河漫滩相沉积的主要特征是上部的细砂和黏性土与下部河床相沉积组成二元结构,并具斜层理和交错层理构造。牛轭湖相沉积由淤泥质和少量黏性土组成,含有机质,呈暗灰色、黑色、灰蓝色并带有铁锈斑,具水平层理和斜层理构造。冲积物的工程地质性质视具体情况而定。河床相沉积物一般情况是颗粒粗,具有很大的透水性,是很好的建筑材料;但当其为细砂时,饱水后在开挖基坑时往往会发生流砂现象,应特别注意。河漫滩相沉积物一般为细碎屑土和黏性土,结构较为紧密,易形成阶地,大多分布在冲积平原的表层,作为各种建筑物的地基,我国不少大城市如上海、天津、武汉等都位于河漫滩相沉积物之上。牛轭湖相沉积物因含大量的有机质,有的甚至形成泥炭,故压缩性大、承载力小,不宜作为建筑物的地基。

3.5.2.5 淤积物

一般由湖沼沉积而形成的堆积物称为淤积物。淤积物主要包括湖相沉积物和沼泽沉积物。湖相沉积物包括粗颗粒的湖边沉积物和细颗粒的湖心沉积物。湖心沉积物主要为黏土和淤泥,夹有粉细砂薄层和呈带状黏土,强度低,压缩性大。湖泊逐渐淤塞和陆地沼泽化则演变成沼泽。沼泽沉积物即沼泽土,主要由半腐烂的植物残余物一年年积累起来而形成的泥炭所组成,而泥炭的含水量极高、透水性很低、压缩性很大,因此不宜作为永久建筑物的地基。

3.5.2.6 冰积物

凡是由于冰川作用形成的堆积物均称为冰积物。冰积物可分为冰碛和冰水沉积两种类型。

冰碛是冰川携带的物质直接堆积起来的,其特点是没有分选性,没有层理,粒度大小极不均一,往往由漂砾、砾石和黏土等混杂在一起。冰碛砾石上常有丁字形擦痕,砾石上有凹槽、压坑等现象。冰碛一般较密实,孔隙率较低,压缩性小,强度较高,作为一般建筑物地基还是比较好的。但必须注意冰碛结构的不均一性和厚度的变化,以及有时可能存在的空洞(冰夹层融化后留下的)和局部承压水,这些都将使工程地质条件复杂化。

冰水沉积是冰川的融水所沉积的物质。由于经历了一段水流的搬运,故冰水沉积物具有明显的层理,其物质成分主要是黏性土,有时夹有薄层的砂或透镜体。常形成很致密且层理清晰的冰川纹泥。冰川沉积物在山麓地带常形成大面积的厚层冰水平原。作为建筑物地基时,要特别注意不均匀沉降问题。

3.5.2.7 风积物

风积物是指经过风的搬运而沉积下来的堆积物。风积物主要以风积砂为主,其次为黄土。风积物成分由砂和粉粒组成,其岩性松散,一般分选性好、孔隙度高、活动性强,通常不具层理,只有在沉积条件发生变化时才产生层理和斜层理,工程性能较差。

3.5.3 第四纪沉积物的年代判别

3.5.3.1 相对年代的判别办法

1. 生物演化序列法

利用生物演化的不可逆性,可以根据包括哺乳动物、植物、微体古生物等生物化石的进化特征来建立沉积的时间序列,其中以哺乳动物的时代意义最大。由于第四纪时间短暂,动物进化特征不甚明显,一般情况下缺乏标准化石。因此,年代的确定主要依据动物群组合的特点来进行。

人类化石及其物质文明的出现和发展，具有重要的时代意义。第四纪沉积圈中丰富的石器、陶器、骨器及人类化石本身都是确定时代的重要标志。

2. 气候变化序列法

第四纪气候发生过多次周期性的波动，这种气候的波动具有全球一致性，可以用于时间序列的建立。古气候变化在第四纪沉积体留下种种痕迹，它们反映在动植物化石、岩石矿物、地球化学等各个方面，通过综合分析这些标志，我们可以得到区域气候变化的序列，并以此为基础建立时间序列。

3. 构造运动序列法

新构造运动具有周期性，而且在区域甚至全球范围内具有可比性。因此，可以借助于构造运动的序列来建立第四纪时间序列。

新构造运动主要表现在沉积物的地貌分布，沉积层的形成和沉积体内不整合面（古地貌面）的存在上。

4. 地质事件序列法

地质事件主要是指灾变事件，包括风暴（海啸）事件、缺氧事件、富氧事件、生物大规模绝灭事件及天外星体碰撞地球事件等，这些事件以突然发生和具非周期性为特点，它们产生的能量巨大、影响面广，在沉积体中留有明显的标志，根据这些标志，我们可以建立地质（灾变）事件发生的序列。

5. 地磁极性倒转序列法

第四纪期间，地磁场的极性发生过多次倒转，而且具有全球同步性。根据沉积物的磁性特征，我们可以建立极性变化序列。

根据上述方法，可以区别第四纪各种沉积层形成的先后顺序，并了解其形成的相对年龄，从而建立沉积时间序列。

3.5.3.2 绝对年代的判别方法

1. ^{14}C 测年法

含碳物质一旦停止与大气的交换（如生物的死亡、碳酸盐沉积而被埋藏等），则^{14}C 得不到新的补充，而原有的^{14}C 仍按衰变指数继续减少，且每隔 5 730 年（^{14}C 的半衰期）减少原含量的一半，依次类推，时间愈久则含量愈少。只要我们测出含碳物质中^{14}C 的残余含量，就可以计算出该样品与外界停止^{14}C 交换后所经历的年代。

用于^{14}C 测年的主要样品类别主要有植物体、木炭、炭化木、泥炭、土壤、动物骨骼、贝壳、碳酸钙沉积。

2. 热释光法（TL 法）

一些不导电的晶（固）体物质，在放射性射线辐射之下，以其内部电子的转移来储存辐射能量。其方式是晶体在周围放射性元素放射出来的 α、β、γ 射线辐照下产生电离，大部分电离产生的能量以晶体发热的形式被消耗掉，有一小部分电子则被晶格缺陷所俘获，并留下空穴。这些落入陷阱的电子必须有足够的动能才能重新从陷阱中逸出而与空穴复合。在常温下，电子在陷阱中的状态是稳定的，只有在加热的情况下，陷阱中的电子动能增加，被俘获的电子才能从陷阱中逸出，与空穴复合并以光量子形式释放出能量，称之为热释光。

热释光测年就是利用热释光技术,测定各类样品最后一次受到热事件或在阳光晒退归零以后,晶体物质被埋藏并再次遭受周围放射性元素辐射所重新积聚的能量,这种能量可以通过人工晒退来求得,它是时间的函数,可以反映上次归零以后能量重新积累的时间。

3. 电子自旋共振测年法(ESR 法)

其基本原理与热释光法类似。样品在其所处的自然条件中,遭受铀、钍、钾等放射性元素和宇宙射线的辐照,产生晶格陷阱,这些晶格陷阱可被 ESR 技术探测到。晶格陷阱的数目与样品所受天然辐射总剂量(AD)成正比,亦即与年龄成正比,即

$$t = AD/D \tag{3-1}$$

式中 t——样品年龄;

AD——样品所受天然辐射总剂量;

D——年辐照剂量。

4. 裂变径迹法

样品中的^{238}U在受到足够能量的粒子轰击时,就会发生裂变,裂变中所产生的核辐射在射入周围绝缘材料或矿物时,不断俘获沿途电子,而使它们所途经的路程周围产生辐射损伤区,这就是裂变径迹。单位体积内裂变径迹的数目与矿物中铀的含量、^{238}U裂变速度及矿物累积径迹的时间(年龄)成正比,即裂变径迹的数目与年龄成正比。裂变径迹的数目可以在显微镜下测读获得。

其样品一般选用铀元素含量较高的矿物,如锆石、磷灰石、石膏、石英。

小 结

本项目主要介绍地貌及第四纪沉积物、河流地质作用、岩溶及风化作用,其主要内容如下。

1. 地貌

地貌是指在各种地质应力作用下形成的地球表面各种形态的总称。地貌根据形态可以分为山地(33%)、丘陵(10%)、平原(12%)、高原(26%)和盆地(19%)五种地貌形态。地貌根据成因可以分为内力地貌和外力地貌,其中内力地貌又分为构造地貌和火山地貌。外力地貌又分为水成地貌、冰川地貌、风成地貌、岩溶地貌和重力地貌。

2. 风化作用

在气温变化、大气、水溶液和生物因素的影响下,使地壳表层或接近地表的岩石在原地遭受破坏和分解的作用,称为风化作用。根据风化作用性质和影响因素的不同,可分为物理风化、化学风化和生物风化。岩石经过风化作用后,残留在原地的堆积物称为残积物。被风化的地壳表层称为风化壳。在整个风化壳的剖面上,岩石风化程度不同,故风化壳可分为全风化、强风化、弱风化和微风化四个带。

3. 河流地质作用

河水流动时,对河床进行冲刷破坏,并将所侵蚀的物质带到适当的地方沉积下来,故

河流地质作用可分为侵蚀作用、搬运作用和沉积作用。河流的水流在流动过程中,侵蚀地表,形成各种侵蚀地貌,被侵蚀的物质沿沟谷向下游搬运并堆积,形成各种堆积地貌,凡是由河流作用形成的地貌,称为河流地貌。河流地貌可分为河谷地貌、河床地貌、河漫滩地貌、河流阶地地貌。河谷是水利水电建设的基本场所,因此在选择坝址位置时,应尽可能地利用良好河谷地段,以减少投资,增大效益。

4. 岩溶

岩溶(喀斯特)是水(地下水为主、地表水为辅)对可溶性岩石长期进行的以化学溶蚀作用为主、机械侵蚀作用为辅的综合地质作用,以及由这些地质作用所产生的各种现象的总称。岩溶发育的基本条件是岩石的可溶性及透水性和水的侵蚀性及流动性。影响岩溶发育的因素很多,地质的因素有地层(包括地层的组合、厚度)、构造(包括地层产状、大地构造、地质构造等)。地理因素有气候、覆盖层、植被和地形等。岩溶地貌景观独特,可构成绚丽多彩的山水风景。岩溶地区地下水极为丰富,可供开发利用。但在岩溶地区修建工程时,经常会遇到岩石强度低、地基承载力小、地表基岩面起伏不均、涌水和渗漏等工程地质问题。

5. 第四纪沉积物

第四纪沉积物是这一时期古环境信息的主要载体,第四纪沉积物具有其一定的特征。第四纪沉积物常见的类型有残积物、坡积物、洪积物、冲积物、淤积物、冰积物和风积物。第四纪沉积物年代判别包括相对年代的判别方法和绝对年代的判别方法。

练习题

3-1 思考题

1. 地貌的基本类型有哪些?
2. 简述地貌的成因分类。
3. 什么是风化作用? 风化作用有哪些类型? 如何划分岩石的风化带?
4. 河流有哪几种地质作用? 各有何不同特点?
5. 什么是河流阶地? 河流阶地有哪些主要类型? 河流阶地是怎样形成的?
6. 简述坝址选择与河流地貌的关系。
7. 什么是岩溶? 岩溶有哪些主要的地貌景观?
8. 岩溶形成的基本条件和影响岩溶发育的因素是什么?
9. 岩溶对工程建筑有何影响?
10. 第四纪沉积环境的一般特征有哪些?
11. 第四纪沉积物的主要成因类型有哪几种?
12. 残积物、坡积物、洪积物和冲积物各有何特点?

3-2 选择题

1. 河流的侵蚀作用包括(　　)。

A. 垂向侵蚀作用　B. 侧向侵蚀作用　C. 沉积作用　D. 向源侵蚀作用

2. 岩石的风化带按风化程度可分为(　　)。

A. 全风化带　B. 强风化带　C. 微风化带　D. 弱风化带

3. 河流阶地的类型包括(　　)。

A. 侵蚀阶地　B. 基座阶地　C. 堆积阶地　D. 内叠阶地

4. 岩溶形地貌是由(　　)地质作用形成的。

A. 化学风化作用　B. 物理风化作用　C. 生物风化作用

5. 洪积物是由(　　)搬运、沉积而形成的堆积物。

A. 洪流　B. 河流　C. 片流

6. 冲积物是由(　　)搬运、沉积而形成的堆积物。

A. 洪流　B. 河流　C. 片流

7. 第四纪沉积物的主要成因类型有(　　)大类。

A. 两　B. 三　C. 四

项目4 地下水

【知识目标】 要求学生掌握地下水的概念和基本类型,地下水主要的化学成分;了解地下水运动的基本规律,地下水与工程的关系等。

【学习重点】 潜水、承压水的形成条件及特征,地下水的物理、化学性质,地下水对工程建设的影响。

地下水是指赋存于地面以下岩土体孔隙、裂隙和溶隙中的水,它可以呈各种物理状态存在,但大多呈液态。地下水主要是由大气降水、融雪水和地表水(河水、湖水、海洋水等)沿着地表岩土体的孔隙、裂隙和溶隙渗入地下而形成的。因此,地下水是整个自然界不断循环着的水的一部分。

地下水在地壳中的分布十分普遍,储藏量很大。据估计,全球地下水的总量约为4亿 km^3,如果把这些水平均铺在地球表面上,则水深可达750 m。因此,地下水无论是对人民生活还是对工程建设都有着重要的意义。

4.1 地下水的赋存

4.1.1 岩石中的空隙

自然界的岩土,无论是松散堆积物还是坚硬的基岩,都具有多少不等、形状不一的空隙。从成因考虑,可将岩土的空隙分为三类:松散岩土中的孔隙、坚硬岩石中的裂隙和可溶岩石中的溶隙。

4.1.2 岩石中水的存在形式

岩石中的水按物理状态的不同可以划分为气态水、液态水和固态水三类。在液态水中又可根据受力情况而分为结合水、毛细水和重力水。

4.1.2.1 气态水

气态水即以水蒸气状态存在于未饱和岩石空隙中的水。气态水可以随空气的流动而运动,但即使空气不流动,它本身也可以发生迁移。由于气态水在一地点蒸发会在另一地点凝结,因此对岩石中地下水的重新分布有一定的影响。

4.1.2.2 液态水

1. 结合水

岩石固体颗粒表面带有电荷。由于静电引力的作用,岩石颗粒表面便吸引水分子。受到岩土表面的吸引力大于其自身重力的那部分水便是结合水。结合水的含量主要取决于岩土颗粒表面积的大小。岩土颗粒越细,其表面积越大,结合水的含量也越多;颗粒粗时则相反。因此,对具有裂隙和溶隙的坚硬岩石来说,结合水的含量更小。

1)强结合水

最接近岩土颗料表面的水称为强结合水,又称吸着水。由于强结合水在颗粒表面吸附得很牢固,使它不同于一般的液态水而接近于固态水,这种水不能利用,也不能被植物吸收。

2)弱结合水

结合水的外层称为弱结合水,又称薄膜水。它一般不能利用,但外层的水可以被植物吸收。

2. 毛细水

由于毛细作用保持在岩土毛细孔隙中的地下水称为毛细水。毛细水能传递静水压力,并能在毛细作用下的孔隙中作垂直运动。当地下水埋藏较浅时,毛细水有时会引起土壤沼泽化和盐碱化,以及道路的冻胀和翻浆。

毛细水从地下水面上升的最大高度叫毛细上升高度。它主要与孔隙的大小有关,孔隙越大,毛细上升高度越小;反之,则越大。

3. 重力水

岩土颗粒表面的水分子增厚到一定程度时,重力对其影响超过颗粒表面对它的吸引力,这些水分子在重力作用下运动,形成重力水。

重力水中靠近岩土表面的那一部分,一般呈层流状态,远离的部分转为紊流运动。重力水是地下水开发利用研究的主要对象。

4.1.2.3 固态水

以固态形式存在于岩石空隙中的水称为固态水。在多年冻结区和季节冻结区可以见到这种水。我国北方、东北和青藏高原有多年冻结或季节冻结的情况。

4.1.3 岩土的水理性质

岩土与水有关的性质称为岩土的水理性质。它与岩土的性质、空隙的大小及连通性等密切相关,特别是后者具有决定意义。岩土的水理性质包括容水性、持水性、给水性和透水性等。

4.1.3.1 容水性

岩土能容纳一定水量的性能称为岩土的容水性。在数量上以容水度来衡量。容水度是指岩土能容纳水的体积与岩土总体积之比。即

$$\omega_n = V_n / V_0 \times 100\% \tag{4-1}$$

式中 ω_n——岩土的容水度(%);

V_n——岩土的容水体积;

V_0——岩土的总体积。

显然,容水度在数值上与孔隙度相等。但对于具有膨胀性的黏土而言,因充水后体积扩大,容水度可大于孔隙度。

4.1.3.2　持水性

饱水岩土在重力作用下释水时,由于分子力和张力的作用,能在空隙中保持一定水量的性能,称为岩土的持水性。持水性用持水度来衡量。持水度是指在重力作用下岩土空隙中所保持水的体积与岩土总体积的比值,即

$$\omega_m = V_m/V_0 \times 100\% \tag{4-2}$$

式中　ω_m——岩土的持水度(%);

V_m——岩土中能保持水量的体积;

V_0——岩土的总体积。

4.1.3.3　给水性

饱水岩土在重力作用下能自由排出一定水量的性能,称为岩土的给水性。在数量上以给水度来衡量,给水度是指饱水岩土在重力作用下能排出的水的体积与岩土总体积的比值,即

$$\mu = V_s/V_0 \times 100\% \tag{4-3}$$

式中　μ——岩土的给水度(%);

V_s——岩土排出的水的体积;

V_0——岩土的总体积。

因为 $V_m + V_s = V_n$,所以有:$\mu = \omega_n - \omega_m$。

4.1.3.4　透水性

岩土允许水透过的性能称为岩土的透水性。通常用渗透系数 k 来表征岩土的透水性。渗透系数与空隙的多少及大小、地下水的物理性质、黏滞性和温度等有关。表 4-1 为松散岩土渗透系数参考值。

表 4-1　松散岩土渗透系数参考值

岩土名称	渗透系数 k(m/d)	岩土名称	渗透系数 k(m/d)
亚黏土	0.001～0.10	中砂	5.0～20.0
亚砂土	0.10～0.50	粗砂	20.0～50.0
粉砂	0.50～1.0	砾石	50.0～100.0
细砂	1.0～5.0	卵石	100.0～500.0

4.1.4　含水层与隔水层

埋藏于地表以下的岩层,按其储水性和透水性可分为含水层和隔水层。

含水层是指透水且能够透过并给出相当数量水的岩层。这类岩层不但饱含地下水,而且渗透阻力小,在常压下能释放出较多的水量。该岩层有一定厚度时,则有利于地下水富集。

隔水层是指既不储水又不透水或者透过与给出水量微不足道的岩层。如花岗岩、片麻岩、黏土、亚黏土等。

含水层和隔水层之间并没有严格的界限,在一定条件下可以互相转化,开采含水层要考虑能给出的水量是否满足当地生产、生活需要。

4.2 地下水的物理及化学性质

由于地下水的补给来源、埋藏、径流条件等不同,地下水与周围岩土进行着广泛的相互作用,溶解了岩土中的某些盐分、气体和有机物质;同时,地下水参与自然界水循环的过程中,从大气降水和地表水中也获得了各种物质成分。所以,地下水成为一种复杂的天然溶液。

研究地下水的物理性质和化学成分,对于了解地下水的形成条件与动态变化,进行供水的水质评价,分析地下水对建筑物的侵蚀性以及查明地下水的污染源等方面,都具有重要意义。

4.2.1 地下水的物理性质

地下水的物理性质包括温度、颜色、透明度、嗅(气味)、味(口味)、导电性和放射性等。

地下水的温度主要受气温、地热控制,随自然地理、地质条件和水循环深度而变化。如寒带和多年积雪地带,浅层的地下水温度可低于 -5 ℃,而埋藏于火山活动地区及地壳深处的地下水温度可达几十摄氏度甚至超过 100 ℃。如陕西临潼华清池的水温为 43 ℃;拉萨西北的羊八井,打了只有 42 m 深的钻孔,水温竟高达 130 ℃。温度很高的地下水,可用来采暖和发电。对于灌溉用水,其水温不宜过高或过低,北方小麦作物要求水温在 10 ~ 15 ℃为宜,南方水稻则要求 15 ~ 20 ℃为宜。

地下水一般是无色、无嗅、无味和透明的。当水中含有某些元素或悬浮物质及胶体时,便会带有不同的颜色和显得混浊,如含硫化氢的水常呈翠绿色,含低价铁的水呈灰蓝色,含高价铁的水呈黄褐色,含腐殖质的水呈暗黄色等。

地下水按透明度可划分为透明的、微浊的、混浊的和极混浊的四级。

地下水的气味取决于它所含的气体成分和有机质。水中含硫化氢(H_2S)气体时,具有蛋臭味;含亚铁离子时,具有铁腥味;含腐殖质时,具有沼泽味。

地下水的口味取决于其中所含的盐分和气体。如含氯化钠的水具有咸味;含氯化镁和硫酸镁的水具有苦味;含二氧化碳较多时,水清凉可口;含铁较多时,水具有铁锈味;大量有机质的存在使水具有甜味,但不宜饮用。

地下水的导电性取决于其中所含电解质的种类和数量。离子含量越多,离子价越高,则水的导电性就越强。

地下水的放射性取决于其所含放射性元素的含量,一般地下水的放射性极为微弱。

4.2.2 地下水的化学成分

地下水中含有各种气体、离子、胶体物质和有机物质。自然界中存在的元素,绝大多数已在地下水中发现,但只有少数元素含量较高。

4.2.2.1 地下水中常见的成分

1. 离子成分

地下水中常见的离子成分有 Cl^-、SO_4^{2-}、HCO_3^-、K^+、Na^+、Ca^{2+}、Mg^{2+} 七种。它们分布广,在地下水中含量最多,这些成分决定了地下水化学成分的基本类型和特点。

2. 气体成分

地下水中含有多种气体成分,常见的有 O_2、N_2、H_2S、CO_2 等。

3. 胶体成分

地下水中含有未离解的化合物构成的胶体,如 $Fe(OH)_3$、$Al(OH)_3$ 及 SiO_2 等。

4. 有机质和细菌成分

有机质主要是生物遗体的分解,多富集于沼泽水中,有特殊气味。细菌成分可分为病源菌和非病源菌两种:一般采用1 L水中所含细菌总数(菌数/L)、菌度(含有一条大肠杆菌的水的体积以毫升表示时的数值)和检定量(1 L水中大肠杆菌的含量)来衡量水的卫生程度。1 L水中细菌总数越少、菌度越大或检定量越小,则水越卫生。根据地下水菌度的多少可将水的卫生状况分成以下几类,如表4-2中所示。

表4-2 地下水按菌度分类表

名称	菌度	名称	菌度
卫生的水 相当卫生的水 不可靠的水	>300 100~300 10~100	不卫生的水 极不卫生的水	1.0~10 0.1~1.0

4.2.2.2 地下水的主要化学性质

地下水的主要化学性质包括总矿化度、硬度、酸碱度和侵蚀性等。

1. 总矿化度

地下水中含有各种离子、分子和化合物的总量称总矿化度,简称矿化度。它表示水中含盐量的多少,以克/升(g/L)表示。通常是以105~110 ℃温度下将水蒸干所得的干涸残余物总量来确定。根据矿化度的大小,可将地下水分为五类,见表4-3。

表4-3 地下水按矿化度分类

水的类型	淡 水	微咸水（低矿化水）	咸水（中等矿化水）	盐水（高矿化水）	卤水
总矿化度(g/L)	<1	1~3	3~10	10~50	>50

水的矿化度与水的化学成分有着密切的关系。淡水和微咸水常以 HCO_3^-、Ca^{2+} 或 Mg^{2+} 为主要成分,称做重碳酸盐型水;咸水常以 SO_4^{2-}、Na^+ 或 Ca^{2+} 为主要成分,称做硫酸盐型水;盐水和卤水则往往以 Cl^-、Na^+ 为主要成分,称做氯化物型水。高矿化水能降低混凝土强度、腐蚀钢筋,并能促使混凝土表面风化,故拌和混凝土时,一般不允许用高矿

化水。

2. 水的硬度

水的硬度取决于水中 Ca^{2+}、Mg^{2+} 的含量。硬度分为总硬度、暂时硬度和永久硬度。总硬度是指水中所含 Ca^{2+}、Mg^{2+} 的总量;暂时硬度是指将水加热煮沸后,水中一部分 Ca^{2+} 与 HCO_3^- 作用生成碳酸盐($CaCO_3$ 或 $MgCO_3$)沉淀,这部分 Ca^{2+}、Mg^{2+} 的总量称暂时硬度。永久硬度等于总硬度减去暂时硬度。其化学反应式如下

$$\underset{(Mg^{2+})}{Ca^{2+}} + 2HCO_3^- \rightleftharpoons \underset{(Mg)}{CaCO_3} \downarrow + CO_2 \uparrow + H_2O$$

硬度的表示方法很多,我国目前采用德国度表示,一德国度相当于 1 L 水中含 10 mg 氧化钙(CaO)或 7.2 mg 的氧化镁(MgO)。根据硬度可将地下水分为五类,见表 4-4。

表 4-4 地下水按硬度的分类

水的类型	德国度	水的类型	德国度
极软水	<4.2	硬　水	16.8~25.2
软　水	4.2~8.4	极硬水	>25.2
微硬水	8.4~16.8		

硬度对评价工业和生活用水均有实际意义,因硬水在锅炉和水管中易生水垢,既浪费燃料,又易引起锅炉爆炸。饮用硬度过高的水,会影响肠胃消化功能。因此,当使用硬水时,必须根据要求作降低硬度的处理。

3. 酸碱度

地下水的酸碱度取决于水中所含氢离子的浓度,常用 pH 值表示。pH 值为水中 H^+ 浓度的负对数值,即 $pH = -\lg[H^+]$。根据 pH 值的大小,将水分成以下几类,见表 4-5。

表 4-5 地下水按酸碱度的分类

水的类型	强酸性水	弱酸性水	中性水	弱碱性水	强碱性水
pH 值	<5	5~7	7	7~9	>9

4. 地下水的侵蚀性

侵蚀性是指水对碳酸盐类物质(如石灰岩、混凝土等)及金属机械、钢筋构件的侵蚀能力。地下水能破坏混凝土,是因为地下水能溶解混凝土中某些成分,并能形成一些新的化合物。例如,硫酸型侵蚀:当水中 SO_4^{2-} 含量多时,会与混凝土中某些成分相互作用,形成含水的硫酸盐结晶(如生成 $CaSO_4 \cdot 2H_2O$)。在这种新化合物的形成过程中,体积膨胀,混凝土结构遭到破坏,故又称结晶性侵蚀。碳酸型侵蚀:主要是指水中侵蚀性二氧化碳(CO_2)对混凝土中碳酸钙成分的溶解,使混凝土遭到破坏。

此外,当水中含有大量的氧、硫化氢及 pH 值较低时,对钢筋和铁管也有很大的腐蚀作用。

4.3　地下水的基本类型及特征

4.3.1　地下水的分类

地下水的分类方法很多,但归纳起来有两种分类法:一是按地下水的某一特征进行分类,如按硬度的分类、按矿化度的分类等;二是综合考虑地下水的若干个特征进行分类,如表4-6所列按埋藏条件和含水层空隙性质的分类法,这是目前采用比较普遍的分类法。首先按埋藏条件可将地下水分为包气带水、潜水和承压水(见图4-1),另外,根据含水层空隙的性质,又可分为孔隙水、裂隙水和岩溶水。

表4-6　地下水分类

埋藏条件	含水介质类型		
	孔隙水	裂隙水	岩溶水
包气带水	局部黏性土隔水层上季节性存在的重力水(上层滞水)	裂隙岩层浅部季节性存在的重力水及毛细水	裸露的岩溶化岩层上部岩溶通道中季节性存在的重力水
潜水	各类松散堆积物浅部的水	裸露于地表的各类裂隙岩层中的水	裸露于地表的岩溶化岩层中的水
承压水	山间盆地及平原松散堆积物深部的水,向斜构造的碎屑岩孔隙中的水	组成构造盆地、向斜构造或单斜断块的被掩覆的各类裂隙岩层中的水	组成构造盆地、向斜构造或单斜断块的被掩覆的岩溶化岩层中的水

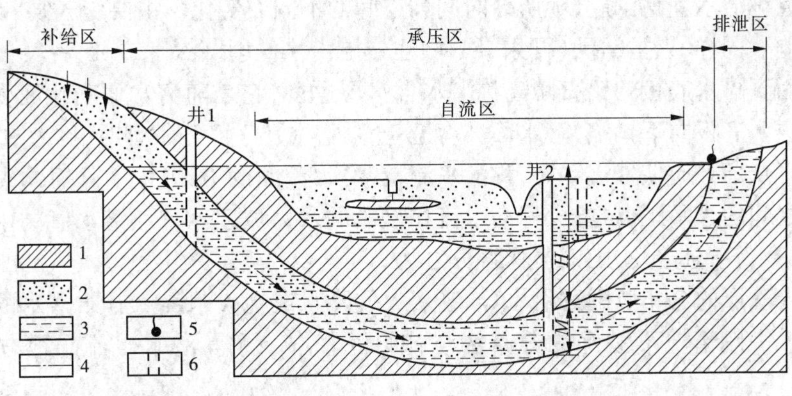

1—隔水层;2—透水层;3—饱水部分;4—承压水位;5—上升泉;6—水井;

H—承压水头;*M*—含水层厚度;井1—承压井;井2—自流井

图4-1　潜水、承压水和上层滞水

4.3.2　各类地下水的特征

4.3.2.1　包气带水

1. 土壤水

土壤水是埋藏在包气带土层中的水,主要以结合水和毛细水形式存在,靠大气降水的渗入、水汽的凝结及潜水由下而上的毛细作用补给。大气降水或灌溉水向下渗入必须通过土壤层,这时渗入水的一部分保持在土壤层中,成为所谓的田间持水量,多余部分呈重力水下渗补给潜水。土壤水主要消耗于蒸发过程,水分变化相当剧烈,并受大气条件的制约。当土壤层透水性很差,气候又潮湿多雨或地下水位接近地表时,易形成沼泽,称沼泽水。当地下水面埋藏不深,毛细水带可达到地表时,由于土壤水分强烈蒸发,盐分不断积累于土壤表层,会造成土壤盐渍化。

2. 上层滞水

上层滞水是存在于包气带中局部隔水层之上的重力水。

上层滞水的特点是:分布范围有限,补给区与分布区一致;直接接受当地的大气降水或地表水补给,以蒸发或逐渐向下渗透的形式排泄;水量不大且随季节变化显著,雨季出现,旱季消失,极不稳定;水质变化大,一般较易被污染。

上层滞水由于水量小且极不稳定,只能做临时性的水源。

在建筑工程中,上层滞水的存在是不利的因素。基坑开挖工程中经常遇到这种水,这种水可能突然涌入基坑,妨碍施工,应注意排除。但由于其水量不大,因此易于处理。

4.3.2.2　潜水

1. 潜水的概念

潜水是埋藏在饱水带中地表以下第一个具有自由水面含水层中的重力水,一般多储存在第四纪松散沉积物中,也可形成于裂隙性或可溶性基岩中,其基本特点是与大气圈和地表水联系密切,积极参与水循环。

潜水的自由表面称潜水面。潜水面上任一点的高程称该点的潜水位。潜水面到地表的铅直距离称潜水埋藏深度,随所处时间和空间的不同而变化。主要受气候、地形及地质构造的影响。同样,人类活动(开采、回补)也影响潜水的埋藏深度。

潜水面到隔水底板的铅直距离称潜水含水层厚度,它是随潜水面变化而变化的。当大面积不透水底板向下拗陷,潜水面坡度近于零,潜水几乎静止不动时,称潜水湖;潜水在重力作用下从高处向低处流动时,称潜水流;在潜水流的渗透途径上,任意两点的水位差与该两点之间的水平距离之比,称潜水流在该段的水力坡度。一般潜水流的水力坡度很小,平原区常为千分之几,山区可达百分之几。

潜水含水层的分布范围称潜水分布区,大气降水或地表水渗入补给潜水的地区称潜水补给区。一般情况下潜水的分布区与补给区基本一致。潜水出流的地方称潜水排泄区。

潜水补给来源充沛,水量比较丰富,是重要的供水水源;但在居民区和厂矿附近易被污染。潜水水质变化较大,湿润气候地形切割强烈时,易形成含盐量低的淡水;干旱气候低平地形的,常形成含盐量高的咸水。

2. 潜水面的形状及其影响因素

潜水面的形状是潜水的重要特征之一，它一方面反映外界因素对潜水的影响；另一方面也反映潜水的特点，如流向、水力坡度等。

一般情况下，潜水面是呈现向排泄区倾斜的曲面，起伏大体与地形一致，但较地形平缓。潜水的分水岭只有在获得大气降水渗入补给同时伴有水文网切割且潜水排出地表时才能形成。潜水分水岭在铅直剖面上为一上凸的半椭圆曲线。潜水分水岭的位置取决于分水岭两侧的河水位，当河水位同高程且岩性又均匀时，分水岭位于中间；当河水位不同高程时，分水岭偏向高水位一侧，甚至可能消失；如河间地带岩性是渐变的，则分水岭偏向弱透水性一侧。

潜水面的形状和坡度还受含水层岩性、厚度、隔水底板起伏的影响。当含水层的岩性和厚度沿水流方向发生变化时，潜水面的形状和坡度也相应地发生变化。在透水性增强或厚度增大的地段，潜水面趋于平缓；反之则变陡。在隔水底板隆起的地段，潜水流中途受阻，在此段上水流厚度变薄，潜水面可接近地表，甚至溢出地表形成泉。

3. 潜水的补给、径流和排泄

潜水含水层自外界获得水量的过程称补给。在补给过程中潜水的水质可随之发生相应的变化。潜水最普遍的和最大的补给源是大气降水渗入。地表水的补给常发生在河流下游或洪水期；地上河的补给也常发生在河流下游或洪水期，但地上河的补给是经常的。当潜水下部承压含水层的水位高于潜水位时，下部含水层的水可以通过它们之间的弱透水层或通道补给潜水，这种补给称越流补给。在干旱气候区，凝结水则可成为潜水的重要补给源。需要时潜水也可采用人工补给方式补给。

潜水由补给区流向排泄区的过程称径流。影响潜水径流的因素，主要是地形坡度、切割程度及含水层透水性。若地面坡度大、地形切割强烈、含水层透水性强，则径流条件就好，反之则差。

潜水含水层失去水量的过程称排泄。排泄过程中潜水的水质也可随之发生变化。潜水排泄概括起来有两种方式：一种为水平排泄，亦称水平交替；另一种为垂直排泄，亦称垂直交替。排泄方式不同，引起的后果也不一样。垂直排泄时，只排泄水分，不排泄水中的盐分，结果是潜水水分消耗，含盐量增加，甚至改变水的化学组成。许多干旱盆地中心会形成高含盐量的咸水，即是垂直排泄的结果。水平排泄，既消耗水分又消耗水中盐分，所以不会引起潜水化学组成的改变。

排泄与径流二者是密切相关的，一定的径流条件产生与其相适应的排泄方式，如径流条件好的山区河流中游地区，潜水排泄以水平方式为主；径流条件不好的平原或河流下游，主要是垂直排泄方式。人工开采潜水也是排泄的一种。

潜水从补给到排泄是通过径流完成的。因此，潜水的补给、径流、排泄组成了潜水运动的全过程。潜水在运动过程中，其水质、水量都不同程度地得到更新置换，这种更新置换称为水交替。水交替的强弱取决于径流条件的强弱及补给量的多少。水交替的速度随深度增加而减缓。

4. 潜水等水位线图及埋藏深度图

潜水面反映了潜水与地形、岩性和气象水文等之间的关系，同时能表现出潜水的埋藏、运动和变化的基本特点。因此,为能清晰地表示潜水面的形态,通常采用两种图示方法,并相互配合使用。

一种方法是以平面图表示,即将潜水面上各测点(井、孔、泉等)的水位高程标在地形图上,画出一系列水位相等的线,这种图称为等水位线图(见图4-2),其绘制方法与绘制地形等高线图一样。由于潜水面经常发生变化,因此绘制等水位线图时,各测点水位资料的时间应大致相同,并应在等水位线图上注明。通过不同时期等水位线图的对比,有助于了解潜水的动态。一般在一个地区应绘制潜水的最高水位和最低水位时期的两张等水位线图。

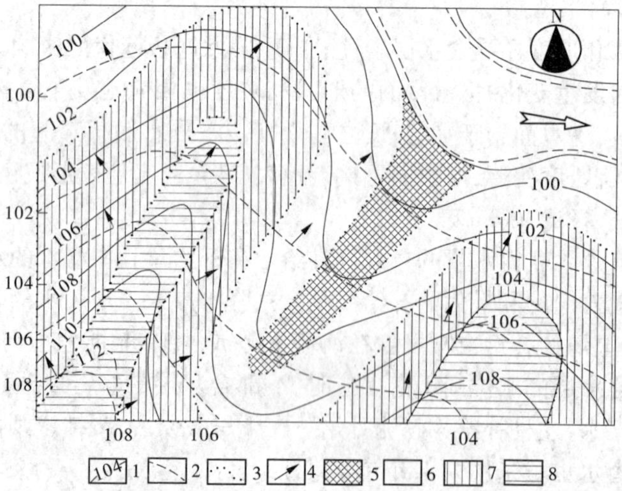

1—地形等高线;2—等水位线;3—等埋深线;4—潜水流向;5—埋深为0 m区(沼泽地);
6—埋深为0~2 m区;7—埋深为2~4 m区;8—埋深大于4 m区

图4-2 潜水等水位线及埋藏深度图

根据等水位线图可以了解以下情况:

(1)确定潜水的流向及水力坡度。垂直于等水位线且自高等水位线指向低等水位线的方向,即为流向。图4-2中箭头方向即为潜水流向。在流动方向上,取任意两点的水位高差,除以两点间在平面上的实际距离,即此两点间的平均水力坡度。

(2)确定潜水与河水的相互关系。潜水与河水一般有如下三种关系:河岸两侧的等水位线与河流斜交,锐角都指向河流的上游,表明潜水补给河水(见图4-3(a)),这种情况多见于河流的中上游山区;等水位线与河流交的锐角在两岸都指向河流下游,表明河水补给两岸的潜水(见图4-3(b)),这种情况多见于河流的下游;等水位线与河流斜交,表明一岸潜水补给河水,另一岸则相反(见图4-3(c)),一般在山前地区的河流有这种情况。

(3)确定潜水面埋藏深度。潜水面的埋藏深度等于该点的地形高程与潜水位之差。根据各点的埋藏深度值,可绘出潜水等埋深线。

(4)确定含水层厚度。当等水位线图上有隔水层顶板等高线时,同一测点的潜水位与隔水层顶板高程之差即为含水层厚度。

另一种方法是以剖面图的形式表示的,即在地质剖面图的基础上,绘制出有关水文地

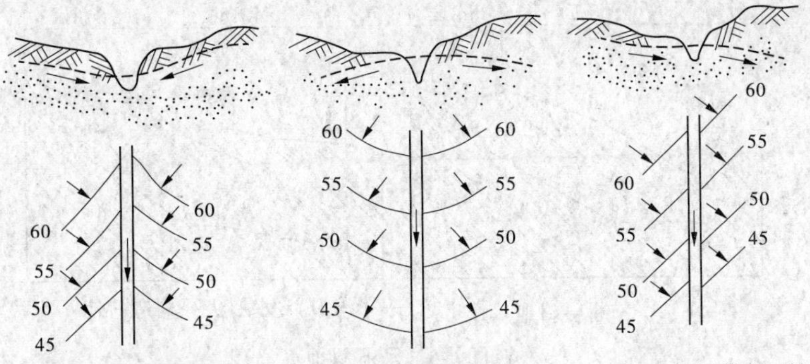

(a)潜水补给河水　(b)河水补给潜水　(c)河水与潜水互补

图 4-3　潜水与河水补给关系

质特征的资料(如潜水位和含水层厚度等)。在水文地质剖面图上,潜水埋藏深度、含水层厚度、岩性及其变化、潜水面坡度、潜水与地表水的关系等都能清晰地表示出来。

4.3.2.3　承压水

1.承压水及其特征

承压水是指充满在两个稳定隔水层之间的含水层中并具有承压性质的地下水。由于隔水顶板的存在,承压含水层能明显地划分出补给区、承压区和排泄区三部分。

承压区中地下水承受静水压力,当钻孔打穿隔水层顶板时所见的水位,称为初见水位。随后,地下水上升到含水层顶板以上某一高度稳定不变,这时的水位(即稳定水面的高程)叫承压水位。承压水位如高出地面,则地下水可以溢出或喷出地表,所以通常又称承压水为自流水。承压水位与隔水层顶板的距离称为水头,水头高出地面者称为正水头,低于地面者称为负水头。承压水与潜水相比具有以下特征:

(1)承压水具有静水压力,承压水面(实际并不存在)是一个势面(水压面的深度不能反映承压水的埋藏深度)。

(2)承压水的补给区和承压区不一致。

(3)承压水的水位、水量、水质及水温等,受气象水文因素的影响较小。

(4)承压含水层的厚度稳定不变,不受季节变化的影响。

(5)水质不易受污染。

基岩地区承压水的埋藏类型主要取决于地质构造,即在适宜的地质构造条件下,孔隙水、裂隙水和岩溶水均可形成承压水。最适宜形成承压水的地质构造有向斜构造和单斜构造两类。

向斜储水构造又称为承压盆地,其规模差异很大,四川盆地是典型的承压盆地,小型的承压盆地一般面积只有几平方千米,它由明显的补给区、承压区和排泄区组成。

单斜储水构造又称为承压斜地,它的形成可以是由于含水层岩性发生相变或尖灭,也可以是由于含水层被断层所切(见图4-4)。

2.等水压线图

等水压线图就是承压水面的等高线图(见图4-5),这是根据相近时间测定的各井孔的承压水位资料绘制的。如果在图中同时绘出含水层顶板及底板等高线,这样就和等水

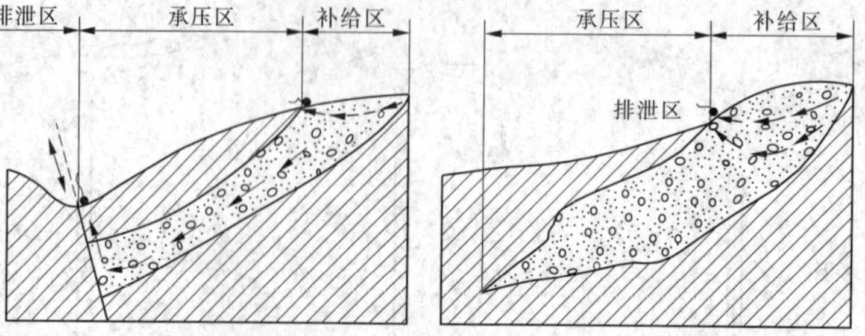

(a)断层斜地　　(b)含水层尖灭构造斜地

图 4-4　承压斜地

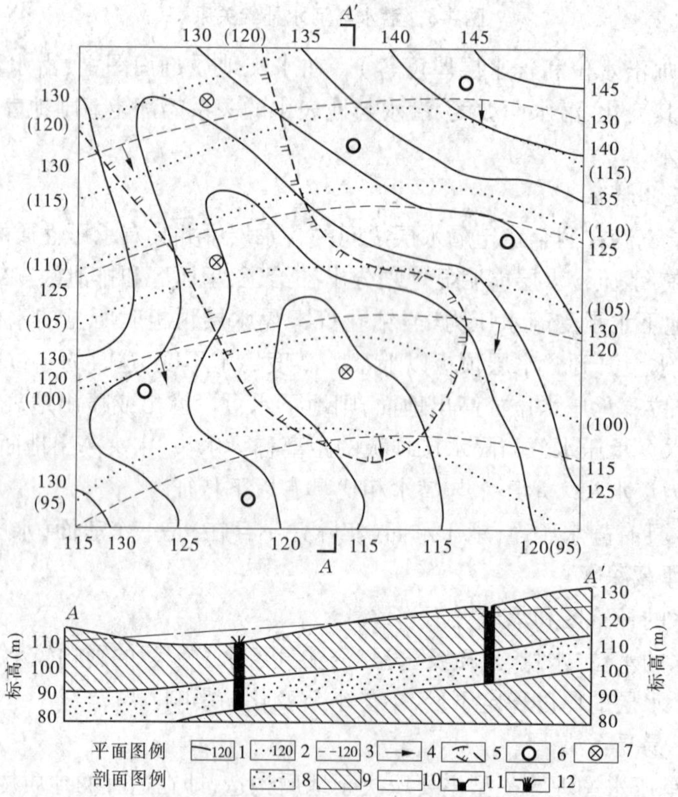

1—地形等高线;2—含水层顶板等高线;3—等水压线;4—地下水流向;
5—承压水自溢区;6—钻孔;7—自喷钻孔;8—含水层;9—隔水层;
10—承压水位线;11—钻孔;12—自喷钻孔

图 4-5　承压等水压线图

位线图一样,可以确定承压水的流向,计算水力坡度,确定承压水位和承压水含水层的埋深,明确水头的大小以及含水层的厚度等。

例如,根据图 4-5 可确定地面绝对高程、承压水位、含水层顶板绝对高程、含水层距地表深度(地面绝对高程减含水层顶板绝对高程)、稳定水位距地表深度(地面绝对高程减承压水位,m)、水头(承压水位减含水层顶板绝对高程,m)。

3. 承压水的补给、径流和排泄

承压水的补给方式一般为:当承压水补给区直接出露于地表时,大气降水是主要的补给来源;当补给区位于河床或湖沼地带时,地表水可以补给承压水;当补给区位于潜水含水层之下时,潜水便直接排泄到承压含水层中。此外,在适宜的地形和地质构造条件下,承压水之间还可以互相补给。

承压水的排泄有如下形式:承压含水层排泄区裸露于地表时,承压水以泉的形式排泄并可能补给地表水;承压水位高于潜水位时,承压水排泄于潜水并成为潜水的补给源;在某些地形或负地形条件下,承压水也可以形成向上或向下的排泄。

承压水的径流条件取决于地形、含水层透水性、地质构造及补给区与排泄区的承压水位差。承压含水层的富水性则同承压含水层的分布范围、深度、厚度、空隙率、补给来源等因素密切相关。一般情况下,若承压水分布广、埋藏浅、厚度大、空隙率高,水量就较丰富且稳定。

承压水径流条件的好坏及水交替的强弱,决定了水质的优劣及其开发利用的价值大小。

4.3.2.4 孔隙水

孔隙水主要储存于松散沉积物孔隙中,由于颗粒间孔隙分布均匀密集、相互连通,因此其基本特征是分布均匀连续,多呈层状,并具有统一的水力联系。

1. 冲积层中的地下水

冲积物(层)是经常性流水形成的沉积物,它分选性好,层理清晰。在河流上、中、下游或河漫滩、阶地的岩性结构、厚度各不相同,这就决定了其中孔隙水的特征和差异。

(1)河流中上游冲积层中的地下水。河流上游峡谷内冲积砂砾、卵石层分布范围狭窄,但透水性强、富水性好、水质优良,是良好的含水层,因此冲积层中的地下水位和水量随河水与季节的变化而变化。河流中游河谷两侧的低阶地,尤其是一级阶地与河漫滩,是富水区。

(2)河流下游平原冲积层中的地下水。冲积平原上,常埋藏有由颗粒较粗的冲积砂组成的古河道,其中储存有水量丰富、水质良好且易于开采的浅层淡水。

河流下游平原的冲积层,常与不同时期和不同成因的其他砂砾石沉积组合成统一的、巨厚的砂砾——砂质含水岩系,构成规模大、水量多的地下水盆地,且具良好的水质,常成为不可多得的灌溉或供水水源地。

2. 洪积层中的地下水

洪积层广泛分布于山间盆地和山前的平原地带,常呈扇状地形,故又称洪积扇。

根据地下水埋深、径流条件及化学特征,可将洪积扇中的地下水大致分为三个带(见图4-6):①深埋带,又称径流带,在顶部靠近山区,地形坡度较陡,粗砂砾石层堆积,有良好的渗透性和径流条件,水的矿化度低(小于1 g/L),为重碳酸盐型水,故又称地下水盐分溶滤带,埋深十几米到几十米;②溢出带,地形变缓,细砂、亚砂、亚黏土等交错沉积,渗透性变弱,径流受阻,形成壅水,出露成泉,水的矿化度增高,为重碳酸-硫酸盐型水,故又称盐分过路带;③下沉带,由黏土和粉砂夹层组成,岩层渗透性极弱、径流很缓慢,蒸发强烈,以垂直交替为主,由于河流排泄作用,地下水埋深比溢出带稍有加强,又称潜水下沉带,因地下水埋深仍很浅,在干旱、半干旱条件下,蒸发强烈进行,水的矿化度急剧增加(大于3 g/L),为硫酸-氯化物或氯化物型水,地表盐渍化,又称盐分堆积带。

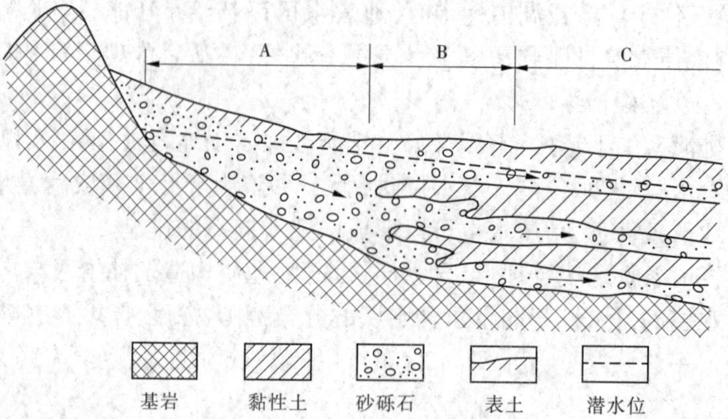

A—只有潜水位区;B—潜水位与承压水位重合区;C—承压水位高于潜水位区

图4-6 山前洪积扇地下水分带

上述洪积层中的地下水分带规律,在我国北方具有典型性;而南方多雨,缺少水质的明显分带性,地下水多为低矿化度的重碳酸盐型水。

4.3.2.5 裂隙水

裂隙水是指储存于基岩裂隙中的地下水。岩石中裂隙的发育程度和力学性质影响着地下水的分布和富集。在裂隙发育地区,含水丰富;反之,含水甚少。所以,在同一构造单元或同一地段内,富水性有很大变化,因而形成了裂隙水分布的不均一性。上述特征常使相距很近的钻孔,水量一方较另一方大数十倍。

1.裂隙水的划分

裂隙水按其埋藏分布特征,可划分为面状裂隙水、层状裂隙水和脉状裂隙水。面状裂隙水又称风化裂隙水,储存于山区或丘陵区的基岩风化带中,一般在浅部发育。层状裂隙水储存于成层的脆性岩层(如砂岩、硅质岩及玄武岩等)中;原生裂隙和构造裂隙构成的层状裂隙中的水,一般是承压水(玄武岩台地中的层状裂隙水是潜水)。脉状裂隙水亦称构造裂隙水,它储存于断裂破碎带和火成岩体的侵入接触带岩脉的节理之中,脉状裂隙水具承压水的特点,含水一般较均匀。

2.裂隙水富集的特点

裂隙水的富集受诸多地质因素的影响,具体有如下几点:

(1)不同岩性的岩层富水性不同。岩石(软、硬等)性质不同,影响着裂隙的发育程度,导致地下径流强弱差别和分布的贫富不均。

(2)不同力学性质的结构面富水性不同。一般情况是张性结构面富水性强,压性结构面富水性弱,扭性结构面居中。

(3)不同构造部位的富水性不同。通常在背斜或向斜轴部、岩层挠曲部位、穹窿顶部等处的裂隙较其他部位发育且具张性,往往成为富水地段。此外,断裂多次活动的部位,由于多次作用的叠加,岩石破碎,裂隙发育,有利于裂隙水的富集和储存;断裂构造新近活动的地方,也宜于地下水富集。

(4)不同地貌部位的富水性不同。地形地貌控制地下水的补给和汇水条件,洼地、盆地、沟谷低地汇水条件好,往往为富水的有利地带。

4.3.2.6 岩溶水

储存并运动于可溶性岩层空隙中的地下水称为岩溶水,岩溶水按其埋藏条件,可以是潜水,也可以是承压水。

岩溶水在空间的分布变化很大,甚至比裂隙水更不均匀。有的地方,水汇集于溶洞孔道中,形成富水区(岩溶水常常富集在质纯层厚的可溶岩分布地带、断层带或节理密集带、褶皱轴部和岩层急转弯处、可溶岩与非可溶岩的接触部位);而在另一地方,水可沿溶洞孔隙流走,造成一定范围严重缺水。

岩溶水运动特征和径流条件极为复杂,表现为孤立水流与具有统一地下水面的水流并存,无压流与有压流并存,层流与紊流并存,明流与伏流交替出现。岩溶水的径流条件一般是良好的,但随着深度增加而减弱,在垂直方向显示出明显的分带性。

大气降水是岩溶水的主要补给源,它通过各种岩溶通道,迅速补给地下水。因此,岩溶水的动态与大气降水关系十分密切,主要有两个特点:一是水位、流量变化异常迅猛,水位变幅可达80 m,流量变化更大,如广西合山某泉,最大流量为4.3 m^3/s,最小仅为0.1 m^3/s,前者是后者的40多倍;二是有些岩溶水对大气降水反应极为灵敏,雨后一昼夜甚至几小时,就出现流量高峰,如四川红岩某泉,一般流量为0.14 m^3/s,但暴雨6~12 h之后,流量可达1.04 m^3/s。但也有些岩溶水的流量恒定,如山西广胜寺泉,流量恒定在4~5 m^3/s,这是由于其补给区距离远、补给面积大、含水层容积大等因素对大气降水调节造成的。岩溶水排泄的最大特征是集中且量大。

4.3.2.7 泉

1.泉的概念

在讨论各种类型地下水排泄时,有相当部分的地下水是以泉的形式出露和排泄的,所以泉是地下水的天然露头,泉水则是地下水排泄方式之一。

泉是在一定的地形、地质和水文地质条件下有机组合的产物。山区、丘陵区的沟谷中和山坡脚,泉的分布最为常见,但在平原区很难找到。

2.泉的分类

根据补给泉的含水层性质,泉可分上升泉和下降泉。上升泉由承压含水层补给,地下水在静水压力作用下,由地下涌出地表形成的泉。上升泉的动态一般变化较小。下降泉是由上层滞水或潜水含水层补给,地下水在重力作用下自由流出地表而形成的泉。这种泉的涌水量随季节而变化。

根据泉出露的地质条件分为侵蚀泉、接触泉、溢出泉和断层泉。

(1)侵蚀泉。由于河谷和冲沟的切割,出露潜水含水层而形成的泉称侵蚀下降泉(见图4-7(a));当河流和冲沟切穿了承压含水层顶板时,承压水便涌出地表,形成侵蚀上升泉(见图4-7(b))。

(2)接触泉。地下水从含水层与其下面的隔水层接触处流出成泉,称接触下降泉(见图4-7(c));在侵入体或岩脉与围岩接触处,常因冷凝收缩而产生裂隙,地下水沿此种接触带上升涌出地表而形成泉,称接触上升泉。

(3)溢出泉。岩石透水性变弱或为阻水结构阻挡,使地下水受阻而涌出地表,形成溢出下降泉。由于此种泉出口处地下水也作上升运动,应注意与上升泉区别。

(4)断层泉。承压含水层被断层切割,当断层导水时,地下水便沿断层上升至地表形成泉(见图4-7(d))。这种泉常沿断层呈线状分布。

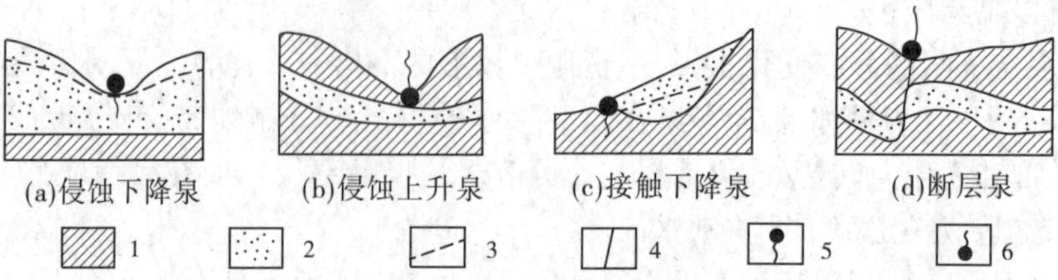

1—隔水层;2—透水层;3—地下水位;4—导水断层;5—下降泉;6—上升泉

图4-7　不同类型的泉

除上述常见的泉外,尚有个别的在特定条件下形成的特殊泉,如响泉、间歇泉等。

3. 研究泉的实际意义

对泉的特征的研究可以反映地下水的一系列特征,如泉涌水量大小反映富水程度,泉出露高程代表地下水位的高程,泉水运动特征及动态反映地下水的类型,泉的分布反映含水层补给和排泄区的位置,泉水化学特征代表含水层的水质特点,泉水温度可反映地下水的埋藏条件。此外,泉的出露特征还有助于判断地质构造等。特别是一些大泉,常是主要的甚至是唯一的供水源地。有的泉群可成为旅游资源,如山西的娘子关泉、山东济南的七十二泉群等。有许多泉含有矿物质及稀有元素,是重要的矿泉水资源,还有很多温泉具有重要的医疗价值。因此,泉的研究对国民经济的发展具有重要的实际意义。

4.4　地下水的运动

4.4.1　地下水运动的基本形式

地下水在岩石空隙中的运动称为渗透。对于地下水流,可以假想其充满岩石颗粒骨架的全部体积。通常把这种假想水流称为渗流,其特点是水流通道曲折多变且流速缓慢。

地下水在岩石空隙中运动,按其形态可分为层流和紊流两种运动形式。所谓层流运动,是指水质点呈相互平行的流线运动;紊流的水质点运动则是杂乱无章的,只有在基岩宽大洞隙及卵砾石层的大孔隙中或在水力坡度很大的情况下(如抽水井附近)才会出现紊流运动。具有紊流和层流共同特点的水流称混合流。

根据地下水的运动要素(如水位、流速、流向)随时间变化与否,又可将其分为稳定流与非稳定流两种运动形式。稳定流各运动要素不随时间变化,非稳定流各运动要素随时间变化。严格地讲,自然界中的地下水流均属非稳定流,但为了计算简便,也可以将某些运动要素变化微小的渗流,近似地看做稳定流。

此外,如果地下水的流速大小和方向沿着流程保持不变,这样的流动称为均匀流;反之,则为非均匀流。

4.4.2 地下水运动的基本规律

4.4.2.1 达西定律

1852 ~ 1856 年,法国水力学家达西(Henri Darcy)通过大量试验发现了地下水运动的线性渗透定律,故称达西定律,其试验装置如图 4-8 所示。

在用粒径为 0.1 ~ 3 mm 的砂做了大量试验后,获得如下结论:单位时间内通过筒中砂的水流量 Q 与渗透长度 L 成反比,而与圆筒的过水断面面积 A、上下两测压管的水头 Δh 成正比,即

$$Q = Ak(\Delta h/L) \tag{4-4}$$

式中 Q——渗透流量,m^3/d;

A——过水断面面积(圆筒横断面面积),m^2;

Δh——水头损失(测压管的水头差),m;

k——渗透系数,m/d;

L——渗透长度,m。

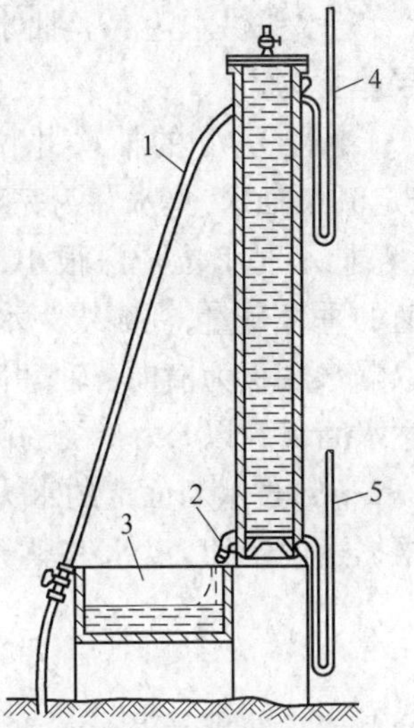

1、2—导管;3—量杯;4、5—测压管

图 4-8 达西试验装置

令比值 $\Delta h/L = J$,称水力坡度,也就是渗透路程中单位长度上的水头损失。又因 $v = Q/A$,则式(4-4)可写为

$$v = kJ \tag{4-5}$$

式(4-5)表明,渗透流速 v 与水力坡度的一次方成正比,故达西定律又称线性渗透定律。当 $J = 1$ 时,$v = k$,说明渗透系数值等于单位水头梯度时的渗透流速。

试验表明,不是所有地下水的层流运动都服从达西定律,只有当雷诺数 $Re < 1$ 时才符合达西定律。在自然界中,由于绝大多数地下水流动比较缓慢,其雷诺数一般都小于 1,因此达西定律是地下水运动的基本定律。

4.4.2.2 地下水流向集水建筑物的运动

1. 概述

水井是开采地下水的最基本形式之一,可称之为集水建筑物。当水井穿过整个含水层而到达隔水底板时,称为完整井;如果仅穿入含水层部分厚度,则称为非完整井。开采潜水含水层的井称为潜水井,开采承压含水层的井称为承压水井(或自流井)。当承压水井内水位降深很大,以致动水位下降到含水层顶板以下,造成井附近承压水转化为非承压水时,则称为承压潜水井。流向不同集水建筑物的水流形态是不同的,因此必须建立不同的计算公式。本节重点介绍稳定流水井出水量的计算方法。

2. 地下水向潜水完整井的稳定流运动

1863 年法国水力学家裘布依(J. Dupuit)首先应用线性渗透定律研究了均质含水层在等厚、广泛分布、隔水底板水平、天然的(抽水前)潜水面(亦为水平)即地下水处于稳定流的条件下,呈层流运动的缓变流流向完整井的流量方程式。

由抽水试验得知,抽水时潜水完整井周围潜水位逐渐下降,将形成一个以井孔为中心

的漏斗状潜水面,即所谓的降落漏斗(见图4-9)。

裘布依提出了潜水完整井稳定运动的计算模型。

(1)含水层为均质各向同性,且水平埋藏无垂直补给。

(2)在半径为 R 的圆柱体含水层外侧面保持常水头,为定水头供水边界。抽水前潜水面是水平的,含水层厚度为 H。

(3)半径为 r_0 的抽水井位于圆柱状含水层中央,以定流量抽水,集水井为完整井。

(4)抽水时水位降深很小,井壁进水无阻力,忽略流速的垂直分量,视流线为水平。

取隔水底板为横向 r 轴,井轴线为纵向 h 轴,则任一过水断面为以 r 为半径的圆柱体侧面,其面积 F 为:$F=2\pi rh$,过水断面上的水力坡度为 $J=\mathrm{d}h/\mathrm{d}r$。

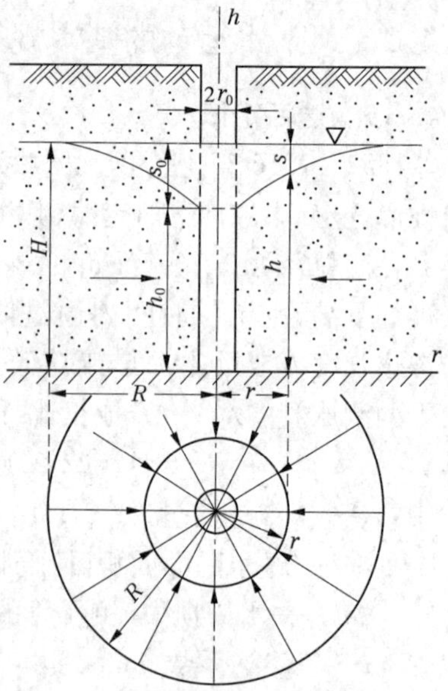

图4-9 潜水完整井抽水示意图

根据达西定律,潜水完整井出水量的微分方程式为

$$Q = k2\pi rh\mathrm{d}h/\mathrm{d}r$$

分离变量并积分得

$$Q = \pi k(H^2 - h^2)/(\ln R - \ln r_0) \tag{4-6}$$

式中 Q——井的出水量,$\mathrm{m^3/d}$;

k——渗透系数,m/d;

H——含水层厚度,m;

h——动水位,m;

r_0——井的半径,m;

R——影响半径,m。

式(4-6)即为裘布依潜水完整井出水量计算公式。

3. 地下水向承压水完整井的稳定流运动

对于承压水完整井,裘布依建立了与潜水相类似的稳定井流计算模型(见图4-10),并假设:具有圆形定水头供水边界的承压含水层为均质等厚、水平埋藏,其余假设同潜水井。取隔水底板为横向 r 轴,井轴为纵向 h 轴,任一过水断面是以 r 为半径,高为 M 的圆柱体,侧面积 $F=2\pi rM$,过水断面上的水力坡度 $J=\mathrm{d}h/\mathrm{d}r$。

按达西定律,承压水完整井出水量的微分方程式可写成 $Q=k2\pi rM\mathrm{d}h/\mathrm{d}r$,分离变量并积分得

$$Q = 2\pi kM(H - h)/(\ln R - \ln r_0) \tag{4-7}$$

式(4-7)即为裘布依承压完整井出水量计算公式。

4.4.2.3 坝基防渗分析

库水通过坝基岩体向下游的渗漏称为坝基渗漏,通过两边坝肩岩体渗漏称为绕坝渗漏。此两种渗漏统称为坝区渗漏。坝区渗漏和水库渗漏一样,主要沿透水层(如砂、砾

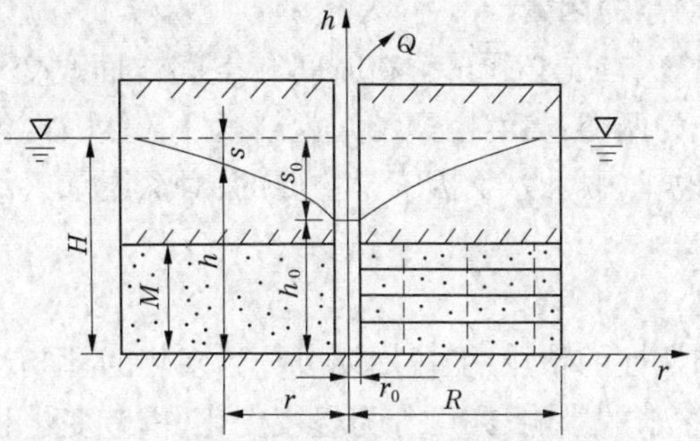

图4-10　裘布依承压完整井稳定流计算模型

石)和透水带(如断层带)进行,坝区渗漏不但减少库容,影响水库正常效益发挥,而且强大的渗流将会在坝基中产生管涌和流砂现象,降低坝基岩体的稳定性并危及大坝安全。下面仅以地质条件对坝区渗漏作简要分析。

1. 松散沉积物地区的渗漏分析

在松散沉积物分布地区,坝区渗漏主要通过古河道、河床和阶地内的砂卵砾石层进行。因沉积物颗粒粗细变化较大,出露条件各异,所以渗漏量的大小也不同。当砂卵石层上有足够厚度、稳定分布的黏土层时,就等于是天然铺盖,可起防渗作用。在山区河谷区两岸分布的岩堆、坡积物和洪积物,当其颗粒较粗时,也常成为渗漏通道。

2. 基岩地区的渗漏分析

岩浆岩(包括变质岩中的片麻岩、石英岩)区的坝基一般较为理想,对基岩来说,可能渗漏的通道主要是断层破碎带、岩脉裂隙发育带和连通的裂隙密集带以及表层风化裂隙组成的透水带。只要这些渗漏通道从库区穿过坝基,就有可能导致渗漏。

喷出岩区的渗漏主要通过互相串通的原生节理、气孔以及多次喷发的间歇面渗漏。沉积岩地区除上述断层破碎带和裂隙发育带构成的渗漏通道外,最常见的是透水层(砂、砾石和不整合面)漏水,只要它们穿过坝基,就可成为漏水通道。在岩溶地区,一定要查明岩溶的分布规律和发育程度,因为岩溶区一旦发生渗漏,就会使水库严重漏水,甚至干涸。

4.4.3　地下水的动态

4.4.3.1　地下水动态的概念

地下水的水位、水量、水温、水化学成分在各种因素综合影响下,随时间作有规律的变化,称地下水动态。

地下水的水量和水质等要素随时间变化的原因是由于在一定的时间内,地下水补给和排泄不平衡所致。即某一时段进入含水层的水量和随水带入的物质成分,如多于同时期内从含水层中排出的水量和物质成分,必然引起含水层中水量和物质成分的增加;反之,则产生相应的减少。这种增加或减少最终反映在地下水动态上。

地下水动态的研究有着实际的意义,如为了合理开发地下水而调节用水,基坑或矿坑排水,地下水资源评价,改良土壤疏干排水等,都需要地下水的动态资料。此外,分析地下水动态资料,还有助于地下水的形成及循环规律的理论研究。

4.4.3.2 影响地下水动态的因素

为了研究地下水动态,首先必须了解在时间和空间方面改变地下水水量和水质的各种因素。这些因素可分为两类:自然因素和人为因素。自然因素包括气候、水文、地质、土壤、生物等。对潜水来说,气候和水文因素是主要的;对深层承压水,地质因素的作用则是主要的。

1. 气候因素

气候的变化具有周期性的特点,变化周期可分为多年的、季节的和昼夜的。与之相适应,对地下水尤其是对潜水的影响,亦可分为昼夜变化、季节变化和多年变化。

降水的分布历时直接影响潜水的补给。气温与湿度的变化,影响潜水的蒸发,使其排泄强度及水质发生相应的变化。

对国民经济影响较大的长期供水或排水工程,必须考虑地下水动态的多年变化。供水应注意多年最低水位,排水要考虑多年最高水位。

季节变化潜水表现最为明显。如我国东部季风区,潜水位在一年中一般表现为一个峰值和一个谷值。前者在降雨集中时期,后者在翌年雨季之前。水位谷值期地下水矿化度高,峰值期由于降水渗入冲淡,矿化度普遍降低。但在北方半干旱盐渍土分布区,雨季初期,降水将一年中土壤累积的盐分冲洗进入地下水,故地下水矿化度反而增高,在雨季高峰期为最低。

我国西北干旱地区,降水稀少,对地下水的补给作用不大。夏季气温升高,高山积雪及冰川融化,以地表径流入渗形式补给平原潜水。

气压的改变可以引起井孔内水位的微弱升降,应注意这是一种伪变化,并不是由于含水层本身水量的增减而引起的变化。水位的昼夜变化往往是这种伪变化。

2. 水文因素

在地下水与地表水体存在联系的地区,水文因素对地下水动态影响显著。地表水作为地下水的补给来源或排泄途径而影响其动态。

由河水补给而引起的潜水位变化,在岩性不变的条件下,其变幅随远离河流而减小,变化时间随距离增加而延迟。地表水对地下水影响带的宽度取决于近岸地带的岩性、地表水位与潜水位的水位差、地表水位的变化幅度及洪峰延续时间等一系列因素。近岸地带的地下水动态,不仅在水位变化方面,在水温、化学成分方面也有表现。

河流排泄潜水时,愈是接近河流,潜水位变幅愈小,远离河流的河间地块或分水岭地段,水位变幅大。原因在于,当降水入渗抬高水位后,近河地段水力坡度迅速变大,径流加强,则潜水位抬升少;远河地段,水力坡度增大不多,径流强度很少加大,则潜水位不断抬高。

滨海地区地下水明显受潮汐作用的影响,如福建汤坑热水的地下水位同海水一样,每天有两次涨潮和退潮,在水位过程线上出现两个波峰和波谷,出现的时间比潮汐变化滞后约40 min。潮汐的影响,主要同潮差大小及距离海岸的远近有关。一般情况下,潮差愈大,距离海岸愈近,则地下水日变化幅度愈大。

3. 地质因素

地质因素中除地震、火山喷发、崩塌等,表现为急骤的变化外,一般与气候、水文因素相比,都显得缓慢稳定。地质因素对地下水动态的影响主要表现是,在气候、水文因素所决定的地下水动态基本模式的基础上,起加强或缓和的作用。如包气带岩性的渗透系数愈大,接受降水入渗量愈多;又如同一强度的降水补给,岩层的给水度愈大,地下水位的升高愈小等。

地质构造对地下水动态的影响,在承压水和潜水的特征上反映得最明显。地壳的升降运动亦可引起地下水动态的相应改变。上升地区,侵蚀基准面下降,天然排水条件加强,可造成地方性疏干,并在加速地下水运动的同时,使之淡化。下降地区,天然排水强度减弱,使地下水运动缓慢,可以导致沼泽化,也可导致水的盐化。

地下水变幅带内岩土颗粒的大小及级配可以影响地下水位变化的幅度。一般粗颗粒的渗透系数 k、给水度 μ 值大,地下水位变化幅度小;细颗粒的 k、μ 值小,地下水位变化幅度大。这是因为 k、μ 值大的岩土排水条件好,地下水位不易上升;而 k、μ 值小的岩土排水条件差则易上升。

含水层厚度、埋藏条件及饱水状况对地下水位动态变化也有较大影响。如包气带厚度愈小(不能过小),消耗于湿润包气带的那部分降水入渗量便少,潜水接受的补给量就多,产生的水位升幅就大。反之,包气带厚度大,就将吸收大量的入渗水量,水位升幅则小。同时包气带厚度较小时,降水与地下水位抬升可能同步或滞后时间很短,包气带厚度较大时,地下水位抬升滞后于降水时间就较长。

在新构造运动强烈地区,地下水可以在短时间内发生变化。尤以地震前后表现最为明显。如1966年邢台地震,1974年海城地震,1976年唐山地震,在地震前后地下水皆有大幅度的升降或成片变化现象,还出现许多特殊情况,如井水冒泡、翻花、旋转、变浑、变甜或变苦等。因此,地下水动态的监测研究,是地震预报的重要手段之一。

4. 成壤因素和生物因素

成壤因素主要影响潜水化学成分的改变,潜水埋藏愈浅,影响愈显著。生物因素的作用主要表现在两个方面:一是植物蒸腾对潜水位的影响,二是各种细菌活动对地下水化学成分的影响。

5. 人为因素

人为因素是指与人类活动有关的因素,可有两种不同的影响:疏干的影响和充水的影响。疏干影响,如各种取水建筑物、排水工程,由于排出地下水,使水位下降,甚至出现大面积的地下水位漏斗。如据《中国水资源评价》一书提供的资料,截止到1983年年底,我国北方平原区已形成浅层地下水降落漏斗40多个,漏斗总面积达1.5万 km^2。漏斗中心水位埋深10~40 m(近10年来又有不同程度的发展)。充水的影响,如修建水库,利用地表水灌溉,跨流域调水等,都会增加地下水的补给来源,致使地下水动态发生变化。

4.4.3.3 地下水动态类型

地下水动态类型的划分方法很多,根据动态形成的不同条件,不同目的,分类的方法也不同。下面介绍的分类,是根据影响地下水动态的补给和排泄条件划分的。它适用于潜水和浅层承压水。

1. 渗入—蒸发型动态

渗入—蒸发型动态主要出现于干旱、半干旱的平原及山间盆地地区。潜水埋藏浅,水平径流微弱或呈停滞状态,排泄以蒸发消耗为主。降水及地表水入渗,引起水位抬升,水质淡化;伴随水位升高,埋深变小,蒸发加剧,又使水位下降,随之蒸发减弱,进而水位趋于稳定,水质逐渐盐化。具有此类动态的潜水,称大陆盐化潜水。在这类地区进行灌溉时,须控制各种水源的渗入补给,防止潜水位升高,以预防或消除土壤盐碱化或沼泽化。

2. 渗入—径流型动态

渗入—径流型动态主要出现在山区及山前地带。潜水埋藏较深,蒸发微弱,排泄以水平径流消耗为主。伴随降水或地表水的入渗,地下水位抬高,地下水径流加强,径流排泄不断进行,水位变幅趋小,水位渐近稳定,表现为动态曲线平滑。由于盐分随径流排走,从长远看水质趋于淡化,属于溶滤潜水。这类地区不会产生盐碱化或沼泽化,但灌溉时应采取适当措施,防止灌溉水的渗漏损失。

3. 渗入—蒸发、径流型动态

渗入—蒸发、径流型动态主要出现在湿润气候条件下的平原地区。湿度大,蒸发弱;地形平坦,径流缓慢,故排泄通过径流和蒸发两个途径。但由于降水补给充沛,从长远看,水质趋于淡化。

上述分类还可进一步细分,如根据入渗条件可再分为大气亚型、水文亚型;大气亚型又可分为雨水型和融雪型等。

4.4.4 地下水均衡

4.4.4.1 地下水均衡的概念

地下水均衡就是在一定时间间隔内,某地段地下水的补给和排泄之间的数量关系。进行均衡计算研究的地区称为均衡区。它最好是一个地下水流域。进行均衡计算选定的时间段,称为均衡期,可以是一个月、一年,也可以是若干年。某一均衡区,在一定的均衡期内,地下水的收入大于支出,表现为地下水储存量增加时,称为正均衡;反之,称为负均衡。

地下水的均衡状况,最终反映在地下水的动态变化上。所以,可以说地下水动态是地下水均衡的外部表现,地下水均衡则是地下水动态的内在原因。动态变化是永恒的、绝对的,而均衡则是有条件的、相对的。

4.4.4.2 全球的水均衡方程式

设 Z_m 为海面及洋面的年蒸发量,X_m 为海面及洋面的年降水量,Z_c 为陆面年蒸发量,X_c 为陆面年降水量,Y 为地表水及地下水年径流量。如都采用多年平均值,单位皆用水层厚度(mm)表示,则

$$Z_m = X_m + Y$$
$$Z_c = X_c - Y$$

在全球范围内

$$Z_m + Z_c = X_m + X_c \tag{4-8}$$

式(4-8)表明,在全球范围内,多年平均蒸发量等于多年平均降水量,称水均衡方程式。对一个独立流域,它的水均衡方程式可以写成

$$X = Z + Y \tag{4-9}$$

式中 X——流域内年平均降水量；

Z——流域内年平均蒸发量；

Y——流出流域的年平均径流量。

如流域为封闭的，则水均衡方程式为

$$X = Z \tag{4-10}$$

4.4.4.3 均衡区的水均衡方程式

对一个具体的水均衡区来说，水均衡方程式即是该区一定时段（均衡期）内，水的收入量与支出量之间关系的数学表达式。

均衡区内的收入项 A 一般包括大气降水量 X、地表水流入量 Y_1、地下水流入量 W_1、凝结水量 Z_1；支出项 B 一般包括地表水流出量 Y_2、地下水流出量 W_2、蒸发量 E。在均衡期内，水的收入与支出之差，必然反映在储量变化 ΔV 上，则水均衡方程式为

$$A - B = \Delta V$$

即

$$(X + Y_1 + W_1 + Z_1) - (Y_2 + W_2 + E) = \Delta V$$

或

$$X - (Y_2 - Y_1) - (W_2 - W_1) - (E - Z_1) = \Delta V$$

均衡区的水储量变化 ΔV 包括以下各部分：地表水变化量 H_1、包气带水变化量 H_2、潜水变化量 $\mu\Delta H$（μ 为含水层给水度），ΔH 为潜水位在均衡期内的变幅。据此，水均衡方程式可写成

$$X - (Y_2 - Y_1) - (W_2 - W_1) - (E - Z_1) = H_1 + H_2 + \mu\Delta H \tag{4-11}$$

为计算方便，方程式中各项（H_1、H_2、ΔH）单位皆用水层厚度（mm）表示。

4.4.4.4 潜水均衡方程式

潜水均衡方程式是表示一个均衡区在均衡期内，水量总的收支和分配情况，但它满足不了对地下水进行详细研究的需要。为了更详尽地表示潜水的均衡，特提出潜水均衡方程式

$$\mu\Delta H = (Q_r + W_{ds} + W_r + Z_c + Q_t) - (W_y + \mathrm{E} + \mathrm{W}_c) \tag{4-12}$$

式中 Q_r——潜水从邻区流入量；

W_r——降水入渗补给潜水量；

W_{ds}——地表水体入渗补给潜水量；

Z_c——凝结水补给量；

Q_t——潜水越流补给量（正值）或排泄量（负值）；

W_y——潜水流出量；

E——潜水蒸发量；

W_c——潜水向地表的排泄量；

$\mu\Delta H$——潜水变化量。

式(4-12)中各项要素均采用水层厚度（mm）为单位。需指出，在水文地质条件不同的地区，均衡要素是不同的，即使同一地区，不同时期各项要素也可有所变化，则方程式表现为不同的形式，有些要素可略去，使方程简化。如能获取方程式中一些要素数值，即可推求未知要素。因此，可用来研究潜水的储量变化和预测水位。

方程中各要素数据，可通过气象、水文及地下水监测部门（或均衡试验场）获取或测

定,一些较专门性的要素(如越流量等)可进行专门性试验确定。

在人工长期大量开采地下水地区,常出现负均衡,这就要求进行人工补给来补偿负均衡。否则,就会出现大面积的地下水下降漏斗和形成区域性地下水位下降的严重后果,甚至导致水源枯竭。

4.5 地下水对工程建设的影响

地下水的存在,对建筑工程有着不可忽视的影响。地下水对工程建设的不良影响主要有:地下水位上升可引起浅基础地基承载力降低,地下水位下降会使地面产生附加沉降;不合理的地下水流动会诱发某些土层出现流砂现象和管涌;地下水对位于水位以下岩石、土层和建筑物基础产生浮托作用,这些都将给建筑工程的稳定性、施工及正常使用带来很大的影响。

4.5.1 地下水位的变化影响

4.5.1.1 地面沉降

软土地区大面积抽取地下水,将造成大规模的地面沉降。由于抽水引起含水层水位下降,导致土层中孔隙水压力降低,颗粒间有效应力增加,地层压密超过一定限度,即表现出地面沉降。如我国许多沿海城市,上海、宁波、天津,前些年均发生了严重的地面沉降现象。天津市由于抽水使地面最大沉降速率高达262 mm/年,最大沉降量达2.16 m。

地面沉降是一个环境工程地质的问题。它给建筑物、上下水道及城市道路都带来很大危害。地面沉降还会引起向沉降中心的水平移动,使建筑物基础、桥墩错动,铁路和管道扭曲拉断。

控制地面沉降最好的方法是合理开采地下水,多年平均开采量不能超过平均补给量。在地面沉降已经严重发生的地区,对含水层进行回灌可使地面沉降适当恢复。

4.5.1.2 地面塌陷

地面塌陷是松散土层中所产生的突发性陷落,多发生于岩溶地区。地面塌陷多为人为局部改变地下水位引起的。如地面水渠或地下输水管道渗漏可使地下水位局部上升,基坑降水或矿山排水疏干引起地下水位局部下降。因此,在短距离内出现较大的水位差,水力坡度变大,增强了地下水的潜蚀能力,对地层进行冲蚀、淘空,形成地下洞穴,当穴顶失去平衡时便发生地面塌陷。地面塌陷危害很大,破坏农田、水利工程、交通线路,引起房屋破裂倒塌、地下管道断裂。

为杜绝地面塌陷的发生,在重大工程附近应严格禁止能大幅度改变地下水位的工程施工,如必须施工,则应进行回灌,以保持附近地下水位不要有大的变化。

4.5.1.3 地下水位升降变化的影响

在含水层中进行地下硐室、地铁或深基础施工时,往往需要采用抽水的办法人工降低地下水位。当抽水时,在抽水井周围形成降水漏斗,在降水漏斗范围内的土层将发生附加沉降,使临近建筑物发生变形。由于土层的不均匀性和边界条件的复杂性,降水漏斗往往是不对称的,会使周围建筑物或地下管线产生不均匀沉降,甚至开裂。除此之外,如果抽水井滤网的设计不合理或施工质量差，抽水时会将土层中的黏粒、粉粒，甚至细砂等细小土颗粒随同地下水一起带出地面，使周围地面土层很快产生不均匀沉降，造成地面建筑物和地下管线不同程度的损坏。

地下水位上升可引起浅基础地基承载力降低，水浸湿和软化岩土，从而使地基土的强度降低，压缩性增大，建筑物会产生过大沉降，导致严重变形。对结构不稳定的土（如湿陷性黄土、膨胀土等）变形更为严重。在有地震砂土液化的地区会引起液化的加剧，同时易引起建筑物震陷加剧。另外，在寒冷地区会有地下水的冻胀影响，对设有地下室的建筑的防潮和防湿不利。对道路工程还会产生翻浆冒泥现象。

4.5.2 地下水引起的渗透变形问题

4.5.2.1 流砂问题

流砂是指松散细小颗粒土在动水压力下产生的悬浮流动现象。地下水自下而上渗流时，当地下水的渗透力大于土粒的浮容重或地下水的水力坡度大于临界水力坡度时，使土颗粒之间的有效应力等于零，土颗粒悬浮于水中，随水一起流出就会产生流砂。这种情况的发生常是由于在地下水位以下开挖基坑、埋设地下管道、打井等工程活动而引起的，所以流砂是一种工程地质现象，易产生在颗粒级配均匀的细砂、粉砂、粉质黏土等土中。流砂在工程施工中能造成大量的土体流动，致使地表塌陷或建筑物的地基破坏，给施工带来很大困难，或直接影响建筑工程及附近建筑物的稳定。如果在沉井施工中，产生严重流砂，此时沉井会突然下沉，无法用人力控制，以致沉井发生倾斜，甚至发生重大事故。

在可能产生流砂的地区，若其上面有一定厚度的土层，应尽量利用上面的土层做天然地基，或可用桩基穿过流砂，总之尽可能地避免开挖，如果必须开挖，可用以下方法处理流砂：

(1)人工降低地下水位。使地下水位降至可能产生流砂的地层以下，然后开挖。

(2)打板桩。在土中打入板桩，它一方面可以加固坑壁，同时增长了地下水的渗流路程以减小水力坡度。

(3)冻结法。用冷冻方法使地下水结冰，然后开挖。

(4)水下挖掘。在基坑（或沉井）中用机械在水下挖掘，避免因排水而造成产生流砂的水头差，为了增加砂的稳定，也可向基坑中注水并同时进行挖掘。

此外，处理流砂的方法还有化学加固法、爆炸法及加重法等。在基槽开挖的过程中局部地段出现流砂时，立即抛入大块石等，可以克服流砂的活动。

4.5.2.2 管涌问题

管涌也称潜蚀作用，可分为机械潜蚀和化学潜蚀两种。机械潜蚀是指土粒在地下水的动水压力作用下受到冲刷，将细粒冲走，使土的结构破坏，形成一种近似于细管状的渗流通道，从而淘空地基或坝体，使地基或斜坡变形、失稳；化学潜蚀是指地下水溶解水中的盐分，使土粒间的结合力和土的结构破坏，土粒被水带走，形成洞穴的作用。这两种作用一般是同时进行的。在地基土层内如具有地下水的潜蚀作用时，将会破坏地基土的强度，形成空洞，产生地表塌陷，影响建筑工程的稳定。在我国的黄土层及岩溶地区的土层中，常有潜蚀现象产生,修建建筑物时应予以注意。

对潜蚀的处理可以采用堵截地表水流入土层、阻止地下水在土层中流动、设置反滤层、改造土的性质、减小地下水流速及水力坡度等措施。这些措施应根据当地的具体地质条件分别或综合采用。

4.5.3 地下水浮托作用和基坑涌水问题

当建筑物基础底面位于地下水位以下时,地下水对基础底面产生静水压力,即产生浮托力。如果基础位于粉性土、砂性土、碎石土和节理裂隙发育的岩石地基上,则按地下水位100%计算浮托力;如果基础位于节理裂隙不发育的岩石地基上,则按地下水位50%计算浮托力;如果基础位于黏性土地基上,其浮托力较难确切地确定,应结合地区的实际经验考虑。

地下水不仅对建筑物基础产生浮托力,同样对其水位以下的岩石、土体产生浮托力。所以,《建筑地基基础设计规范》(GB 50007—2011)规定:确定地基承载力设计值时,无论是基础底面以下土的天然重度或是基础底面以上土的加权平均重度,地下水位以下一律取有效重度。为平衡地下水的浮托力,避免地下室或构筑物的上浮,目前国内常采用抗拔桩或抗拔锚杆等抗浮设计。

当深基坑下伏有承压含水层时,开挖基坑减小了底部隔水层的厚度。当隔水层较薄经受不住承压水头压力作用时,承压水的水头压力会冲破基坑底板,这种工程地质现象被称为基坑突涌。

为避免基坑突涌的发生,必须验算基坑底层的安全厚度 M。基坑底层厚度与承压水头压力的平衡关系,即

$$\gamma M = \gamma_w H \tag{4-13}$$

式中 γ、γ_w——黏性土的重度和地下水的重度,kN/m^3;

H——承压水头高于含水层顶板的高度,m;

M——基坑开挖后黏土层的厚度,m。

所以,基坑底部黏土层的厚度必须满足式(4-14)(见图4-11),即

$$M > \frac{\gamma_w}{\gamma} HK \tag{4-14}$$

式中 K——安全系数,一般取1.5~2.0,主要根据基坑底部黏性土层的裂隙发育程度及坑底面面积大小而定。

如果 $M < \frac{\gamma_w}{\gamma} HK$,为防止基坑突涌,则必须对承压含水层进行预先排水,使其承压水头下降至基坑底能够承受的水头压力(见图4-12),而且相对于含水层顶板的承压水头必须满足下式

$$H_w < \frac{\gamma}{K\gamma_w} M \tag{4-15}$$

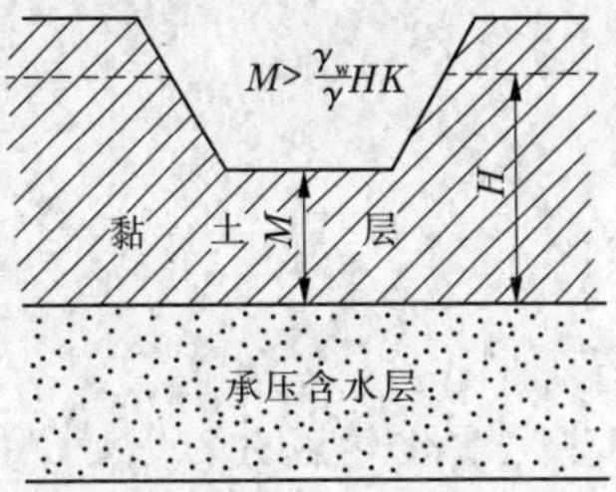

图4-11 基坑底黏土层最小厚度

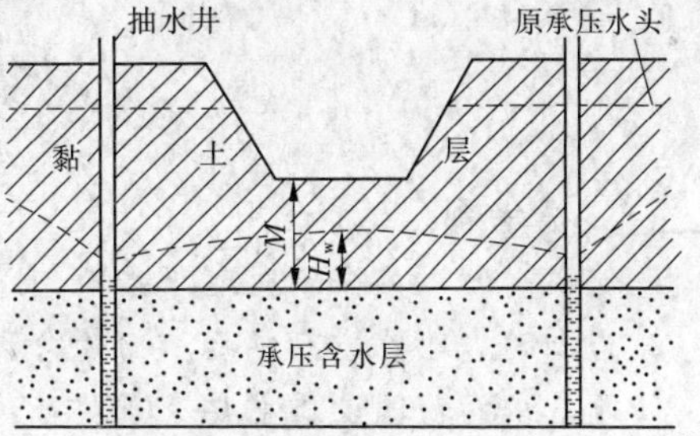

图4-12 抽水降低承压水头

小 结

本项目介绍了自然界中地下水的分布与循环规律、地下水的物理性质与化学成分、地下水的分类特征以及地下水运动的基本规律。主要内容如下。

1. 地下水的赋存

地下水是指存在于地表以下岩石孔隙、裂隙和溶隙中的水。

2. 地下水的物理及化学性质

研究地下水的物理性质和化学成分，对于了解地下水的形成条件与动态变化，进行供水的水质评价，分析地下水对建筑物的侵蚀性以及查明地下水的污染源等方面，都具有重要意义。

3. 地下水的基本类型和特征

地下水按埋藏条件分主要有潜水和承压水。潜水具有无压、埋藏浅、补给容易、循环快、季节变化明显、易受污染等特点；承压水具有静水压力，补给区和承压区不一致，水位、水量、水质及水温等气象水文因素的影响较小，含水层厚度稳定不变，水质不易受污染等特点。地下水面的形状可用水文地质剖面图和等水位(压)线图来表示。

泉是一定地形、地质和水文地质条件下有机组合的产物。根据补给泉的含水层性质，泉可分为上升泉和下降泉；根据泉出露的地质条件，泉可分侵蚀泉、接触泉、溢出泉和断层泉。

4. 地下水的运动

地下水运动的速度比较慢，多属层流形式，且在大多数情况下服从线性渗透定律，即达西定律。裘布依应用达西定律推导出的稳定井流公式可用于计算抽水井的涌水量和水位降深，还可用于计算水文地质参数 k 和 R。

5. 地下水对工程建设的影响

工程建设中，地下水常带来不良影响，如地基渗透变形、基坑涌水等。因此，必须查明建筑地区的水文地质条件，包括地下水的类型、地下水位及变幅；地下水的补给来源、流动方向及水力坡度；岩土的透水性、富水性，透水层与隔水层的岩性结构、厚度及分布规律。

练习题

4-1 思考题

1. 什么叫地下水？研究地下水有何意义？

2. 岩土的水理性质有哪些？何为含水层与隔水层？

3. 地下水的物理性质主要有哪些？地下水含有哪些主要化学成分？

4. 地下水的酸碱度、硬度、总矿化度的含义各是什么？

5. 试比较上层滞水、潜水、承压水的主要特征。

6. 孔隙水、裂隙水和岩溶水的主要特征是什么？

7. 什么样的地质构造条件适宜储存承压水？试绘图并说明。

8. 裘布依在推导地下水向完整井的稳定运动时的基本假定有哪些？这些假定对实际应用会有什么影响？

9. 地下水资源的组成及其之间的关系如何？

10. 各类地下水资源如何计算？

11. 如何评价地下水对混凝土的侵蚀性？

4-2 选择题

1. 决定地下水流向的是(　　)。

A. 压力的大小　　B. 位置的高低　　C. 水头的大小　　D. 含水层类型

2. 大气降水入渗转化为地下水时，其间土壤含水率有明显降低的是(　　)。

A. 饱和区　　B. 过渡区　　C. 传导区　　D. 湿润区

3. 对地下水动态的影响起主导作用的因素是(　　)。

A. 气候因素　　B. 水文因素　　C. 地质因素　　D. 植被因素

4. 在底板水平，无入渗、无蒸发的河间潜水含水层中，当渗流为稳定流，两侧河水位相等时，浸润曲线的形状为(　　)。

A. 双曲线　　B. 水平直线　　C. 抛物线　　D. 椭圆形曲线

5. 在有入渗补给，且存在分水岭的河间含水层中，已知左河水位标高为 H_1，右河水位标高为 H_2，两河间距为 L，当 $H_1 > H_2$ 时，分水岭(　　)。

A. 位于 $L/2$ 处　　B. 靠近左河　　C. 靠近右河　　D. 不存在

6. 地下水中的化学成分，以(　　)状态者为最多。

A. 分子　　B. 离子　　C. 化合物　　D. 气体

4-3 计算题

1. 某潜水完整井，井深 80 m，井径 0.9 m，含水层厚 60 m，渗透系数 1.6 m/d，当抽水降深 20 m 时，水井出水量为多大？

2. 在厚度为 12 m 的砂砾石潜水含水层进行完整井抽水试验，井径 150 mm，观测孔距抽水井 50 m，当抽水井降深 20 m 时，涌水量为 650 m^3/d，此时观测井降深为 0.26 m，试计算含水层的渗透系数。

3. 某承压完整井，井径 0.305 m，出水量为 3 000 m^3/d，含水层厚度 35 m，渗透系数 40 m/d，试求抽水的井中水位降深及 $r = 60$ m、$r = 700$ m 处的水位降深。

项目5 地质灾害

【知识目标】 了解地质灾害的特点及分级；掌握滑坡、崩塌、泥石流形成条件、危害、防御方法、措施；理解地质灾害之间的关联性及与人类活动关系；掌握地质灾害的防治方法。

【学习重点】 地质灾害的特点及分级，滑坡、崩塌、泥石流形成条件、危害、防御方法、措施，地质灾害之间的关联性及与人类活动关系，地质灾害的防治方法。

自然灾害是由大气灾害、生物灾害和地质灾害(可能还应有天体灾害)三大类型相互有机结合而成的一个系统，地质灾害是自然灾害这个复杂大系统中的一个子系统。地质灾害是指在自然或者人为因素的作用下形成的，对人类生命财产、环境造成破坏和损失的地质作用(现象)。

常见的地质灾害有地震、火山喷发、地裂缝、地面沉降、地面塌陷、沙漠化、水土流失、土地盐渍化、土地沼泽化、滑坡、崩塌、泥石流、岩(煤)爆、顶板塌落、地下热害、煤田燃烧、地下水污染、诱发地(矿)震、边岸再造、泥沙淤积、库区侵没、洪涝、海岸侵蚀、黄土湿陷、膨胀土胀缩、冻土冻融等。

地质灾害分内动力地质灾害和外动力地质灾害。内动力地质灾害是由地球内部动力作用(岩浆活动、构造运动等)引发的地质灾害，如地震、火山喷发等；外动力地质灾害是由外动力(如重力、水力、风等)作用产生的地质灾害。我国是世界上地质灾害最严重的国家之一，日趋严重的地质灾害直接危害着人民的生命财产，直接影响我国社会主义经济的可持续发展。

5.1 地质灾害的特点及分级

5.1.1 地质灾害的特点

地质灾害是地质动力活动与人类社会相互作用的结果，或者说是地质动力系统与社会经济系统相互作用的反映。地质灾害不但具有多种自然属性特征，而且具有多种社会属性特征，这些特征主要表现为：①地质灾害的必然性或不可避免性；②地质灾害的周期性；③地质灾害的群发性；④地质灾害与社会经济的互馈性；⑤地质灾害的可防御性以及地质灾害防治的长期性等。

5.1.2 地质灾害分级

根据中国地质调查局发布的《滑坡崩塌泥石流灾害详细调查规范》，按危害程度和规模大小将地质灾害灾度与危害程度分为特大级(特重)、重大级(重)、较大级(中)和一般级(轻)四级。灾情与危害程度分级应符合表 5-1 的规定。

表 5-1　地质灾害灾情与危害程度分级标准

灾害程度分级	死亡人数(人)	受威胁人数(人)	直接经济损失(万元)
一般级(轻)	<3	<10	<100
较大级(中)	3~10	10~100	100~500
重大级(重)	10~30	100~1 000	500~1 000
特大级(特重)	>30	>1 000	>1 000

注:1. 灾情分级,即已发生的地质灾害灾度分级,采用“死亡人数”或“直接经济损失”栏指标评价;

2. 危害程度分级,即对可能发生的地质灾害危害程度的预测分级,采用“受威胁人数”或“直接经济损失”栏指标评价。

根据中国地质调查局发布的《滑坡崩塌泥石流灾害详细调查规范》,根据滑坡、崩塌、泥石流所危及的范围确定危害对象,有城镇、交通干线、大江大河和矿山等。应根据危害对象的重要性按表 5-2 划分危害等级为三级。

表 5-2　危害对象等级划分

危害等级		一级	二级	三级
危害对象	城镇	威胁人数>100 人,直接经济损失>500 万元	威胁人数 10~100 人,直接经济损失 100 万~500 万元	威胁人数<10 人,直接经济损失<100 万元
	交通干线	一、二级铁路,高速公路及省级以上公路	三级铁路,县级公路	铁路支线,乡村公路
	大江大河	大型以上水库,重大水利水电工程	中型水库,省级重要水利水电工程	小型水库,县级水利水电工程
	矿山	能源矿山,如煤矿	非金属矿山,如建筑材料	金属矿山,稀有、稀土矿

5.2　地质灾害的主要类型

地质灾害分内动力地质灾害和外动力地质灾害。内动力地质灾害是由地球内部动力作用(岩浆活动、构造运动等)引发的地质灾害,如地震、火山喷发等;外动力地质灾害是由外动力(如重力、水力、风等)作用产生的地质灾害。

由外动力引起的地质灾害在地质灾害中占主要部分,所以主要针对外动力地质灾害进行介绍,外动力地质灾害主要包括崩塌、滑坡、泥石流等。

5.2.1　崩塌

5.2.1.1　崩塌的定义及分类

崩塌是边坡岩体破坏的基本形式。崩塌是指较陡坡上的岩土体在重力作用下突然脱离母体崩落、滚动、堆积在坡脚的动力地貌现象，见图5-1。

按崩塌体的物质组成，崩塌可分为两类：土崩和岩崩。崩塌物下坠的速度很快，一般为5～200 m/s，有的可达自由落体速度。

按照崩塌体的规模大小，崩塌可分为剥落、坠落和崩落三种类型。崩塌可以是小块岩石的剥落或坠落，也可以是巨大岩体的崩落，后者又称为山崩。在河流两岸边受流水、波浪的冲蚀且由于底部淘空而崩落的现象，称为塌岸。

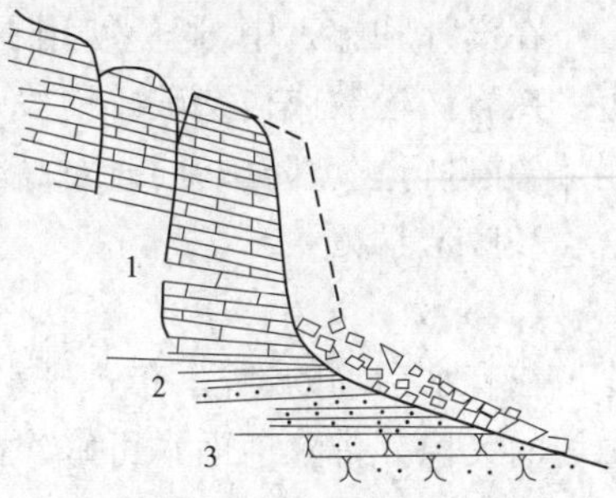

1—灰岩；2—砂页岩；3—石英岩

图5-1 崩塌示意图

5.2.1.2 崩塌的形成条件

(1)地形条件。崩塌的形成与地形直接相关。崩塌一般发生在坡度大于60°～70°的陡坡或陡崖处。地形切割愈强烈、高差愈大，形成崩塌的可能性愈大，并且破坏也愈严重。

(2)坡体结构。坡体结构即岩层产状与坡面的关系。反向坡一般易形成陡坡，利于崩塌产生。

(3)岩土类型。崩塌一般发生在厚层坚硬脆性岩体中。坚硬岩体抗风化能力较强，岩体中有规模大、间隔大的节理发育。当边坡由软硬相间的岩层组成时，因抗风化能力不同，软层受风化剥蚀而凹进，上覆硬层便悬空断裂而坠落；另外，还可因边坡底座岩石软弱，产生沉陷或蠕动变形，引起上覆岩体拉裂错动而造成崩塌。

(4)地质构造。节理、断裂对斜坡岩体分割而易于形成分离岩体，造成崩塌。因此，构成节理和成岩节理对崩塌的形成影响很大。高陡边坡被平行坡面的裂隙深切，在重力作用下向外倾倒拉裂、折断而崩落。此外，大规模的崩塌经常发生在新构造运动强烈、地震频发的高山。

5.2.1.3 崩塌的危害

(1)崩塌具有突发性。由于岩体裂隙的出现发展常不被人们所注意，崩塌的前兆不明显，因而其突发性较强，给人类社会带来危害。

(2)崩塌具有连发性。崩塌发生后，又会出现新的陡峭临空面，在外力和重力作用下，新的裂缝延伸扩展，崩塌现象可再次发生，形成连发性的崩塌现象。

(3)崩塌具有毁灭性。由于崩塌现象是突然发生的并且速度快、强度大，所以对附近的建筑物常可造成巨大的危害和损失。

5.2.1.4 崩塌的防治

1. 防治原则

由于崩塌发生得突然而猛烈，危害性大，成因十分复杂，治理比较困难，所以一般应采取以预防为主、防治结合的原则。

在选线时，应根据斜坡的具体条件，认真分析发生崩塌的可能性及其规模，对有可能发生大、中型崩塌的地段，应尽量避开。若完全避开有困难，可调整工程选址选线位置，离开崩塌影响范围一定距离，尽量减少防治工程；或考虑其他通过方案（如隧道、明洞等），确保工程运行安全。对可能发生小型崩塌或落石的地段，应视地形条件，进行经济比较，确定绕行还是设置防护工程。

在设计和施工中,避免使用不合理的高陡边坡,避免大挖大切,以维持山体的平衡稳定。在岩体松散或构造破碎地段,不宜使用大爆破施工,避免因工程技术上的失误而引起崩塌,并进行边坡防护,同时对高陡边坡采用动态设计和动态施工相结合的方法。

2. 防治措施

1) 排水

在有水活动的地段,布置排水构筑物,以进行拦截疏导,防止水流渗入岩土体而加剧边坡的失稳。排除地面水可修建截水沟、排水沟;排除地下水,可修建纵、横盲沟等。

2) 刷坡清除

山坡或边坡坡面崩塌岩块的体积及数量不大,岩石的破碎程度不严重,可采用全部清除并放缓边坡。

3) 坡面加固

边坡或自然坡面比较平整、岩石表面风化易形成小块岩石呈零星坠落时,宜进行坡面防护,以阻止风化发展,防止零星坠落。引起崩塌的高边坡,宜采用边坡锚固。

4) 拦截防御

岩体严重破碎,经常发生落石路段,宜采用柔性防护系统或拦石墙与落石槽等拦截构造物。拦石墙与落石槽宜配合使用,设置位置可根据地形合理布置,落石槽的槽深和底宽通过现场调查或试验确定。拦石墙墙背应设缓冲层,并按公路挡土墙设计,墙背压力应考虑崩塌冲击荷载的影响。

5) 危岩支顶

对在边坡上局部悬空的岩石,岩体仍较完整,有可能成为危岩石的,可视具体情况采用钢筋混凝土立柱、浆砌片石支顶或柔性防护系统。

6) 遮挡工程

当崩塌体较大、发生频繁且距离路线较近而设拦截构造物有困难时,可采用明洞、棚洞等遮挡构造物类型。

5.2.2 滑坡

滑坡是指斜坡上的岩土体在重力作用下沿一定的软弱结构面整体下滑的动力地质现象。滑坡面坡脚一般为20°~40°,过陡则将发生崩塌现象。滑坡是先经过一段蠕动变形阶段,而后在某些因素影响下,岩土体发生急剧下滑,滑动后又逐渐转入新的稳定平衡状态。滑坡在我国山区发育广泛,规模较大,尤其是西南、西北山地和黄土高原,其次是华南、长江中下游等地区发生频率高。滑坡有较大的水平位移,在滑动中虽然滑坡体也发生变形和解体,但一般仍能保持相对的完整性。

5.2.2.1 滑坡要素及滑坡形态特征

滑坡一般由滑坡体、滑动面、滑坡床、滑坡后壁、滑坡台阶、滑坡舌等组成,见图5-2。

(1)滑坡体。指滑坡发生滑动后与原来的岩土体分开,向下滑动的部分岩土体。一般滑坡呈整体性滑动,岩土体内部相对位置基本不变,原来的层位关系和结构面产状还能基本保持,但在滑动产生的动力作用下产生了新的裂隙、褶皱,使滑坡体岩土体松动。

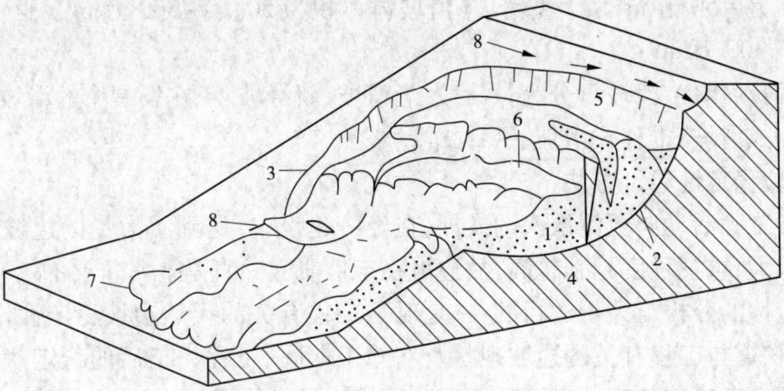

1—滑坡体;2—滑动面;3—滑坡周界;4—滑坡床;5—滑坡后壁;6—滑坡台阶;7—滑坡舌;8—滑坡裂隙

图5-2 滑坡形态示意图

(2)滑动面。滑坡体沿不动岩体下滑的分界面称为滑动面,它常沿岩体软弱面而形成,沿滑动面有时可见擦痕和磨光面。在滑动面上下,由于滑坡体的滑动而使附近岩石揉皱而形成滑动带,在一个滑坡体内有时不只有一个滑动面,但应找出最下面的滑动面。一般均质岩土体滑动面常呈曲面或近似圆弧形;非均质或层状岩土体中最常见的滑动面是平面、阶梯形等。

(3)滑坡周界。指滑坡体与周围岩土体在平面上的分界线。它确定了滑坡的范围。

(4)滑坡床。在滑动面之下未发生滑动的稳定岩土体称为滑坡床。

(5)滑坡后壁。指滑坡体后缘与周围未滑动岩土体的分界面。

(6)滑坡台阶。由于滑坡体上下各段滑动速度不同或几个滑动面时间不同,在滑坡体上可形成阶梯状地面,称滑坡台阶。台阶面向斜坡方向倾斜,台面上的树木也因倾斜而有"醉林""马刀树"之称。

(7)滑坡舌和滑动鼓丘。滑坡舌指滑坡的前部,形如舌状的部位;滑坡鼓丘是滑坡体前缘受阻而隆起的小丘。

(8)滑坡洼地。在滑坡体与滑坡陡壁之间构成的月牙形洼地。

(9)滑坡裂隙。指由于滑坡体各部位受力不同而形成的具有各种力学性质的裂隙,主要有拉张裂隙、剪切裂隙、扇状裂隙等。

5.2.2.2 滑坡主要类型

(1)按滑坡体的组成物质分为黄土滑坡、黏土滑坡、岩层滑坡、堆积层滑坡。

(2)按滑动面与岩层层面的关系分为均质滑坡、顺层滑坡和切层滑坡。

①均质滑坡:多发生在岩性均一的软弱岩层中,其滑动面常呈圆弧形。

②顺层滑坡:沿岩层分界面滑动的滑坡,滑动面多为层面、断裂面、薄的软弱夹层、坡积物与基岩的分界面等。顺层滑坡在岩质斜坡中最为常见,如意大利瓦依昂水库滑坡就是顺层滑坡。

③切层滑坡:指滑动面切过了不同岩层发生的滑坡,滑动面多沿断层面、节理裂隙面形成,在坡面上滑动面多呈直线形或折线形。

(3)按滑坡体的规模,滑坡可分为小型滑坡(滑坡体体积小于3万m^3)、中型滑坡(滑坡体体积为3万~50万 m^3)、大型滑坡(滑坡体体积为50万~300万 m^3)、巨型滑坡(滑坡体体积大于300万 m^3)。

此外,按滑动年代,滑坡可分为古滑坡、老滑坡、新滑坡、正在发展中的滑坡;按力学条件可分为牵引式滑坡、推移式滑坡、平移式滑坡。

5.2.2.3 边坡稳定性评价方法

随着人类工程活动向更深层次的发展,在经济建设中,遇到了大量的边坡工程,工程规模也越来越大,重视程度越来越高,故边坡稳定性研究一直是非常重要的。

边坡稳定性的分析与评价的目的:一是对与工程有关的天然边坡稳定性作出定性和定量的评价,核算与工程有关的边坡现状及在施工期间、工程完工后的稳定状态;二是要为合理地设计人工边坡和边坡变形破坏的防治措施提供依据。

边坡稳定性的评价有定性分析、模型试验及定量计算等方法。目前常用的定性评价方法有成因历史分析法和工程地质类比法,定量评价方法有刚体极限平衡法、应力应变分析法、图解法等。

1. 成因历史分析法

成因历史分析法主要是针对影响边坡稳定性的各种因素进行综合分析研究,对边坡稳定性作出定性的判断(这种方法不仅能判断边坡稳定现状和预测未来发展变化趋势,而且能为工程地质类比法提供对比依据,以及为力学计算法确定边界条件和选定计算参数提供依据)。影响边坡稳定性的因素主要有下列几种。

1)地貌条件

一般来说,坡度越陡、坡高越高,边坡越不稳定。因此,深切的峡谷、陡峭的岸坡易于发生变形破坏。另外,平面上呈凹形的边坡比凸形边坡稳定性好,边坡周围有无冲沟深切、地形是否完整等也直接影响边坡的稳定性。

2)岩石性质

坚硬完整的岩石可以维持高陡的边坡,而软弱的黏土质岩石的稳定坡角则只有20°~30°。

沉积岩、千枚岩及部分片岩的层理和片理对边坡的稳定性常起控制作用。沉积岩中碎屑的胶结物成分对边坡的稳定坡角也有较大影响。

由块状结晶岩组成的边坡稳定性较好,不易发生滑坡,变形破坏形式常以张裂、崩塌为主。

3)岩体结构

岩质边坡的稳定性虽然和岩石性质有关,但主要取决于结构面的类型、产状、性质、规律及其组合情况。

整体或块状结构类型的边坡稳定性较好,层状结构的边坡,其稳定性取决于层面的产状;碎裂结构和散体结构的边坡稳定性差,易于产生圆弧式的滑动。

层状结构边坡或被软弱结构面切割的边坡,层面及其他软弱结构面的走向与坡面走向夹角愈大愈稳定(见图5-3(d));二者倾向相对时,一般对边坡稳定有利(见图5-3(a));二者同倾向时有下述三种情况:

(1)边坡角大于结构面倾角($\beta>\alpha$)时,对边坡稳定不利(见图5-3(b)、(e))。这时,能否沿着结构面产生滑动,取决于结构面内摩擦角 φ 值的大小。当 $\varphi>\alpha$ 时,一般是稳定的；当 $\varphi<\alpha$ 时，则产生滑坡；当 $\varphi=\alpha$ 时，处于极限平衡状态。

(2)边坡角小于结构面倾角($\beta<\alpha$)时，边坡是稳定的。这时，边坡角可以提高到(见图5-3(c))$\beta=\alpha$，这时 β 角可作为经济合理的边坡角。

(3)边坡角等于结构面倾角($\beta=\alpha$)时，边坡也是稳定的。

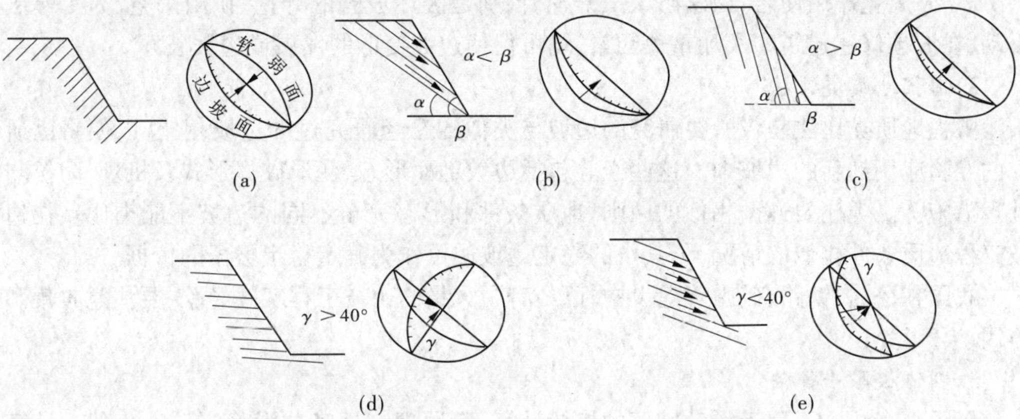

α—结构面的倾角；β—边坡角；γ—结构面走向与边坡走向斜交角

图5-3　单一软弱面边坡的赤平投影图及稳定情况(齿弧为地面投影弧)

4)地质构造

在褶皱、断裂发育地区，岩层倾角较陡，节理、断层纵横交错，都是产生崩塌、滑坡的有利因素。在新构造运动强烈上升区，由于侵蚀切割，往往形成高山峡谷地形，边坡岩体中广泛产生变形和破坏现象。

5)水的作用

一般崩塌和滑坡均发生在连续降雨之后，尤其是暴雨，对触发边坡破坏是一个重要的因素。水对边坡的作用可从水对岩土的软化与泥化作用、水的冲刷作用、静水压力与动水压力等几方面加以考虑。

(1)软化与泥化。边坡岩土体中的泥质或土质岩层，在干燥时强度较高，但经水浸泡后，其含水量增大，将软化、泥化，会使岩土体抗剪强度低，从而引起边坡破坏。

(2)静水压力。由于雨水渗入、河水位上涨或水库蓄水等种种原因，地下水位抬高，可使边坡内不透水的软弱层受到静水压力的垂直作用，削弱软弱面上滑体自重所产生的法向力，从而降低其抗滑力，导致边坡失稳。岸坡崩塌也多在雨季，与张开裂隙充水并增大了静水压力密切相关。水库运营期间，当水库水位骤降，而边坡岩土体中地下水位下降滞后于水库水位时，会形成较大的静水压力，从而使库岸易遭受破坏。

(3)动水压力。地下水由边坡岩土体中外泄，由于有一定的水力梯度，会形成动水压力，从而沿渗流方向增大了坡体的下滑力，对边坡的稳定是不利的。

此外，地下水的溶蚀和潜蚀作用能使岩土体的结构联系削弱，降低其抗滑力，对岸坡的稳定性也有一定影响。

6)地震

地震是造成边坡破坏的重要触发因素，许多大型崩塌或滑坡的发生与地震密切相关。

地震引起岩体的震动等于使岩体承受一种附加的动荷载,在此荷载作用下,岩体稳定性下降,使岩体沿软弱面的锁合被松动,抗剪强度降低或完全丧失结构强度(如砂基液化等)。

地震造成的破坏强度取决于地震烈度的大小,并与岩性、层理、断裂的分布和密度,以及边坡坡面方位和岩层的含水量等有关。

此外,风化作用使岩石破碎;人工开挖,特别是破坏坡脚的开挖、矿山采空、人工爆破震动、在坡顶修建建筑物及加重等因素,均可促使边坡变形的发展或边坡破坏。

2. 工程地质类比法

工程地质类比法是将所要研究的边坡与类似的已经研究过的边坡相比,以便将已研究的经验应用到新的边坡中。这些经验包括边坡剖面形态、变形破坏形式及机理、防护与处理措施等。类比要遵循相似的原则,地质条件和形态完全不同的边坡不能类比。在边坡工程地质条件相似的情况下,其中的稳定边坡便可作为确定稳定坡角的依据。

我国在公路、铁路、矿山等建设中,已经有了大量的边坡工程实践经验,要注意收集和应用。

3. 刚体极限平衡法

极限平衡法主要用于滑动破坏的校核计算,其原理与坝基抗滑稳定计算相似。计算时假定滑体为均质刚性体,对边界条件简化后采用静力学的刚体极限平衡原理计算抗滑稳定系数。

1)单滑面稳定性计算

如图5-4所示,当只计岩体的重力时,边坡岩体稳定性系数K为

$$K = \frac{G\cos\alpha\tan\varphi + CL}{G\sin\alpha} = \frac{\tan\varphi}{\tan\alpha} + \frac{CL}{G\sin\alpha} \tag{5-1}$$

式中　G——单宽滑体重力;

φ——滑面摩擦角;

C——滑面黏聚力;

α——滑面倾角;

L——滑面长度。

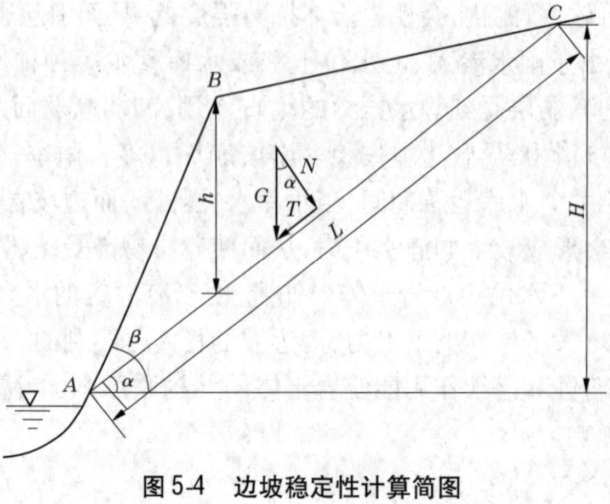

图5-4　边坡稳定性计算简图

如滑体断面按△ABC计，则 $G=(\gamma hL\cos\alpha)/2$，代入式(5-1)得

$$K=\frac{\tan\varphi}{\tan\alpha}+\frac{4C}{\gamma h\sin 2\alpha} \tag{5-2}$$

式中 h——滑体厚度；

γ——岩体重度；

其他符号含义同前。

从式(5-2)可知，单滑面滑动体的稳定性系数与滑面长度 L 及坡面倾角 β 无关，而是随着滑面 C、φ 值的增加而加大，随滑面倾角及滑体厚度 h 的增加而减小。

2)折线式滑动面的稳定性计算

在剖面上，当滑面为同倾向的折线形时，可用分块叠加法、等稳定系数法及剩余推力法计算稳定系数。

(1)传递系数法(等稳定系数法)。如图5-5(a)所示为双折线滑动面，如果以 b 点为界将滑体分为Ⅰ、Ⅱ两块，则Ⅰ块为主动滑体，Ⅱ块为被动滑体。

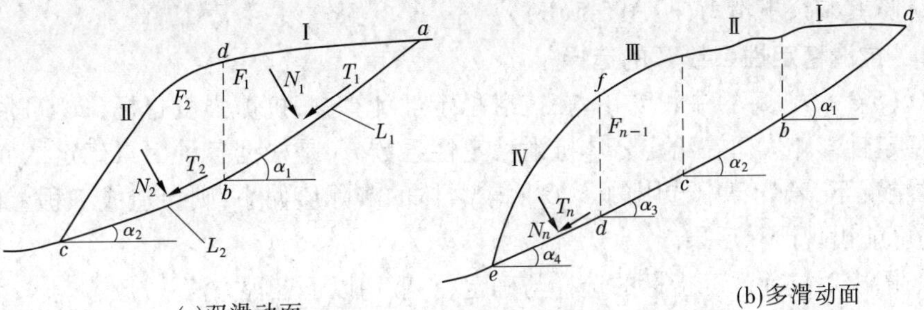

图5-5 同倾向双滑动面和多滑动面

假定在 bd 面上作用有块体Ⅰ对块体Ⅱ的作用力 F_1，且 F_1 平行于 ab，等稳定系数法就是使滑移体Ⅰ、Ⅱ具有相同的稳定系数 K，则滑移体Ⅰ的稳定系数为

$$K=\frac{N_1\tan\varphi_1+C_1L_1}{T_1-F_1} \tag{5-3}$$

Ⅱ块的稳定系数为

$$K=\frac{N_2\tan\varphi_2+C_2L_2+F_1\sin(\alpha_1-\alpha_2)\tan\varphi_2}{T_2+F_1\cos(\alpha_1-\alpha_2)} \tag{5-4}$$

由式(5-3)和式(5-4)得

$$K=\frac{N_2\tan\varphi_2+C_2L_2+[T_1-(N_1\tan\varphi_1+C_1L_1)/K]\sin(\alpha_1-\alpha_2)\tan\varphi_2}{T_2+[T_1-(N_1\tan\varphi_1+C_1L_1)/K]\cos(\alpha_1-\alpha_2)} \tag{5-5}$$

式中 N_1、N_2——作用在Ⅰ、Ⅱ滑块上的法向力；

φ_1、φ_2——Ⅰ、Ⅱ滑块的内摩擦角；

C_1、C_2——Ⅰ、Ⅱ滑块的黏聚力；

T_1、T_2——Ⅰ、Ⅱ滑块上的滑动力；

L_1、L_2——Ⅰ、Ⅱ滑块的长度；

α_1、α_2——Ⅰ、Ⅱ滑块的倾角。

用等稳定系数法求边坡的稳定系数，由于公式两边均有 K。因此，需要经多次试算才能得到结果，计算较烦琐。

（2）剩余推力法。是目前国内应用较多的方法，该方法求解过程是首先求算Ⅰ块的剩余下滑力，然后将其传至Ⅱ块再计算Ⅱ块的稳定系数（见图 5-5（a））。

Ⅰ块的剩余下滑力 F_1 为

$$F_1 = T_1 - N_1\tan\varphi_1 - C_1L_1 \tag{5-6}$$

剩余下滑力传至Ⅱ块，在 ab 面上分解为法向力和切向力，与Ⅱ块原有的法向力和切向力叠加，求Ⅱ块的稳定性系数，并以其代表整体边坡的稳定性，则

$$K = \frac{N_2\tan\varphi_2 + C_2L_2 + F_1\sin(\alpha_1 - \alpha_2)\tan\varphi_2}{T_2 + F_1\cos(\alpha_1 - \alpha_2)} \tag{5-7}$$

式中符号含义同前。

如Ⅰ块的剩余下滑力 F_1 计算结果为负值，说明边坡是稳定的，不再进行计算。在剖面上，当滑动面是由两个以上的同倾向结构面组成时，可将滑体划分成多块，同理从上而下逐一计算其剩余下滑力（见图 5-5（b））。

5.2.2.4　抗滑稳定性系数 K 的选择

从式（5-3）、式（5-4）中可看出，在抗滑稳定性计算中，抗剪强度指标（φ、C）值的大小对岩体稳定性影响大。在给定岩体抗滑稳定性系数 K（是根据各种因素确定的允许安全系数）的情况下，若计算中选用的 φ、C 值较岩体的实际值偏小，则会造成工程上的浪费；反之，则可能出现严重后果。

目前国内对抗剪强度指标的选择与确定，一般用以下三种方法：

（1）经验数据法。岩石的抗剪试验是比较复杂的，尤其是野外现场试验，需要大量的人力、物力和较长的时间。对于一些中小型工程，在没有条件进行试验的情况下，常在充分研究工程地质条件的基础上，参考已有工程的经验数据，确定 φ、C 值。

（2）工程地质类比法。此法依据岩体工程地质条件，并参考条件相似且运转良好的已建工程的经验数据，确定 φ、C 值。该法实质上也是经验数据法，但由于条件相似，则更接近实际情况，适用于中小型边坡工程。表 5-3 为边坡坡度容许值，以供参考。

表 5-3　边坡坡度容许值

岩土类别	岩土性质	坡度容许值（高宽比）		
		坡高小于 8 m	坡高为 8～15 m	坡高为 15～30 m
硬质岩石	微风化	1∶0.10～1∶0.20	1∶0.20～1∶0.35	1∶0.35～1∶0.50
	中等风化	1∶0.20～1∶0.35	1∶0.35～1∶0.50	1∶0.50～1∶0.75
	强风化	1∶0.35～1∶0.50	1∶0.50～1∶0.75	1∶0.75～1∶1.00
软质岩石	微风化	1∶0.35～1∶0.50	1∶0.50～1∶0.75	1∶0.75～1∶1.00
	中等风化	1∶0.50～1∶0.75	1∶0.75～1∶1.00	1∶1.00～1∶1.50
	强风化	1∶0.75～1∶1.00	1∶1.00～1∶1.25	

注：1. 使用本表时，应考虑地区性的水文、气象等条件，结合具体情况予以校正。

2. 本表不适用于岩层层面或主要节理面有顺坡向滑动可能的边坡。

3. 试验法。是通过室内与现场试验求得抗剪强度指标 φ、C 值。

总之,在实际工作中,计算参数的选定是较复杂的问题,往往需要工程地质人员与试验人员、设计人员共同研究协商并综合考虑各种影响因素来确定。

5.2.2.5 滑坡的防治措施

为了防止边坡变形破坏对建筑物造成的危害,对边坡变形破坏需采取防治措施。

1. 防治原则

防治的总原则是预防为主、综合治理、及时处理。

预防为主就是要针对可能的不稳定边坡提前采取处理措施,综合合理的设计、施工防止边坡变形破坏,对一些规模较大、不易处理的不稳定边坡,应采取避绕的原则。

综合治理就是要针对引起边坡变形破坏的主要因素和次要因素,按照一套完整的计划进行整体防治,充分考虑各影响因素及施工方案之间的相互关系,因地制宜采取不同的处理措施,设计综合的防治、处理方案。

及时治理指的是对已经发生变形破坏的边坡及时采取处理措施,防止边坡变形破坏进一步恶化,保证工程建筑及人民生命财产的安全。

2. 处理措施

为了防止边坡变形破坏对建筑物造成的危害,对边坡变形破坏需要采取防治措施。

1) 防渗与排水

防渗指调整地面水流、减少地面水的入渗,是防治滑坡常用的有效措施。

排水包括排除地表水和地下水。

防止地表水入渗滑坡体,首先应拦截、导排地表水,可采取填塞裂缝和消除地表积水洼地、用排水沟截水或在滑坡体上设置不透水的排水明沟或暗沟,及时将地表水、泉水引走,对边坡可以在坡面上采用喷水泥浆护坡,或可种植蒸腾量大的树木等措施,见图5-6。

对地下水丰富的滑坡体可在滑体周界5 m以外设截水沟和排水隧洞,或在滑体内设同时兼有阻滑和排水作用的支撑盲沟和排水廊道等,也可采用钻孔排水的方法,即利用若干个垂直钻孔、水平钻孔、竖井、盲沟等,打穿滑坡体下部的不透水层,将滑坡体中的水转移到其下伏的另一个透水性强的岩层中去或排出。

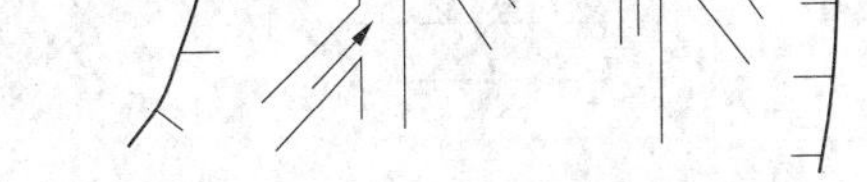

1—截水沟;2—排水沟;3—滑坡边界

图5-6 设置排水沟

2) 削坡减重及反压

削坡减重主要是指将陡倾的边坡上部的岩体挖除,使边坡变缓,减轻滑体自重,降低边坡体的下滑力,同时削减下来的土石方,可填在坡脚,起反压作用,反压填方部分应设置良好的排水措施。采用这种方法时应注意不可将边坡下部的阻滑岩体削掉,若在其上削坡,就会更不利于边坡稳定(见图5-7)。

3) 修建支挡建筑物

修建支挡建筑物主要是在不稳定边坡岩体下部修建混凝土、钢筋混凝土或浆砌结构的挡土墙或支撑墩,靠挡土墙本身的重力支撑滑移体的剩余下滑力。修建支挡建筑物时需要注意的是,其基础必须砌置于最低滑动面之下,一般插入完整基岩中深度不小于0.5

m,完整土层中深度不小于 2 m。若在建筑物后面增设排水设施,则更有利于挡墙的稳定(见图 5-8)。

4)锚固措施

锚固主要用于防治岩质边坡变形与破坏,施工时将钻孔穿过滑移软弱面,深入坚硬完整的岩体中,钻孔中插入锚杆或预应力钢筋、钢索,用混凝土封闭钻孔以提高边坡岩体抗滑、抗崩塌的能力(见图 5-9)。

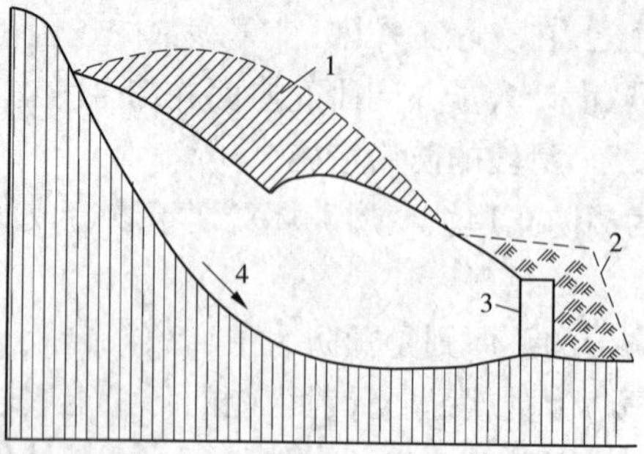

1—削土减重部位;2—卸土修堤反压;3—渗沟;4—滑坡体

图 5-7 削坡减重

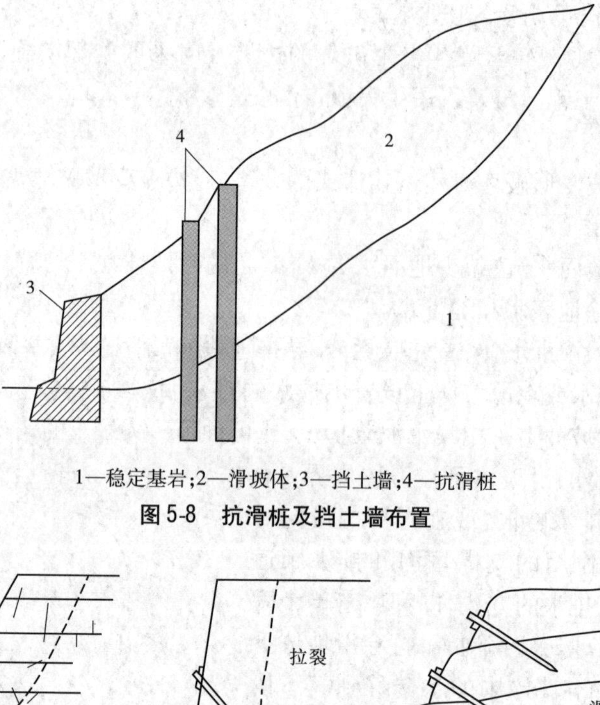

1—稳定基岩;2—滑坡体;3—挡土墙;4—抗滑桩

图 5-8 抗滑桩及挡土墙布置

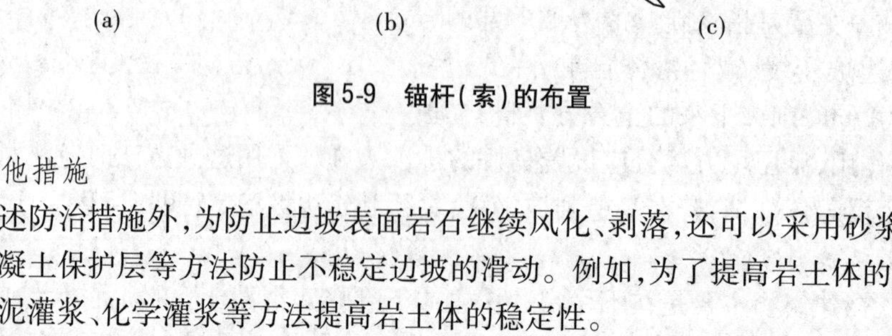

图 5-9 锚杆(索)的布置

5)其他措施

除上述防治措施外,为防止边坡表面岩石继续风化、剥落,还可以采用砂浆抹面或加盖一层混凝土保护层等方法防止不稳定边坡的滑动。例如,为了提高岩土体的力学强度,可采用水泥灌浆、化学灌浆等方法提高岩土体的稳定性。

5.2.3　泥石流

泥石流是发生在山区的特殊洪流，由大量的泥沙、碎石块等固体物质和水混合而成的黏性流体。在重力作用下，沿坡面或溪谷快速流动的一种自然地质现象。泥石流形成过程复杂，常在集中暴雨或积雪大量融化时突然暴发，流速快、流量大、物质容量大、破坏力强。一旦泥石流暴发，顷刻间大量泥沙、石块形成的洪流沿沟谷迅速奔泻而出，将沿途遇到的村镇房屋、道路、桥梁瞬间摧毁掩埋，甚至堵断河流，造成严重的自然灾害，给人民生命财产带来巨大损失。

5.2.3.1　泥石流的形成条件

泥石流的形成与所在地区的自然条件和人类经济活动密切相关。泥石流的形成必须同时具备三个条件：地质条件、地形条件和水文气象条件。

(1)地质条件。泥石流的地质条件主要指松散固体物质的类型、数量。在地质构造复杂、断裂发育、新构造运动强烈或火山、地震发育的地区，岩石破碎，常发生崩塌、滑坡，形成了大量的岩石碎屑，为泥石流的发生提供了物质来源。

(2)地形条件。在高山深谷、地形陡峻、河床纵坡大的山区易于发生泥石流，此种地形有利于山坡上固体物质和水的汇集。一条典型的泥石流从上游到下游一般可分为形成区、流通区和沉积区(见图 5-10)。

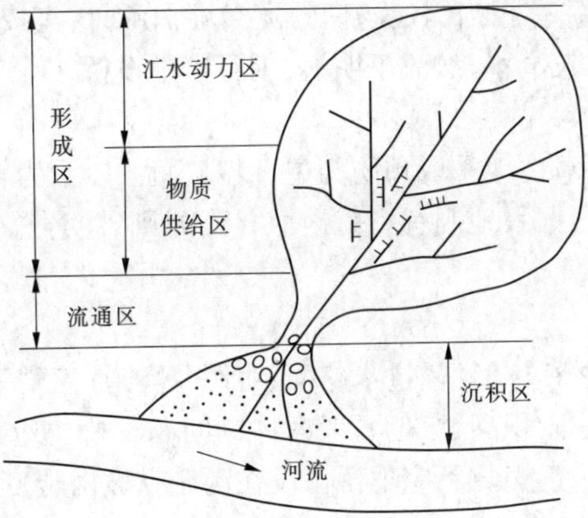

图 5-10　典型泥石流示意图

(3)水文气象条件。泥石流的形成必须有充足的水源，水是泥石流的组成部分和固体物质的搬运介质，形成泥石流的水源主要有暴雨、冰雪融化和湖库溃决三种。

5.2.3.2　泥石流的类型

(1)按泥石流的物质组成，泥石流可分为水石流型泥石流、泥石流型泥石流、泥水流型泥石流。

(2)按泥石流流域的形态特征，泥石流可分为标准型泥石流、河谷型泥石流、山坡型泥石流。

(3)按泥石流流体性质，泥石流可分为黏性泥石流、稀性泥石流。

5.2.3.3 泥石流的防治

1. 防治原则

选址选线是泥石流地区工程设计的首要环节。选线恰当,可避免或减少泥石流危害;选线不当,可导致或增加泥石流危害。路线平面及纵面的布置,基本上决定了泥石流防治可能采取的措施,所以防治泥石流首先要从选线时考虑。

(1)水库或输水管线选址最好避开泥石流地区。在无法避开时,也应按避重就轻的原则,尽量避开规模大、危害严重、治理困难的泥石流沟,而走危害较轻的一岸,或在两岸迂回穿插。如过河绕避困难或不适合时,也可在沟底以隧道或明洞穿过。

(2)当大河的河谷很开阔,洪积扇未达到河边时,可将公路路线选在洪积扇淤积范围之外通过。这时路线线型一般比较舒顺,纵坡也比较平缓,但可能出现以下问题:洪积扇逐年向下延伸淤埋路基;大河摆动,使路基遭受水毁。

(3)线路跨越泥石流沟时,首先应考虑从流通区域或沟床比较稳定、冲淤变化不大的堆积扇顶部用桥跨越。但应注意这里的泥石流搬运动力及冲击力最强,还应注意这里有无转化为堆积区的趋势。因此,要预留足够的桥下排洪净空。

(4)如泥石流的流量不大,在全面考虑的基础上,路线也可以在堆积扇中部以桥隧或过水路面通过。采用桥隧时,应充分考虑两端路基的安全措施。这种方案往往很难克服排导沟的逐年淤积问题。

(5)通过散流发育并有相当固定沟槽的宽大堆积扇时,宜按天然沟床分散设桥,不宜改沟归并。如堆积扇比较窄小,散流不明显,则可集中设桥。

2. 防治措施

防治泥石流应有针对性地采取预防为主、以避为宜、以治为辅,以及全面考虑跨越、防护、排导、拦挡等措施,根据因地制宜和就地取材的原则,注意总体规划,采取综合防治措施。

1)跨越工程

跨越工程是指修建桥梁、涵洞、过水路面、明洞及隧道、渡槽等跨越泥石流。采用桥梁跨越泥石流时,既要考虑淤积问题,也要考虑冲刷问题。桥位应选在沟道顺直、沟床稳定处,并应尽量使其与沟床正交。不应把桥位设在沟床纵坡由陡变缓的变坡点附近。

2) 防护工程

对泥石流地区的桥梁、隧道、路基及其他重要工程设施,修建一定的防护建筑物,用以抵御或消除泥石流对主体建筑物的冲刷、冲击、侧蚀和淤埋等的危害。防护工程主要有护坡、挡墙、顺坝和丁坝等。

3)排导工程

排导工程是指在泥石流下游设置排导沟、急流槽、导流堤等,使泥石流顺利排除,以防止淤埋道路、堵塞桥涵。泥石流排导沟是常用的一种建筑物。

4)拦挡工程

拦挡工程是指在泥石流沟中修筑一系列低矮的拦挡坝,其作用是拦蓄部分泥沙石块以减弱泥石流的规模、固定泥石流沟床,防止沟床下切和谷坡坍塌,减缓沟床纵坡,以降低流速。

泥石流防治是一项综合性工程,上述防治措施应综合运用,遵循全面规划、因地制宜,抓住关键、突出重点,因害设防、讲求实效的原则,对整个泥石流地区进行全面治理。

5.2.4 减轻崩塌、滑坡、泥石流灾害的生物措施

滑坡、崩塌、泥石流三者常常具有相互联系、相互转化和不可分割的密切关系。

滑坡和崩塌常常相伴而生,产生于相同的地质构造环境中和相同的地层岩性构造条件下,且有着相同的诱发因素,容易产生滑坡的地带也是崩塌的易发区。崩塌、滑坡在一定条件下可互相诱发、互相转化。另外,滑坡和崩塌也有着相同的次生灾害——泥石流。

5.2.4.1 滑坡、崩塌与泥石流的关系

滑坡、崩塌与泥石流的关系十分密切,易发生滑坡、崩塌的区域也易发生泥石流,并且崩塌和滑坡的物质经常是泥石流的重要固体物质来源。滑坡、崩塌还常常在运动过程中直接转化为泥石流等。

5.2.4.2 减轻崩塌、滑坡、泥石流灾害的生物措施

生物措施是防治水土流失,减轻崩塌、滑坡、泥石流灾害的主要措施之一。乱砍滥伐、毁林开荒、过度放牧以及人类不合理的生产活动所致的生态环境破坏,又是水土流失的主要原因,许多崩塌、滑坡、泥石流灾害即是水土流失恶性发展的直接结果。

减轻崩塌、滑坡、泥石流灾害的生物措施主要有:植树造林、封山育草,改良耕作技术以及改善对生态环境有重要影响的农、牧业管理方式等。其主要作用是:保护坡面、减少坡面物质的流失量、固结土层、调节坡面水流、削减坡面径流量、增大坡体的抗冲蚀能力等。

5.3 地质灾害的预防与监测

地质灾害会造成人员伤亡,毁坏基础设施,恶化环境,引发次生灾害,造成较大的经济损失。关于地质灾害防治,刘广润院士有一段精辟的论述:“地质灾害(特别是突发性地质灾害)的发生常由致灾地质作用的发生和其与受灾对象(人、物、设施)的遭遇两个环节形成。一是防止致灾地质作用的发生,包括作用发生前的预防和发生中的制止;二是避免受灾对象与之遭遇,即移动受灾对象位置、改变致灾作用方向和隔绝两者遭遇通道。地质灾害防治措施包括行政措施和工程措施。行政措施主要是采取行政法令和技术法规等手段,规范人民群众的生活、生产活动,避免诱发致灾地质作用的发生,监测预报致灾作用的变化动态,使拟建工程设施或流动性人、物避开地质灾害危险区(主动避让),或将处于灾害危险区中的已有居民设施迁出危险区(被动撤离)等。工程措施则是采取建(构)筑物或岩土体改造工程、疏排水工程及生物植被工程等,以加固、稳定变形地质体,调整、控制致灾地质作用,从而制止致灾地质作用的发生、发展及其与受灾对象的遭遇。”

5.3.1 地质灾害的预防

5.3.1.1 发生前兆

崩塌前兆:崩塌的前缘不断发生掉块、坠落、小崩小塌的现象;崩塌的脚部出现新的破

裂形迹;不时偶然听到岩石的撕裂摩擦声;出现热、气、地下水异常;动物出现异常。

滑坡前兆:滑坡前缘出现横向及纵向裂缝,前缘土体出现隆起现象;滑体后缘裂缝急剧加宽加长,新裂缝不断产生,滑坡体后部快速下坐,四周岩土体出现松动和小型塌滑现象;滑动带岩土体因摩擦错动出现声响,并从裂缝中冒出气或水;在滑坡前缘坡角处,有堵塞的泉水复活或泉水、井水突然干涸;动物出现惊恐异常现象;滑坡体上的观测点有明显位移;滑坡前缘出现鼓丘;房屋倾斜、开裂和出现“醉汉林”“马刀树”等。

泥石流发生前兆:沟内有轰鸣声,主河流水上涨和正常流水突然中断。动植物异常,如猪、狗、牛、羊、鸡惊恐不安,不入睡,老鼠乱窜,植物形态发生变化,树林枯萎或歪斜等现象。

滑坡、崩塌、泥石流三者除相互区别外,常常还具有相互联系、相互转化和不可分割的密切关系。

如发现上述的一些征兆,尤其是发现山体出现裂缝,则可能存在发生崩塌、滑坡的隐患,长期降雨或暴雨则可能诱发泥石流。

5.3.1.2　应急避险

避免受灾对象与致灾作用遭遇,分为主动的躲避与被动式的撤离两种情况。对于处于危险区的工程及人员,所采用的方法是:预防、躲避、撤离、治理,这四个环节中每一个都含有很大的防灾减灾机会。

躲避泥石流不应顺沟向下游跑,应向沟岸两侧跑,但不要停留在凹坡处。

5.3.2　地质灾害监测方法

地质灾害监测主要任务是监测地质灾害时空域演变信息、可能的诱发因素等,目的是最大程度获取连续空间变形数据以便应用于地质灾害稳定性评价、预测预报和防治工程效果评估等。地质灾害监测是集地质灾害形成机理、监测仪器、时空技术和预测预报技术为一体的综合技术。当前地质灾害监测技术方法研究与应用多是围绕崩塌、滑坡、泥石流等突发性地质灾害进行的。

地质灾害监测的目的:

(1)及时掌握灾害体变形动态,分析其稳定性,超前做出预测预报,防止灾难发生。

(2)为灾害治理工程等提供可靠资料和科学依据。

(3)为政府部门对在地质灾害易发区的经济建设、环境治理等方面的规划和决策提供基础依据。

(4)向全社会提供崩塌、滑坡监测信息服务。

地质灾害监测方法有滑坡常规监测技术、泥石流监测技术方法和地面沉降监测技术方法等。

5.3.2.1　滑坡常规监测技术方法

不同类型的滑坡,所采用的监测技术方法各不相同。就监测内容来说,常分为:①位移监测;②应力应变监测;③地下水动态监测;④声发射监测;⑤放射性监测;⑥环境因素监测;⑦地震和人类工程活动监测;⑧宏观地质观测等。

1. 位移监测

位移监测主要有简易监测(皮尺、钢尺等)、仪器仪表监测(绝对位移监测、相对位移监测、地面倾斜监测等)几种形式。

1) 简易监测(手动测试)

A. 主要方法

(1) 在裂缝或滑面两侧(或上、下)设标记或埋桩,定期用钢尺等直接量测裂缝张开、闭合、位错或下沉等变形;

(2) 在裂缝、滑动带以及建筑物上设置骑缝式标志,如贴水泥砂浆片、玻璃片等,直接量测;

(3) 在平斜硐及采空区顶板设置重锤,量测硐顶的相对位移和沉降。

B. 特点

(1) 简便易行,投入快,成本低,便于群测群防;

(2) 操作简单,直观性强;

(3) 精度稍差,观测时劳动强度大。

2) 绝对位移监测

有大地测量法、GPS 测量法和近景摄影测量法等。

A. 大地测量法

(1) 主要监测方法有:视准线法、小角法、测距法等。

(2) 特点:①量程不受限制,能大范围全面控制崩滑体;②技术成熟、精度高;③易受通视条件和气象条件(风、雨、雪、雾)影响;④外业工作量大、周期长。

(3) 常用监测仪器:一般采用高精度测角、测距的光学仪器和光电测量仪器。

(4) 观测点的布设:观测点分为固定观测点(控制点)和变形观测点,标型均为墩标。固定观测点(控制点)埋设在滑坡体之外稳定区(基岩);变形观测点主要布置在滑坡主轴观测断面线(或利用主勘探线剖面)和监测网通过的滑坡体地面拉伸、压缩变形的过渡地段。

B. GPS 测量法

(1) 特点:①观测点之间无需通视,选点方便;②观测不受气候条件限制,可进行全天候监测;③可同时进行平面位移与垂直位移监测;④可长期连续监测,不会漏掉重大的变形信息;⑤从数据采集、数据处理到分析、管理的全过程易于实现自动化;⑥如果监测点数量多、且要全部进行长期自动化监测,需要大量的 GPS 接收机、太阳能供电装置及通信设备、微机等安装在野外无人值守的监测房内,安全难以得到保证。

(2) 适用范围:适用于各种滑坡不同变形阶段的三维位移监测。

C. 近景摄影测量法

(1) 工作原理:通常把近景摄影仪安置在两个不同位置的固定测点,同时对滑坡区观测点摄影构成立体像对,利用立体坐标仪量测像片上各观测点三维坐标。在相对精度方面,可以满足崩滑体处于速变、剧变阶段的监测要求,即适合于危岩体临空陡壁裂缝变化或滑坡地表位移量变化速率较大时的监测。

(2) 特点:①周期性重复摄影,外业工作简便,可同时测定多个测点的空间坐标;②获得的像片是崩滑体变形的实况记录,可以随时比较分析;③设站受地形条件限制,内业工作量大。

(3)常用仪器:量测摄影机、半量测摄影机、非量测摄影机。

3)相对位移监测

相对位移监测是设点量测地质体重点变形部位点与点之间的相对位移变化(张开、闭合、下沉、抬升、错动等),从而定量表示变形的一种监测方法。主要用于对裂缝、崩滑带、采空区顶底板软弱夹层、危岩体边界等部位的监测。按所采用的仪表可分为机械式传动仪表观测法(简称机测法)和电子仪表观测法(简称电测法)两类。

(1)机测法是在斜坡变形部位埋设测座,采用百分表、千分表、游标卡尺(包括数显卡尺)、收敛计等仪表人工到实地直接观测的一种方法。特点:①原理、结构简单,安装测试简便,投入快;②成本相对较低;③观测成果资料直观、可靠度高。

(2)电测法往往采用二次仪表观测,即将传感器(探头)埋设于崩滑灾害体变形部位,使用能将传感器电信号转换成人们所感知(或熟识)信息的电子仪表(如频率计之类)观测。特点:①仪表灵敏度高、精度高;②监测采样速度快,可自动巡回检测,远距离传输;③观测的成果资料不及机测可靠度高。

电测位移计一定要具备防风、防雨、防腐蚀、防潮、防震、防雷电干扰等性能,以保障仪器仪表的长期稳定性及监测成果资料的可靠度。

4)地面倾斜监测法

地面倾斜监测法主要用于监测崩滑体地面倾斜方向和倾角变化。

(1)工作原理:将移动式倾斜仪定期巡回放置于固定专用测点的盘座上,按预定的几个方向各自180°往复测量,为判断测点三维合成位移变形方向及趋势提供直接信息。

(2)适用范围:①主要用于倾倒式崩塌、拉裂式崩塌、切层滑坡等;②对于顺层滑动不宜采用。

5)深部位移监测

深部位移监测包括钻孔测斜法和钻孔多点位移监测法。

A. 钻孔测斜法

钻孔测斜法是用于观测钻孔内目标深度岩(土)体横向位移矢量的一种原位测试监测手段。

(1)监测仪器:测斜仪类型包括滑动电阻式、滑动电阻片式、钢弦式、伺服加速度计式和电解式。目前以伺服加速度计式应用较广。垂向滑动式钻孔测斜仪根据安装方式和使用特点,分为移动式和固定式。根据组成探头传感器的个数,可分为单轴式和双轴式。若按仪器测量方向不同,则可分为垂向测斜仪(测量水平位移)、水平测斜仪(测量垂向位移)和斜向测斜仪(测量斜面的法向位移)。目前,在岩土工程原位监测中,使用最广泛的是垂向测斜仪。

(2)适用条件:由于钻孔倾斜仪安装施工成本大,为一次性隐蔽工程,且量程有限,适用于崩滑体蠕滑和匀速变形阶段,加速变形阶段一般不用该方法。

B. 钻孔多点位移监测法

钻孔多点位移监测法是用于观测钻孔岩土体单向或三向位移变化的一种原位测试手

段，利用钻孔位移计定期逐段测量钻孔的三向位移信息，从而获得岩体内部位移随时间的变化。以水平孔多点位移计最为常用。

C. 深部位移监测应用技术要求

(1) 测斜管和接头：测斜管材料有铝合金和 PVC 塑料两种；管接头分为固定式和伸缩式，固定式接头适用于轴向位移（沉降）较小的岩（土）体，伸缩式接头适用于轴向位移较大的岩（土）体。一般情况下，很少用伸缩式接头连接测斜管。

(2) 测斜管与孔壁间填料：注浆和填砂。土质（或堆积土）滑坡等位移变形相对较大者，可用砂充填处理（一边填砂，一边注水，以保证填砂密实）。

(3) 测扭。

(4) 测斜仪本身固有精度：伺服加速度式测斜仪，在孔斜不超过 3°时，其综合精度为 ±7.5 mm/30 m。

(5) 测量间距：目前主要有 0.28 m、0.5 m、1 m 三种常见基距类型，以 0.5 m 最为常见。对于滑带较薄的钻孔，为了更准确确定其范围，应使用较小的间距；对于孔深较大且目标位置较少、较疏的钻孔，为了缩短测试时间和减少数据量，可加大测试间距为 2 倍（或 4 倍）基距。

2. 应力应变监测

1) 应力监测

A. 岩土压力计（压力盒）

主要有振弦式、液压式和电阻应变计式，以振弦式最为常见。应用技术要求如下：

(1) 压力盒的量程：压力盒的量程有限，选择量程时，应充分估算预承压大小，同时应考虑滑坡体整体应力结构调整过程中对埋设部位的应力状态影响；根据经验，量程应选为估算预承压的两倍或更高。

(2) 压力盒的安装：压力盒的安装属一次性隐蔽工程，安装质量的好坏同其运行寿命和测量精度密切相关。首先确认压力盒的承压面，其次要保证安装部位平整并与应力方向垂直；特殊环境下，须考虑压力盒具有耐腐蚀能力。

B. 锚索（杆）测力计

主要有振弦式、电阻应变式等类型，以振弦式应用较广。应用技术要求如下：

(1) 测力计的安装：严格保证锚垫板的厚度（刚度）和尺寸（保证测力部分完全承压于锚垫板上），锚索测力计承压面与孔轴线垂直，误差应 $<5°$，并严格对中；小量程测力计本身和其附件应具有一定的偏载适应能力。

(2) 量程的选择：锚固工程施工时，锚索（杆）的锁定预应力值一般均小于预应力设计值，故测力计的量程与锚索（杆）的应力设计值保持一致即可。

(3) 温度干扰：影响测量精度的主要因素是监测运行期环境温度变化，应进行定量的温度校正予以消除。

2) 应变监测

A. 工作原理

在滑坡体治理过程中，埋入式应变计主要用于测试混凝土结构内部应变信息。当混凝土结构受力产生应变时，应变计会随之产生应变变形，从而可测得混凝土结构应变信息。

B. 仪器设备

主要有振弦式、电阻式和光纤式传感器。

C. 应用技术要求

①应变计的尺寸:应变计的长度和直径之比要满足一定条件,通常 L/R 采用 15 ~ 25 范围。

②应变计的安装:应变计的轴向要对准拟测变形方向。

3. 地下水动态监测

1)工作原理

通过压力传感器直接或间接测量滑坡体(主要是滑带)含水率、孔隙水压力、地下水位、流量、流速和水温等参数随时间的变化。

2) 应用技术要求

(1)设备的安装:分为测压管(有压管和无压管)安装和钻孔中直接安装。在钻孔中直接安装时,传感器周围使用细砂或其他透水材料充填;对于多深度监测,各深度部位之间使用隔水材料隔离止水。

(2)由于其传感器安装为隐蔽工程,除要求监测设备具有较高的精度、较大的量程外,还应具备较强的抗干扰及耐腐蚀性。

(3)地下水动态观测的持续时间一般不少于 1 个水文年。

4. 声发射监测

1)工作原理

材料或岩体结构受力时发生变形或断裂,以弹性波形式释放出应变能的现象称为声发射(Acoustic Emission,简称 AE),而用仪器检测分析声发射信号和利用声发射信号推断声发射源的技术称为声发射技术。

2)适用范围

(1)岩石破裂产生的声发射信号比观测到的位移信息超前,因此声发射监测适用于岩质斜坡处于剧滑临崩阶段的短临前兆性监测。

(2)在勘查阶段,一般可不采用。

(3)对于噪声环境比较恶劣(如交通繁华地带、施工区)的滑坡意义不大。

3)常用仪器

美制 AE50008 型声发射仪、国产 YSS-1 型岩体声发射仪、YSZ-2 型智能化 16 通道岩体声发射仪、SJ-1 型 6 通道声发射监测仪、DY-2 型地音仪、WD-1 型无线电地音仪、YSS 岩石声发射参数测定仪等。

5. 放射性监测

1)工作原理

放射性等元素在衰变的过程中产生氡等射气,其穿透能力比较弱,但是当它们遇到断层及构造裂隙带时,氡射气就会沿裂隙上升到地表并在土壤中富集,氡射气的富集不受地表覆盖层厚度的影响。当滑坡体处于稳定状态时,氡的浓度维持一稳定的低水平;当岩土体滑动时,岩土体中的氡迅速释放,其浓度急剧增大,且随滑坡体的规模大小和变形速度而异。利用测氡技术方法,测量氡异常变化,就能发现和查明这些地质灾害,达到预测的目的。

2)适用范围

由于氡主要吸附于含有机质的黏土物质中,所以氡气测量法适用于较为破碎、裂缝和裂隙较发育的土质滑坡和泥质页岩滑坡的监测。

3)取样方式

一般采用抽气、取土样和静态埋置取样等,以静态埋置取样常见,该方式为原位测试,一般取样时间较长。

6. 环境因素监测

主要是滑坡所处环境的气温及降水量的监测。特别是受水动力诱发的滑坡,降雨量是监测工作的重要参数。

1)降水量监测

设备有机械式和电动自记式两大类。监测内容有:年均、月均、日均降水量,最大日降水量、最大小时降水量等。

2)土体温度监测

常用埋入式温度计,测定岩土体温度。

7. 地震和人类工程活动监测

用于监测人工开挖、爆破及诱发地震、天然地震(包括治理施工)等破坏性因素的监测。

8. 宏观地质观测

所谓宏观地质观测法,是用常规地质调查方法,对崩塌、滑坡的宏观变形迹象和与其有关的各种异常现象进行定期的观测、记录,以便随时掌握崩塌、滑坡的变形动态及发展趋势,达到科学预报的目的。

(1)宏观变形形迹。崩滑体后缘产生弧形拉张裂缝、后缘崩塌掉块并突然出现陷落带、陷落坑;房屋变形,树木歪斜呈“马刀树”“醉汉林”;前缘斜坡隆起且开始出现岩(土)体挤(剪)出,同时测量其前缘变形量呈直线急剧上升时,往往是大崩滑启动破坏的前兆。

(2)地声异常。

(3)动物行为异常。

(4)地下水宏观异变,出现新泉或泉流量剧增,水变浑,或水温上升,或喷射出地表。

5.3.2.2 泥石流监测技术方法

1. 我国泥石流监测技术方法

泥石流的发生几乎都与降雨密切相关,其监测方法分为直接监测和诱发因素监测两类。

(1)泥位监测。常用监测仪器为超声泥位计和泥位高度检知线。

(2)倾斜监测。即倾斜仪棒法,倾斜仪棒是一根长 2 m 的钢棒,悬挂在一条跨越泥石流的电缆上,其工作原理为:泥石流运动对钢棒产生牵引,如果在 20 s 内钢棒从垂直位置连续倾斜超过 20°,水银开关闭合发出警报。

(3)流速监测。水面浮标测速法。

(4)地声监测。泥石流运动过程中摩擦、撞击沟床和岸壁而产生振动,并沿沟床方向传递,称之为泥石流地声。其信号的强度与泥石流规模成正比。利用泥石流地声的这些特点,即可通过信号接收与转换,对泥石流实施报警。

(5)降雨量监测。

(6)孔隙水压力监测。

2. 美国泥石流监测技术方法

(1)雨量计。雨量计是一种测量降水的最古老的工具。全美有大约10 000个雨量计,通过联合观测提供每日的降水报告。

(2)雷达。雷达能够观测到降雨强度和降雨的空间类型,只有分布密集的雨量计监测网才能达到类似的精度。雷达能够探测到强降雨的来临,利用雷达获取的资料可以推断下一个小时或两小时之内的降雨量。这种"实时预报"的能力为预警提供了非常准确的预报,任何一个单独的雨量站都无法做到这一点。

5.3.2.3 地面沉降监测技术方法

目前国内外地面沉降的监测方法主要有:水准测量、地下水动态监测、基岩标和分层标监测、全球卫星定位系统(GPS)测量、合成孔径雷达干涉测量(InSAR)和激光雷达系统(LIDAR)测量等。

GPS未出现以前,地面沉降监测最常见的方法主要是经纬仪法、水准仪法以及光电测距仪法。

5.3.3 遥感技术在地质灾害工作中的应用

遥感技术是利用从远距离感知目标反射或自身辐射的电磁波、可见光、红外线,对目标进行探测和识别的技术。其在地质灾害工作中的应用,主要体现在监测、调查和分析研究三方面,而且应用比较成熟。它能快速提供大面积地区的位置、分布、范围、规模、类型、发育环境等数据和图件,给地质灾害的预防及防治提供大量的信息,随着技术的不断成熟,必将在防震减灾工作中发挥不可替代的作用。

地质灾害作为一种特殊的不良地质现象,无论是滑坡、泥石流等灾害个体,还是由它们组合形成的灾害群体,在遥感图像上呈现的形态、色调、影纹结构等均与周围背景存在一定的区别。因此,滑坡和泥石流等地质灾害的规模、形态特征及孕育特征,均能从遥感图像上直接解译圈定。而且运用遥感成果结合遥感图像区域地形地貌和地质构造信息的提取,与野外重点地质灾害现场调查查证相结合的技术和方法,形成地质灾害的三维空间表达,可以深入了解和掌握地质灾害发生发展的成因机理、趋势和规律,为防灾避难提供了相关的数据支撑,有利于灾害监测和提早防治。

5.3.3.1 遥感技术在地质灾害调查中的应用

滑坡、崩塌、泥石流的分布不仅和岩性有关,而且和断层线、褶曲轴部、节理裂隙带等构造有关,在图像上可以看到,滑坡、崩塌、泥石流常沿这些线性构造密集带或环形构造边缘呈线状或带状分布。这三者一般发生在由不稳定物质覆盖的地区。通过对不同时相的遥感资料的对比分析可以预测易于发生这些灾害的不稳定地区,也可以调查已发生的这些地质灾害。这里我们主要用到以下一些技术。

1. ETM 影像处理技术的应用

以 ETM 遥感影像和地形图为基础,根据资源卫星遥感图像 5 个波段对地物的反映特征,对遥感影像进行几何纠正、彩色合成、图像增强等处理,其中图像增强采用的方法有增强、滤波、去相关拉伸变换、纹理特征提取变换和假彩色合成变换,使其较明显地反映地质灾害的发育状况和分布特征。再者就是 TM 影像的数字处理,对 TM 影像进行处理分析并提取有关的空间及光谱信息,所用遥感资料来自 Landsat－6 的 TM 图像。在 TM 影像的数字处理过程中,主要运用了主成分变换、缨帽变换、比值增强、IHS 变换以及反差增强和空间增强等手段。合成的图像色彩适中,信息丰富,便于应用,从而有利于地质灾害的解译。根据工程需要,对不同的空间数据和属性数据进行叠加复合,从而能够更加精确地解译地质灾害的分布类型、发育状况及危害特征。以藏南拉轨岗日地区为例,在野外实地调研的过程中发现,研究区已发生或潜在的地质灾害很多,主要包括崩塌、滑坡和泥石流等类型。这些地质灾害的分布范围具有一定的规律性,它们的分布区域大多与断裂等地质构造的影响区域同步,且强度和规模也与距断裂等地质构造的远近成正相关。通过对该地区遥感分析可知,在藏南拉轨岗日地区,崩塌、滑坡这两种地质灾害大多与断裂这一控灾构造直接有关,而泥石流的发生则与断裂间接有关,遥感分析与实际情况吻合。

2."数字滑坡"技术的应用

"数字滑坡"技术,就是以遥感(RS)和空间定位方法为主,结合其他勘探、试验、调查手段获取数字形式的、与地理坐标配准的滑坡基本信息;并利用 GIS(地理信息系统)技术存贮和管理这些数字信息;在此基础上,根据滑坡地学原理进行空间分析,研制各类模型,并服务于滑坡调查、监测、研究、滑坡灾害评价、危险预测、灾情评估、滑坡防治等。在青藏交通线分析中,以 ETM 卫星影像为主要遥感信息源,即以一定分辨率的 ETM 卫星影像为主要遥感信息源,以一定比例的数字地形及数字地理底图为地理控制,重点灾害区采用高分辨率的 IKONOS 卫星影像,以实测 GPS 控制点为地理控制,以人机交互解译,获得研究区地质环境及大型地质灾害的基本资料。在此基础上,以遥感与地理信息系统结合的方法技术,基于地学原理进行灾害与环境空间分析,调查指定区域的地质环境与灾害。或者结合其他调查手段获取滑坡基本信息及其发育环境信息,并用 GIS 技术存储和管理这些数字信息,在此基础上,根据滑坡地学原理进行空间分析,研制各类模型,并服务于滑坡调查、监测、危险预测、灾害评估、滑坡防治等。

3. 微波遥感的应用

主要是成像雷达技术,随着 Seasat SAR 及 SIR－A/B 等卫星、航天飞机雷达的相继升空,获得的雷达影像,可提供十分丰富的地质构造、岩性、隐伏地质体等地质矿产信息。雷达遥感已经深入到地壳形变、地震孕育、板块运动及地面沉降测量等地质研究各领域,应用于对地观测,如岩性识别、区域构造分析、矿产调查、地质填图等,给传统的地质学带来了新的活力。成像雷达技术现阶段主要在地面沉降和滑坡监测、活火山监测、地震地表形变等方面广泛应用,并以结果精确著称。

4. 多源影像融合技术

在"5·12"地震诱发的滑坡、崩塌、泥石流以及堰塞湖等地质灾害中,运用遥感技术可以进行大范围的地质灾害调查与监测,使应急速度得到显著提高;采用图像融合技术,在对图像融合方法分析的基础上,结合地质灾害调查的任务和研究区具体情况,以全色SPOT和多光谱TM影像为数据源,进行数据融合算法及图像质量评价研究,能发挥遥感技术在地质灾害调查中的优势。针对四川省"5·12"震后青川、平武县进行研究,结合地质灾害调查任务及地学数据的空间性、多源性等特点,以2.5 m分辨率全色SPOT图像和多光谱TM遥感影像数据为数据源,在对遥感图像融合方法研究的基础上,借助MATLAB、ERDAS IMAGINE、ENVI等图像处理工具,分别运用主成分分析、乘积运算、Brovey变换、HSV彩色合成、IHS变换、小波变换等对研究区进行了图像融合试验,并对不同的融合结果进行了比对分析,使融合后的图像更利于在地质灾害调查中提取灾害信息,地质、构造、土地利用等承灾背景及房屋、道路等承灾体信息。通过上述融合算法和试验分析,针对不同的提取目标,对研究区的SPOT与TM数据进行了融合处理。根据提取地物性质选择适当的TM波段组合与SPOT融合,较好地提取滑坡、崩塌等地质灾害及水体、土地利用、建筑、道路等孕灾因子和承灾体,从而提高了解译精度。针对研究区具体情况,在融合时,TM影像波段选取主要根据TM各波段的地物波谱特征及应用特点,选取不同的波段组合以突出不同的地物。利用地质灾害在图像上的色调、阴影、纹理及形态等,并结合附近地形、岩性、构造、植被、水系等环境因素综合判断解译,可以勾绘出灾害范围,确定其类别、规模、分布规律等。

5. 无人机技术的应用

应用无人机遥感技术进行地质灾害调查有很多优势。在地质灾害调查方面,应用无人机遥感技术可对地质环境和地质灾害进行及时、循环监测,能快速、准确地采集地质灾害发生的范围、程度和源头等信息数据。子长县地质灾害遥感解译使用的是无人机航片最终生成的数字正射影像图,以西气东输管道为对象,对各类地物在遥感图像上所显示的形状、大小、色调、阴影、纹理、影像结构、图案花纹以及与之有联系的地质、地貌、土壤、水文、植被、气候、人文活动等形成的影像特征进行综合分析后确立解译标志,依据解译标志完成了调查区的目视解译。通过解译,调查区地质灾害主要有滑坡、崩塌、不稳定斜坡、溯源侵蚀等几种,地质灾害在空间上具有相对集中和条带状展布的规律,灾害点集中在河谷及其支流两岸斜坡和黄土梁峁部位;在区域上主要分布于黄土厚度较大尤其是晚更新世黄土厚度相对较大的地区。外业复核得到验证,说明了无人机技术的可靠。另外,其在防灾及灾害应急救援指挥、土地利用、矿产资源开发重点和热点地区的监测等方面也发挥了重要应用。

5.3.3.2 遥感技术在地质灾害监测中的应用

常见的地质灾害在遥感影像上都具备一定的特征,根据这些特征,可以从遥感影像上划分出地质灾害易发区,进而对其进行调查和监测,掌握其最新情况和动态,为分析评价提供可靠依据。

"3S"(RS、GIS、GPS)技术的应用,是指将"3S"(RS、GIS、GPS)技术有机结合,采用多类型、多波段、多时相TM、SPOT、ERS-SAR和RADARSAT等图像数据融合及正射影像制图技术,提取大量地质灾害和构造变形的有关信息。所用的遥感数据主要有多时相SPOT图像、Landsat-TM图像、ERS-SAR和RADARSAT雷达图像。根据地区地质构造特点,对这些数据进行图像处理和信息提取。将遥感图像地质解译三维可视化及影像动态分析方法引入区域地质灾害分析,可大幅度提高工作效率和研究水平。遥感图像地质解译三维可视化及影像动态分析法综合利用“3S”技术、遥感图像数字处理技术、虚拟现实和全数字摄影测量等高科技,通过遥感图像的正射影像处理、多类型遥感图像数据融合、高精度DEM生成和影像复合等工序,按照一定比例尺和飞行路线生成测区的虚拟三维影像动画系列图,以解决数字区调工作者面临的实际问题。

5.3.3.3 遥感技术解译

解译一般分两种,一种为目视解译,一种为计算机解译。在汶川地震次生地质灾害研究中,为了获取全面的信息,解译采用人工目视方法,解译过程中遵循全面客观的原则,保证解译区域全面,对于有些区域还比对不同的数据源,更精确地分析识别次生灾害,力求解译结果客观准确。

1. 航空影像解译

利用航空影像对青川县红石河区域进行遥感解译,并结合汶川地震前研究区地质灾害调查数据进行对比分析。地质灾害在航空遥感影像上具有明显的形态、色调和纹理特征。

2.“数字滑坡”技术解译

汶川地震引发的地质灾害与降雨诱发的地质灾害发生机理上的不同,使得研究区地质灾害在航空影像上形成了显著的震后特征:地震诱发的滑坡以长条形、勺形和不规则形居多,崩塌滑坡多成群分布,且面积较大,崩塌多沿山脊呈线状展布。由于地震诱发大中型滑坡多具有高速远滑的特点,灾害体多沿沟谷呈碎屑状流动,因而在纹理上具有明显的流纹特征。相比降雨诱发的泥石流灾害,地震诱发的泥石流在成灾时间上具有明显的滞后性,在航空影像上坡面泥石流比较多见,大多数沟谷型泥石流沟为潜在泥石流沟,在航空影像上可见到丰富的物源。边坡的坡度对滑坡也有一定的控制作用。单就滑坡而言,在某一地区条件下存在着一个容易引发的角度范围,若大于该角度范围,则容易引起崩塌。汶川地震诱发的崩塌、滑坡、泥石流具有明显的灾害链效应,崩塌滑坡体往往成群出现,或多混合出现。

3. 地震次生山地地质灾害遥感调查处理

对汶川县地震次生山地地质灾害的遥感调查,利用先进的RS、GIS技术,在DEM的基础上,结合地质信息,通过水系流域的划分,探讨地震地质灾害的特点和分布规律,为预防预警次生山地地质灾害提供了新的思路和方法。山地地质灾害在遥感图像上呈现的形态、色调、影纹结构等均与周围背景存在一定的区别。因此,对山地地质灾害的规模、形态特征及孕育特征,均能从遥感影像上直接判读圈定。

4. 虚拟GIS和空间分析解译

虚拟GIS和空间分析技术在小流域泥石流地质灾害遥感解译中的应用,通过对小流域泥石流调查分级、提取泥石流沟谷与地质环境要素等方法,有效地改善了遥感解译环境,提高了解译精度与工作效率,获得了丰富的地质环境信息,成为区域性泥石流调查的有效手段。该方法的思路为,综合利用虚拟GIS、遥感图像数字处理技术、空间分析技术,将大尺度的区域调查降级为小尺度的空间模型单元,针对各单元应用遥感影像和高精度DEM数据创建三维虚拟场景,同时叠加地形、地质等具有丰富属性信息的图层。该方法能较好地解决平面遥感解译的缺点和大尺度区域调查所带来的海量数据等问题。

5.3.3.4　实例分析——"5·12"汶川大地震

2008年5月12日,处于龙门山断裂带的四川汶川地区发生Ms8.0级地震。地震灾区处于青藏高原和四川盆地过渡带,受地形、地貌、地质构造条件和暴雨、地震等诱发因素频发影响,成为地质灾害的多发区、易发区。汶川Ms8.0级地震还诱发了滑坡、泥石流、堰塞湖等地震次生地质灾害。

1. 数据的获取方式

灾害发生后,由于地形、气象等客观因素的影响,通过单一的遥感传感器往往很难获得灾区所有数据,需要充分发挥多种传感器的优势,获取灾区的各种类型数据,主要包括光学与SAR卫星遥感影像、光学与SAR航空遥感影像两大类。

(1)光学与SAR卫星遥感影像的获取。此类数据包括国内外的众多高分辨率光学与SAR卫星遥感影像。从时间上说,重点是灾害发生前后数据的获取,以快速确定灾区的位置和前后的变化。

(2)光学与SAR航空遥感影像的获取。此类数据是利用高空遥感靶机、无人机和直升机等高、低空遥感平台,搭载遥感传感器,快速获取的灾区高分辨率光学与SAR航空遥感影像。

2. 遥感数据获取次生地质灾害类型

汶川地震发生后,获取了灾区的多种形式遥感数据,其中高分辨率的遥感影像在地质灾害识别和城市建筑物损害评估过程中发挥了重要作用。由于地震发生后,灾区天气不佳,雨雾覆盖,光学遥感卫星无法获取地面遥感影像,雷达遥感数据可以穿透雨雾,对地面成像,从而使外界对灾区状况有了初步的认识。后期利用航空遥感方式对重点灾区进行成像,0.5 m的分辨率可以使我们对灾区的地质灾害和城市损毁情况进行详细的判读。汶川地震后引发了许多次生地质灾害,如何准确地判别各类次生地质灾害也是遥感应用的一项重要工作。地震次生地质灾害在高分辨率的光学影像上具有明显的形态特征,可以准确判读出灾害类型。多光谱数据不同波段的组合可以提供地表植被指数和裸露地表类型等信息,为人机交互判读提供便利。例如:从遥感图像上可以得出,出现滑坡的山体色调以及纹理和稳定山体有一定的差别,因为滑坡山体比周围山体要低,这使得滑坡的灰阶总是比四周稳定山体有一定的色差,再根据不同的形态特征,可以识别滑坡和泥石流。

唐家山堰塞湖为地震诱发山体垮塌堵塞河道造成的。从唐家山堰塞湖雷达图像中可以明显看出,巨大的山体滑坡堵塞了河道,使上游水位迅速增长,形成了唐家山堰塞湖。利用各种遥感数据,通过仔细判读和识别,还得到了灾区堰塞湖分布图、城市破坏情况分布图、地震烈度分布图以及地震产生的一些新地质断裂的分布图等。这些专题信息使人们更准确地掌握了灾区的破坏情况,对地震救灾指挥工作起到了重要作用。

小　结

本项目主要阐述了常见的地质灾害及其防治措施,其主要内容如下。

1. 地质灾害的特点及分级

1)地质灾害的特点

主要表现为:①地质灾害的必然性或不可避免性;②地质灾害的周期性;③地质灾害的群发性;④地质灾害与社会经济的互馈性;⑤地质灾害的可防御性以及地质灾害防治的长期性等。

2)地质灾害分级

按危害程度和规模大小将地质灾害灾度与危害程度分为特大级(特重)、重大级(重)、较大级(中)和一般级(轻)四级。

根据滑坡、崩塌、泥石流所危及的范围确定危害对象,有城镇、交通干线、大江大河和矿山等。根据危害对象的重要性划分危害等级为三级。

2. 地质灾害的主要类型

崩塌和滑坡是边坡岩土体变形破坏的基本形式,是边坡岩土体在本身重力作用和其他因素影响下发生变形破坏的现象,它们常具有突发性强和危害性大的特点。

阐述了崩塌的形成条件、崩塌的危害;滑坡的主要类型、滑坡稳定性的评价方法、不稳定边坡的防治与处理措施。

泥石流是发生在山区的特殊洪流,是由大量的泥沙、碎石块等固体物质和水混合而成的黏性流体。泥石流的形成与所在地区的自然条件和人类经济活动密切相关。泥石流的形成必须同时具备三个条件:地质条件、地形条件和水文气象条件;泥石流防治应有针对性地采取预防为主、以避为宜、以治为辅,以及全面考虑跨越、排导、拦挡以及水土保持等措施,根据因地制宜和就地取材的原则,注意总体规划,采取综合防治措施。

3. 地质灾害的预防与监测

1)地质灾害的预防

包括地质灾害发生前兆和应急避险。

2)地质灾害监测方法

包括滑坡常规监测技术方法、泥石流监测技术方法和地面沉降监测技术方法等。

不同类型的滑坡,所采用的监测技术方法各不相同。就监测内容来说,常分为:①位移监测;②应力应变监测;③地下水动态监测;④声发射监测;⑤放射性监测;⑥环境因素监测;⑦地震和人类工程活动监测;⑧宏观地质观测等。

3)遥感技术在地质灾害中的应用

遥感技术在地质灾害工作中的应用,主要体现在监测、调查、分析研究三方面,而且应用比较成熟。它能快速提供大面积地区的位置、分布、范围、规模、类型、发育环境等数据和图件,给地质灾害的预防及防治提供了大量的信息,随着技术的不断成熟,必将在防震减灾工作中发挥不可替代的作用。

在地质灾害调查会用到以下遥感技术:①ETM 影像处理技术;②"数字滑坡"技术;

③微波遥感;④多源影像融合技术;⑤无人机技术。

"3S"(RS、GIS、GPS)技术的应用,是指将"3S"(RS、GIS、GPS)技术有机结合,采用多类型、多波段、多时相TM、SPOT、ERS-SAR和RADARSAT等图像数据融合及正射影像制图技术,提取大量地质灾害和构造变形的有关信息。

遥感技术解译一般分两种,一种为目视解译,一种为计算机解译。目视解释内容包括:①航空影像解译;②"数字滑坡"技术解译;③地震次生山地地质灾害遥感调查处理;④虚拟GIS和空间分析解译。

4)实例分析——"5·12"汶川大地震

(1)数据的获取方式主要包括光学与SAR卫星遥感影像、光学与SAR航空遥感影像两大类。

(2)遥感数据获取次生地质灾害类型。遥感数据中高分辨率的遥感影像在地质灾害识别和城市建筑物损害评估过程中发挥了重要作用。

练习题

5-1　思考题

1. 什么是地质灾害?试列举主要的地质灾害。

2. 简述地质灾害的特点及分级。

3. 崩塌的形成条件有哪些?

4. 边坡稳定性评价方法有哪些?

5. 什么是泥石流?泥石流如何分类?

6. 泥石流的形成条件是什么?

7. 泥石流的防治措施有哪些?

8. 简述不稳定边坡的防治措施。

9. 比较崩塌、滑坡的特点和危害。

10. 简述地质灾害监测方法。

11. 什么是遥感技术?如何在地质灾害中应用?

12. 结合所学知识阐述遥感技术在汶川地震中的应用。

5-2　选择题

1. 地质灾害分内动力地质灾害和外动力地质灾害,内动力地质灾害是由地球内部动力作用(岩浆活动、构造运动等)引发的地质灾害,如(　　)等。

A. 水力　　B. 地震　　C. 重力　　D. 火山喷发

2. 按危害程度和规模大小将地质灾害灾度与危害程度分为(　　)。

A. 特大级(特重)　　B. 重大级(重)

C. 较大级(中)　　D. 极小级(极轻)

3. 地质灾害的主要类型有(　　)。

A. 滑坡　　B. 溶洞　　C. 泥石流　　D. 崩塌

4. 按泥石流的物质组成,泥石流可分为(　　)。

A. 黏性泥石流　　B. 泥石流型泥石流

C. 泥水流型泥石流　　D. 河谷型泥石流

5. 按滑坡体的规模，滑坡可分为(　　)等。

A. 小型滑坡　　B. 中型滑坡

C. 巨型滑坡　　D. 微型滑坡

6. 解译一般分两种，一种为目视解译，一种为计算机解译。目视解释内容包括(　　)。

A. 航空影像解译　　B. "数字滑坡"技术解译

C. 地震次生山地地质灾害遥感调查处理　　D. 虚拟 GIS 和空间分析解译

7. 在地质灾害调查中会用到以下遥感技术(　　)。

A. ETM 影像处理技术　　B. "数字滑坡"技术

C. 微波遥感　　D. 多源影像融合技术

E. 无人机技术的应用

项目6　工程地质问题

【知识目标】　掌握岩体、结构面、结构体、岩体结构的概念,熟悉结构面的主要类型及特征;了解岩体结构的主要类型及其工程地质性质;掌握工程地质问题概念及不同坝型对工程地质条件要求;掌握坝基的抗滑稳定性分析;掌握水库的渗漏条件分析;掌握地下硐室位置的选择所要考虑的地质条件。

【学习重点】　岩体结构;不同坝型对地质条件要求;坝基的抗滑稳定性分析;水库的渗漏条件分析;地下硐室选择所要考虑的地质条件。

人类为了开发资源,兴建了各种类型的工程建筑物,如拦河坝、溢洪道、隧洞、桥涵等。而所有这些建筑物都修筑在地壳表层,由于各处地质条件的差异,在自然界很难找到完全适合工程建筑要求的地质条件,总会不同程度地存在着影响建筑物安全稳定与正常运行等方面的地质问题。

所谓工程地质问题,是指建筑区的工程地质条件在某些方面不能满足工程建筑物的要求而存在的地质缺陷和问题。在工程建设中,常遇到的工程地质问题主要有以下几个方面:

(1)坝的工程地质问题。主要包括坝(闸)基的沉降稳定、坝基(肩)的抗滑稳定、坝区渗漏及坝基(肩)渗透稳定等问题。

(2)水库的工程地质问题。主要包括水库的渗漏、浸没、塌岸及边岸再造和淤积,以及水库诱发地震等问题。

(3)输水及泄水建筑物的工程地质问题。主要包括渠系建筑物的线路选择、渗漏、稳定问题;岩质边坡稳定问题;隧洞及地下硐室的渗漏、围岩稳定,设计及施工地质问题等。

(4)道路工程地质问题。主要包括路基边坡、路基基地稳定问题,道路冻害问题,天然建筑材料问题。

(5)桥梁工程地质问题。主要包括桥墩台地基稳定性问题,桥墩台的冲刷问题,桥址选择问题。

6.1　坝的工程地质问题

水工建筑物主要由挡水建筑物(拦河坝、闸、堤防工程)、取水和输水建筑物(进水闸、引水隧洞、引水渠系建筑物)以及泄水建筑物(溢洪道、泄洪洞)等三大部分组成。

拦河大坝作为水利枢纽的主体建筑物,它拦蓄河水,抬高水位,承受巨大的水平推力和其他各种荷载。为了维持平衡稳定,坝体又将水压力和其他荷载以及本身的重力传递到地基或两岸的岩体上,因而岩体所承受的压力是很大的。另外,水还可渗入岩体,使某些岩体产生溶解、软化、泥化,以及不利于坝体稳定的扬压力。因此,大坝建筑对地基岩体的稳定条件有着很高的要求。由于坝区岩体中存在的某些地质缺陷,可能导致产生的工程地质问题主要有坝基稳定问题(包括沉降稳定、抗滑稳定和渗透稳定)和坝区渗漏问题(包括坝基渗漏和绕坝渗漏)。所以,在大坝的设计和施工中,对坝基或坝肩的岩体进行工程地质条件的分析研究是非常重要的,它的安全稳定常是决定水利水电工程成功的关键。

6.1.1 不同坝型对工程地质条件的要求

坝的种类很多,如土石坝、重力坝、拱坝、支墩坝等。由于不同类型坝的结构与工作特点不同,故对地质条件的适应性和要求也不同。

6.1.1.1 土石坝对工程地质条件的要求

土石坝是土坝和堆石坝的总称,主要是用各种土料和石料堆筑而成的一种坝型,因而也称为当地材料坝。这类坝的坝体断面较宽,呈梯形,对地基的压应力较小,加上坝体是柔性的,能适应地基一定程度的变形,故对地质条件要求较低。除有活动性断层、顺河向大断层、淤泥质土、软黏土及巨厚强透水层等不良地质条件的地区不宜建坝外,在其他地区均可修建。堆石坝对地基要求比土坝要高些,在中等风化和微风化的基岩或受荷载作用无明显沉降的砂砾石层上均可建堆石坝。土石坝适合于U形宽谷,由于坝顶不能溢流,因此要选择合适的地形地质条件设置溢洪道或泄洪洞。

土石坝存在的主要工程地质问题是渗漏、地下潜蚀等问题。因此,地基最好由不透水岩层组成,否则应进行清基和防渗处理,如设置防渗墙、帷幕灌浆或黏土铺盖等,以保证坝基的稳定性。此外,这种坝型土石方需要量大,要求坝址附近有能满足工程需要的天然建筑材料。

6.1.1.2 重力坝对工程地质条件的要求

重力坝通常采用的有混凝土重力坝和浆砌石重力坝。它的基本剖析面呈三角形,该类型坝的特点是依靠坝本身的重力来保持坝体稳定,重力愈大,稳定性愈高。这就要求地基具有较高的强度以支持坝体的重力。同时,坝基岩体应具有较大的抗剪强度以加强抗滑稳定性。这是重力坝对工程地质的两个重要要求。显然,软土地基对建造重力坝是不合适的。此外,坝下若存在软弱结构面、节理密集带和断层破碎带,则重力坝的稳定将受到很大影响。

另外,重力坝要求岩体透水性小,不产生坝基渗漏或绕坝渗漏。否则,要求进行防渗处理。

由于这种坝的体积巨大,所需的天然建筑材料数量也很大且质量要求高,所以天然建筑材料的质量,常是确定这种坝型的重要依据之一。

6.1.1.3 拱坝对工程地质条件的要求

拱坝是一种平面上呈拱形凸向上游的坝型。坝体承受的水压力主要通过拱的作用传递给两岸岩体,依靠岸边岩体的支撑力保持它的平衡。少部分荷载则依靠悬臂梁的作用传递到地基。拱的作用越显著,坝的厚度越小,所以拱坝是一个超静定空间壳体结构,其超载能力大。

拱坝对坝基和两岸接头部分的岩体变形极为敏感,故拱坝对地形地质条件的要求更高,除与重力坝的要求相同外,尚需注意以下几点:

(1)拱坝对两岸岩体的稳定性要求最高。首先要求两岸地形完整,不能有冲沟切割,要求有足够厚的山体以保证坝肩的稳定。

(2)由于拱坝应力集中,要求两岸及河床岩石新鲜完整,两岸岩体的弹性模量均一,并尽量使岩体与混凝土的弹性模量相近。

(3)要特别重视两岸坝肩发育的与河流大致平行的陡倾断层、裂隙等软弱结构面,以及与其他缓倾角软弱结构面的组合,它们往往构成坝肩最危险的滑动边界条件。

除上述三种坝型外,还有一种由一些支墩和挡水盖板互相组合构成的支墩坝,其类型随组合形式的不同而各异。支墩坝适合修建于宽而浅的河谷地形,它对工程地质条件的要求比拱坝要低,但一般也应修建在岩基上,因为各支墩不允许有不均匀沉降。对工程地质条件其他方面的要求,与拱坝和混凝土重力坝相似。

6.1.2 坝(闸)基沉降稳定分析

6.1.2.1 沉降稳定的概念

坝(闸)基的沉降稳定问题是指坝(闸)基岩体在建筑物自重及其他荷载的作用下,所产生的压缩变形(沉降量)及不均匀变形(沉降差)的问题。一般均匀的小量沉降变形不致对坝体的安全稳定构成威胁,但当地基沉降量特别是不均匀沉降量超过允许限度时,将影响建筑物的正常运用,甚至发生倾斜、开裂或破坏。

1. 土石坝的沉降稳定问题

土石坝对地基的压缩变形要求不高,容易得到满足。当这类坝建立在岩基上时,一般说沉降稳定问题不大。当建在土基上时,要查清坝基中(包括影响范围)有无高压缩性土层(如淤泥质土、软黏土等)存在。

2. 砌石及混凝土坝的沉降稳定问题

砌石及混凝土坝自重较大,往往对地基的要求较高,一般都建在岩基上。当坝基岩体中存在软弱夹层、断层破碎带、厚的风化层或深风化槽时,或者因为坝基岩石本身性质软弱,都可能在坝体重力作用下发生超过允许的压缩变形或不均匀沉降,甚至导致地基的破坏。

6.1.2.2 影响坝基岩体压缩变形的地质因素

坝基岩体的压缩变形量除与建筑物类型和规模有关外,主要受坝基地质条件的影响。

(1)岩性软硬不一。坝基或两岸岩体的岩性软硬程度不相同,变形模量相差悬殊。如图6-1所示,某坝基岩体由不同岩层组成,变形模量相差很大,结果引起较大的不均匀沉降,导致坝体产生裂缝。

(2)存在着软弱结构面。坝基或两岸岩体中存在软弱夹层、强风化层或较大的断层破碎带、节理密集带、松弛张裂带等软弱结构面,尤其当张开性裂隙发育且裂隙面大致垂直于压力方向时,易产生较大的沉降变形。

(3)存在着溶蚀溶洞。坝基或两岸岩体内存在潜蚀淘空或溶蚀洞穴现象,产生塌陷而导致不均匀变形。

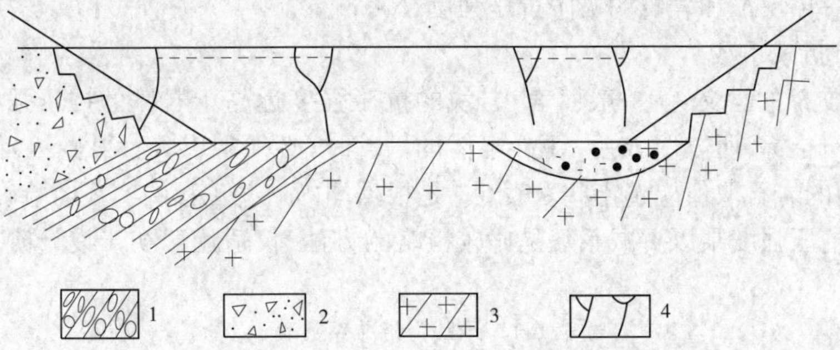

1—含砾石黏土;2—砂砾石;3—花岗片麻岩;4—沉降与裂缝

图6-1　坝体因不均匀沉降而产生断裂

此外,上述软弱岩层和软弱结构面的产状及其在坝基下的分布位置对岩体变形也有显著影响。当软弱岩层产状平缓且位于坝基表层,就易产生较大的沉降变形,如图6-2(a)所示;当软弱岩层位于坝趾附近,受压易引起坝趾产生沉降变形,并导致坝身向下游歪斜倾覆,如图6-2(b)所示;当软弱岩层位于坝踵附近时,则容易导致岩体的拉裂,如图6-2(c)所示。

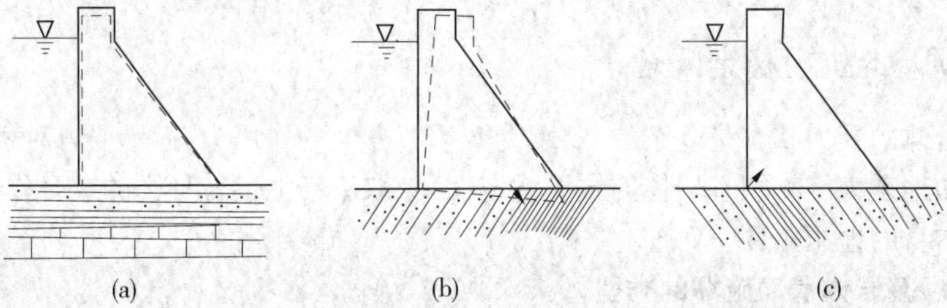

图6-2　软弱夹层产状和分布位置与地基沉降稳定示意图

6.1.2.3　坝基容许承载力的确定方法

为了保证建筑物的安全和正常运行,应将坝基的沉降变形限制在一定范围,在工程中研究坝基沉降稳定性时,常采用地基容许承载力指标去评价岩基的稳定性。所谓容许承载力,是指在保证建筑物安全和正常使用的前提下,地基所能承载的最大荷载压力。岩石地基承载力的确定主要有现场载荷试验法、经验类比法以及折减系数法。

(1)现场载荷试验法。指按岩体实际承受工程作用力的大小和方向进行的原位测试。这种方法比较接近实际、准确可靠,试验测试指标如岩体弹性模量、变形模量及泊松比等,可用于计算坝基沉降量。但试验较复杂、费用较高,多用于大中型工程。

(2)经验类比法。指根据坝基的工程地质条件,参考条件相似、已建成的工程经验数据进行比较选取。

(3)折减系数法。是根据单块饱和岩石的极限抗压强度乘以折减系数确定岩体容许承载力。用公式表示为

$$[R] = KR_g \tag{6-1}$$

式中　$[R]$——岩体容许承载力,N/cm^2;

R_g——单块饱和岩石的极限抗压强度，N/cm^2；

K——折减系数。

折减系数 K 的含义：就一般而言，岩块的抗压强度远高于岩体的抗压强度，而 R_g 仍是岩块的抗压指标，所以用 R_g 去评价岩体的[R]时，必须乘以 K。很显然，在选取 K 值时，对越坚硬的岩石取值应越小些。表 6-1 是根据国内一些工程的实践经验确定的 K 值，可供参考。抗压强度乘以折减系数是比较粗略的方法，仅适用于初步设计阶段或中小型水利工程。

表 6-1　承载力折减系数表

岩石种类	折减系数 K
特别坚硬的岩石(细粒花岗岩、石英岩、致密玄武岩)	1/20～1/25
一般坚硬的岩石(石灰岩、砂岩、砾岩等)	1/10～1/20
软弱的岩石(黏土岩、黏土质粉砂岩、页岩等)	1/5～1/10
风化的岩石	按风化程度参照上述标准相应地减小 25%～50%

6.1.3　坝基的抗滑稳定问题

坝基岩体的受力状态是复杂的，既承受着垂直方向的作用力，还承受各种侧向推力及渗透压力和地震力等。坝基岩体的抗滑稳定性，除取决于上述各种力的综合作用外，还取决于岩体本身的地质条件。

6.1.3.1　坝基岩体滑动破坏的类型

坝基岩体滑动破坏往往发生在坝体与基岩接触面附近或坝下内部，按滑动面发生位置的不同，坝基岩体滑动的形式可分为三种类型。

1. 表层滑动(接触滑动)

表层滑动(接触滑动)是指发生在坝体沿坝底与坝基岩体的接触面之间的剪切滑动形式，如图 6-3(a)所示。当坝基岩体坚硬完整，不具备可能沿之滑动的软弱结构面，但因施工质量差，比如基础处理或清基工作质量差或坝体混凝土强度远低于岩体强度时，也可能发生这种类型的滑动。

2. 浅层滑动

浅层滑动是指发生在坝基岩体中浅层部位的滑动形式，如图 6-3(b)所示。造成这种滑动的原因是：坝基表层岩体较软或风化破碎，清基不彻底，以致岩体强度低于坝体混凝土强度时则剪切破坏可能沿坝基岩体浅部发生，滑动面往往参差不齐。国内大型的混凝土坝对地基处理要求严格，故极少发生这种滑动，而有些中小型水利工程因清基不彻底，容易发生这类滑动。

3. 深层滑动

深层滑动是指发生在坝基岩体内较深部位，沿软弱结构面产生的滑动破坏形式，如图 6-3(c)所示。因此，只有当坝基内部存在软弱夹层，且按一定组合形成分离体时才有

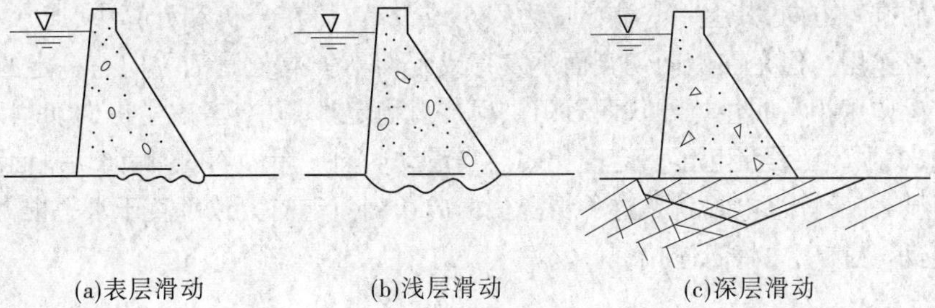

图6-3　坝基岩体滑动破坏的类型

可能发生深层滑动，有时虽未形成分离体，也可局部剪断岩石而产生滑动破坏。大型工程应注意这个问题。

此外，由于坝基应力的不均匀分布、地质条件的复杂性，以及施工质量的差异，有时会出现上述三种类型组合成的混合滑动。

6.1.3.2　坝基岩体滑动的边界条件

坝基岩体的深层滑动，除必须存在可能成为滑动面的软弱结构面外，还需具备将岩体切割分离成不稳定滑移体的其他结构面，同时下游应有可供滑出的自由空间，这样才能形成滑动破坏。即岩体滑动的边界条件应具有滑动面、切割面、临空面，如图6-4所示。

1. 滑动面

滑动面指坝基岩体发生滑动破坏时，滑移体沿之滑动并产生较大剪应力及摩阻力的结构面，如图6-4中的*ABCD*面。通常构成滑动面的有断层、软化夹层（特别是泥化夹层）、裂隙和层面等，一般以缓倾角（小于30°）的软弱结构面为主，倾角较大（大于45°）难以形成滑动。滑动面可以是单一的，也可以由两组或多组结构面构成。坝基抗滑能力主要取决于滑动面的工程地质特性。因此，应重视选定滑动面的抗剪强度参数。

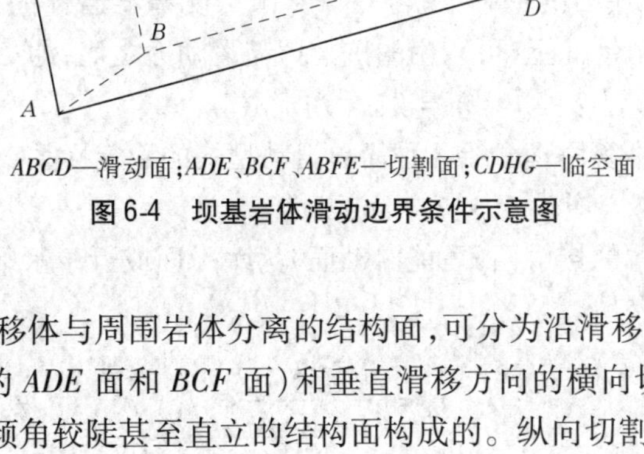

ABCD—滑动面；*ADE*、*BCF*、*ABFE*—切割面；*CDHG*—临空面

图6-4　坝基岩体滑动边界条件示意图

2. 切割面

切割面是指使滑移体与周围岩体分离的结构面，可分为沿滑移方向的纵向（或侧向）切割面（如图6-4中的*ADE*面和*BCF*面）和垂直滑移方向的横向切割面（如图6-4中的*ABFE*面），它们是由倾角较陡甚至直立的结构面构成的。纵向切割面因其走向大致平行

于向下游的推力方向,其上一般法向应力很小或没有,故在分析和计算中,通常不考虑它的侧向阻滑作用。但是在侧向切割面不发育或延伸不长或与滑动方向有一定的交角时,则侧向阻滑作用相当明显。如陕西石门拱坝抗滑稳定计算中,考虑了侧向切割面的阻滑作用,对减少坝体工程量起了一定的作用。当滑动面向一岸倾斜时,侧向切割面的阻滑作用更为明显,如云峰水电站就是这种情况。横向切割面走向大致垂直于水平推力,当岩体下滑时,它承受拉应力将岩体拉裂。

3. 临空面

临空面是指岩体与变形空间相临的面。变形空间一般指滑移体向之滑动不受阻力或阻力很小的自由空间。临空面可分为两类:一类是水平临空面,多为下游河床地面(如图6-4中的 *CDHG* 面);另一类是陡立临空面,如下游河床的深潭、深槽、冲刷坑等构成的临空面。

另外,在滑移体的下方有与滑移方向近于正交的断裂破碎带、节理密集带、较厚的软弱夹层等存在时,因可以发生较大的压缩变形,所以也能起到临空面的作用。

上述岩体滑动的边界条件,随着结构面的组合不同,可将不稳定岩体切割包围成各种形状的滑移体。常见的滑移体形态有楔形、棱柱形、锥形、方块形及板状体等。

对坝基岩体滑动的边界条件及滑移体类型的分析,实质上就是对坝基岩体抗滑稳定性的定性评价,也是进行力学分析计算的基础。显然这些工作都是建立在对坝基工程地质条件调查研究的基础上进行的。若经过分析证明,坝基岩体不具备可能滑动的边界条件,则岩体是稳定的。这三种边界面的特性条件,是岩体滑动必备的边界条件,三者缺一,则岩体不能滑动或不易滑动。

应该指出,上述分析无论对坝基岩体,还是对边坡及隧洞围岩的稳定分析都是适用的。

坝肩岩体滑动的边界条件分析:坝肩岩体的稳定是拱坝坝体稳定的关键。一般情况下,拱坝坝肩下游支撑拱座岩体的失稳破坏,除沿风化破碎的单薄岩体外,主要是沿顺河方向的软弱结构面向下游河床方向滑动。尤其应注意岸坡可构成横向临空面的地形条件,它们的存在对坝肩岩体稳定性很不利。

6.1.3.3　坝基岩体抗滑稳定计算

在确定岩体滑动的边界条件、各种计算参数(主要是滑动面的摩擦系数 f 和黏聚力 C 值)及滑动面上各种作用力的基础上,才能计算出可能滑动岩体的稳定性系数 η 值。稳定性系数是指在可能滑动面上,可利用的抗滑力与滑动力之比,即

$$\eta = \text{抗滑力} / \text{滑动力} \tag{6-2}$$

下面用静力极限平衡原理介绍几种简单滑动型式的稳定性系数的计算方法。

1. 表层滑动稳定性计算

当坝底与坝基岩体的接触面(可能滑动面)为水平面或近于水平面时,如图6-5所示,则抗滑稳定性系数 η 值为

$$\eta = \frac{f(\sum V - U)}{\sum H} \tag{6-3}$$

$$\eta' = \frac{f(\sum V - U) + CA}{\sum H} \tag{6-4}$$

式中 η、η'——抗滑稳定性系数；

$\sum V$——作用在接触面(滑动面)上的铅直压力之和，kN；

U——作用在坝基底面上的扬压力，kN；

f——摩擦系数；

C——黏聚力，kN/m^2；

A——滑动面的面积，m^2；

$\sum H$——作用在接触面(滑动面)上的水平力之和，kN。

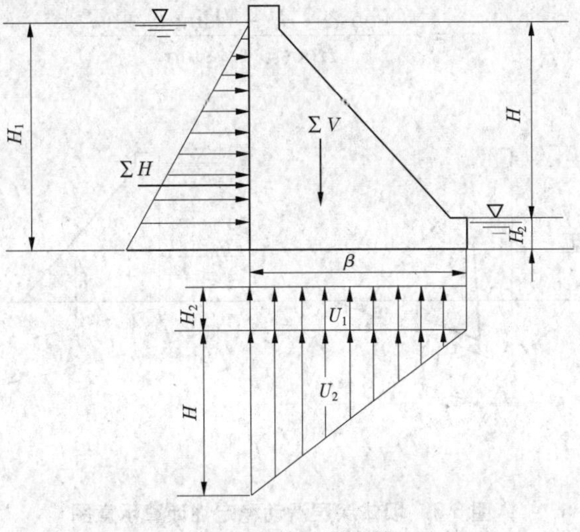

图6-5 表层滑动稳定性计算示意图

用式(6-3)、式(6-4)计算时，所取的抗滑稳定性系数不同。式(6-3)中未考虑黏聚力的作用，这表示有一定的安全储备，我国坝工设计多采用此式计算 η 值。计算中所采用的摩擦系数 f 值，一般为原位剪切试验获得峰值的0.4～0.7倍，并规定安全系数 K 取值为1.05～1.10。用式(6-4)进行计算时，安全系数 K 取值为2～3。若计算出的抗滑稳定性系数 η 值大于安全系数 K，则坝基岩体是稳定的；反之，岩体将产生滑动，需要采取加固措施。

2. 浅层滑动的稳定性计算

因为滑动部位浅，故可将滑动面简化为一水平面，用式(6-3)或式(6-4)计算。计算时采用的抗剪强度指标为软弱或破碎岩体的摩擦系数 f 和黏聚力 C 值。

3. 深层滑动的稳定性计算

深层滑动抗滑稳定计算，随岩体滑动边界条件而异，主要受滑动面产状和结构面组合形式所控制。下面就楔形滑动体在忽略切割面滑阻作用的条件下，简化成平面问题进行计算。

(1)单斜滑动面倾向上游时，如图6-6(a)所示。这种情况下，滑动面在下游河床出露，坝体和坝基楔形岩体作为一个整体，有可能沿滑动面向下游滑动。其抗滑稳定性系数为

$$\eta = \frac{f(V\cos\alpha - U + H\sin\alpha) + CL}{H\cos\alpha - G\sin\alpha} \tag{6-5}$$

式中 V——单宽剖面内各种铅直力之和(主要是坝体重力和滑动面上岩体重力之和),kN;

H——单宽剖面内各种水平力之和,kN;

L——滑动面长度,m;

α——滑动面沿滑动方向的倾角,(°);

其他符号含义同前。

(2)单斜滑动面倾向下游时,如图 6-6(b)所示。这种情况下,在坝的下游存在陡立临空面时,就能构成滑动体,其抗滑稳定性系数为

$$\eta = \frac{f(V\cos\alpha - U - H\sin\alpha) + CL}{H\cos\alpha + V\sin\alpha} \tag{6-6}$$

式中符号含义同前。

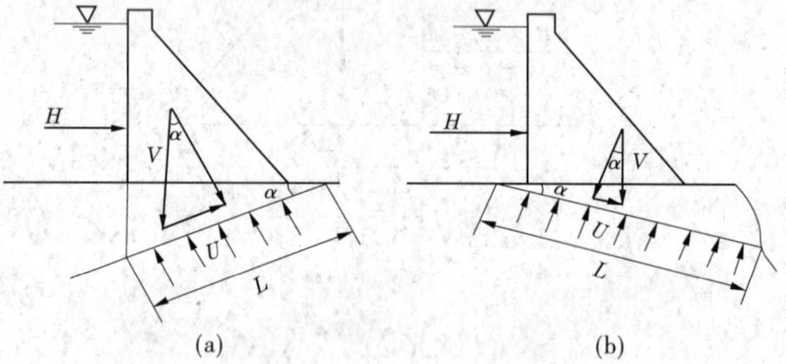

图 6-6　坝体深层滑动稳定性计算示意图

通过比较式(6-5)和式(6-6)可以看出,滑动面倾向下游的滑动体比滑动面倾向上游的滑动体的稳定性差。

6.1.3.4　坝基岩体抗滑稳定性计算中主要参数的选择

抗滑稳定计算参数,主要指摩擦系数 f 和黏聚力 C 值。从式(6-5)、式(6-6)中可以看出,在抗滑稳定计算中,抗剪强度指标(f、C)值的大小对岩体稳定性关系极大。在给定坝基(肩)安全系数值 K(根据各种因素确定的允许安全系数)的情况下,若计算中选用的 f、C 值较岩体的实际值偏小,则会造成工程上的浪费;反之,可能会出现严重后果。

目前国内对抗剪强度指标的选择与确定,一般用三种方法。

1. 经验数据法

岩石的抗剪试验是比较复杂的,尤其是野外现场试验,需要大量人力、物力和较长的时间。对于一些中小型水利水电工程,在没有条件进行试验的情况下,常在充分研究工程地质条件的基础上,参考经验数据,确定 f、C 值。根据我国实践经验,得出了适用于规划、可行性研究设计阶段的参考数据(见表 6-2)。

2. 工程地质类比法

此法是根据坝基(肩)的工程地质条件,参考条件相似且运转良好的已建工程的经验

表6-2　坝基岩体摩擦系数 f 经验数据

岩体特征	摩擦系数 f
极坚硬、均质，新鲜岩石，裂隙不发育，地基经过良好处理，而且无软弱夹层存在，湿抗压强度 $R_g > 1 \times 10^2$ MPa，野外试验所得弹性模量 $E > 2 \times 10^4$ MPa	0.65 ~ 0.75
岩石坚硬、新鲜或微风化，微裂隙性，不存在影响坝基稳定的软弱夹层，地基处理后 $R_g > 60$ MPa，野外试验所得弹性模量 $E > 1 \times 10^4$ MPa	0.55 ~ 0.70
中等硬度的岩石，岩性新鲜或微风化，弱裂隙性或中等裂隙性，不存在影响坝基稳定的软弱夹层，地基处理后 $R_g > 20$ MPa，野外试验所得弹性模量 $E > 0.5 \times 10^4$ MPa	0.50 ~ 0.60

数据，确定 f、C 值。这种方法实质上也是经验数据法，但由于条件相似，则更接近实际情况，适用于中小型水利水电工程。

3. 试验法

试验法是通过室内与现场试验求得抗剪强度指标 f、C 值。对于大中型水利水电工程，f、C 值原则上以原位抗剪(断)试验或室内中型抗剪(断)试验成果为主要依据，当夹泥厚度较大时，可以室内试验资料为依据。

总之，在实际工作中，计算参数的选定是较复杂的问题，往往需要工程地质人员与试验人员、水工设计人员共同研究协商，综合考虑各种影响因素而确定。

6.1.4　坝区渗漏问题

6.1.4.1　渗漏类型与危害

水库蓄水后，在大坝上、下游水位差的作用下，当坝基(肩)岩体中有渗透水通道(如连通的孔隙、裂隙、断层、溶洞等)时，库水将通过坝基岩体向下游渗漏，称坝基渗漏；当坝肩岩体中有渗透水通道时，库水通过两岸坝肩岩体向下游渗漏，称绕坝渗漏。二者统称坝区渗漏。坝区渗漏不但减少水库蓄水量，严重的渗漏会导致水库不能蓄水，直接影响工程的效益，而且因强大的渗透水流作用，会降低坝基(肩)岩体的稳定性，使坝基产生渗漏变形，危及大坝安全。

6.1.4.2　坝区渗漏的工程地质条件分析

坝区渗漏形式可分为均匀渗漏和集中渗漏两种。均匀渗漏是通过透水层(松散的砂砾石层、基岩中存在的均匀分布的密集裂隙)产生的渗漏；而集中渗漏是通过透水带(如较大的断层破碎带和岩溶通道)的渗漏。对坝区渗漏的研究主要是查明有无渗漏通道的存在，再根据具体情况采取相应的防渗措施。

1. 松散岩层的渗漏分析

坝区的渗漏内常见的松散岩层有冲积层、洪积层等。坝基渗漏主要通过古河道、河床和阶地内的砂砾石及卵石层。其颗粒粗细在纵向和横向变化较大，出露条件也各式各样，这些都影响渗漏量的大小。如果砂砾石层上有足够厚度、分布稳定的黏土隔水层,就等于天然铺盖,可起到防渗作用。在山区、半山区河谷两岸常有一些坡积物和洪积物,当其颗粒较粗时,常构成良好的渗漏通道。因此,在研究松散层坝区渗漏问题时,应查清土层在垂直方向和水平方向的变化。

2. 坚硬岩体的渗漏分析

在基岩坝址区,主要是查明透水层和透水带的分布、产状及出露情况等。在岩浆岩和由岩浆岩变质而成的变质岩分布区,坝区渗漏的主要通道是断层破碎带、连通的节理密集带及表层风化带等;喷出岩中串通的气孔、原生节理、间歇面等也都是漏水通道。沉积岩和由其变质而成的变质岩分布区,除断层破碎带、节理密集带外,尤其要注意透水层(如砂砾岩层、古风化壳等)的岩性及产状。如在倾斜构造或褶皱构造发育的沉积岩地区,常见的河谷构造有纵谷、横谷和斜谷三种形式。

(1)纵谷。指河流流向与岩层走向平行的河谷。因坝轴线与不同岩层的走向垂直,如有渗漏岩层或顺河向断层,坝轴线很难向上游或下游调整避免产生渗漏。特别是坝肩上下游有沟谷地形时,则更易造成水库的大量渗漏。

(2)横谷。指河流流向与岩层走向垂直的河谷。因坝轴线与岩层的走向平行,故可用调整坝轴线位置的方法来避开渗漏通道。但如有沟谷地形,倾向下游的透水岩层仍可形成绕坝渗漏。

(3)斜谷。指河流流向与岩层走向斜交的河谷。它是上述纵谷和横谷的过渡类型。一般河流流向与岩层走向夹角越小,且岩层倾向下游时,产生坝基或坝肩渗漏的可能性越大。

在岩溶地区,一定要查清岩溶的发育程度及分布规律,因为岩溶区一旦发生渗漏,就会影响水库蓄水,严重的岩溶渗漏,将使水库完全不能蓄水。

6.1.4.3 渗透水流对坝基(肩)岩体稳定性的影响

坝区渗漏不仅损失库水,而且渗透水流还可能对坝基(肩)岩体造成渗透破坏。渗透水流对岩体稳定的不利影响主要有:对坝基(肩)岩体产生渗透压力,恶化岩土体的工程地质性质,导致坝基(肩)岩土体产生渗透变形等。

1. 作用在坝基岩土体上的渗透压力

坝基渗流与绕坝渗流具有渗透压力和动水压力。渗透压力是指渗透到坝基下的水流在上、下游水头差的作用下对岩体产生的水压力,其大小等于该作用点的水头高度乘以水的重度。在滑动面上渗透压力是扬压力的主要组成部分(扬压力包括浮托力和渗透压力)。它抵消一部分坝体重力(尤其是重力坝),从而降低了坝基的抗滑稳定性。

2. 恶化岩土体的工程地质性质

渗透水流可导致某些抗水性较差的岩层,特别是软弱岩层(如页岩、泥岩、风化带、软弱夹层及断层破碎带等)产生软化或泥化现象,从而造成岩石的强度降低。

3. 导致坝基(肩)岩土体产生渗透变形

坝基岩土在渗透压力作用下,引起土体颗粒或裂缝充填物颗粒移动、结构变形或破坏的现象,称为渗透变形。其形式主要有潜蚀(管涌)和流土。在松散土基或岩体软弱结构面中,由于渗透水流的作用,可将其中一些细小颗粒带走,使岩土体中形成一些空洞,这种现象叫机械潜蚀(或称机械管涌)。如四川陈食水库,坝基为侏罗系的砂岩和泥岩,有一部分坝基位于节理发育且已风化的泥岩上,由于未采取必要的防渗措施,基础清基又不彻底,蓄水后在拱的背后出现浑水现象。结果潜蚀形成高15 m、宽8 m的冲蚀洞,造成库水迅猛下泄成灾。岩土中可溶成分被渗透水流溶蚀带走形成空洞的现象,叫化学潜蚀(或称化学管涌)。如葛洲坝闸基岩体泥化夹层的渗透试验证明,由于渗透溶蚀,泥化夹层部位的碳酸钙成分比上下层位都低,但游离的铁、铝氧化物含量却比上下层位高,表明可溶的碳酸盐类物质已被溶解带走。

当穴居动物(如各种狸、田鼠、蚂蚁、蚯蚓等)破坏土体结构,在大堤内外构成通路时,也可形成管涌,称为生物潜蚀。如我国的黄河大堤曾出现过这种现象。发生在坝下游松散土基表层,在动水压力作用下发生成片土体浮动,甚至被冲走的现象,称为流土。

上述这些渗透变形现象,其结果将改变坝基(肩)岩土体的组成结构,使其强度降低,甚至丧失承载力,引起沉降变形而危及坝体的安全。

6.1.4.4　常见的防渗措施

为了保证坝区不产生渗透变形和控制渗流量,可采用截水墙、帷幕灌浆、铺盖法、防渗井、堵塞法、围井或隔离法等措施。

1. 截水墙

截水墙通常包括黏土截水墙和混凝土截水墙。

(1)黏土截水墙:一般用于透水性很强、抗管涌能力差、厚度不大的砂砾石层。砾石层的厚度以不超过10~15 m为宜,开挖施工方便,防渗效果好。这种截水墙填筑时须穿过砂砾石,嵌入坝基、坝肩不透水层,使土坝心墙或斜墙通过截水墙与不透水层相连。截水墙的底宽,一般不小于坝上、下游水位差的1/5~1/10,太窄会影响防渗效果,也不便于施工。

(2)混凝土截水墙:对于透水性很强的砂砾石坝基的防渗,多采用混凝土截水墙。常用的施工方法是槽孔法,用钻机造孔。截水墙的顶部应深入坝身截水体内,其深度一般为1/6水头。截水墙的底部应嵌入岩基0.5~1.0 m。若两坝端分布有透水层,应将截水墙嵌入两岸,截断透水层,防止绕坝渗漏。

2. 帷幕灌浆

当坝基砂砾石层较厚,修筑截水墙施工较困难时,可采用灌浆法。此方法是将水泥黏土浆或水泥浆液灌入砂砾石层的孔隙中,形成帷幕式防渗体,一般防渗效果较好。对于较薄的砂砾石透水层,由于不能承受高压,不宜采用灌浆防渗。

帷幕灌浆的厚度,根据帷幕允许水力坡度与上、下游水位差而定,其计算公式如下

$$B = \frac{H}{J} \tag{6-7}$$

式中　B——帷幕厚度,m;

H——上、下游水位差,m;

J——帷幕允许水力坡度,一般应小于3~4。

3. 铺盖法

当坝基由深层的砂砾石层构成,做截水墙或帷幕灌浆很困难时,可在坝上游设置黏土

铺盖。铺盖长度取决于材料的透水性、坝基透水层的厚度及水头的高低等因素,可根据透水层的厚度 T 与作用水头 H 的比值确定。

当 $0.1<\frac{T}{H}<0.25$ 时,铺盖长度为 3~8 倍水头;

当 $0.25<\frac{T}{H}<0.5$ 时,铺盖长度为 4~10 倍水头;

当 $\frac{T}{H}>0.5$ 时,铺盖长度为 5~12 倍水头。

铺盖厚度主要取决于土料和地基的透水性质。其首端厚度通常采用 1 m,末端厚度可采用 2.5~3.0 m,铺盖能满足一定的防渗要求,但效果不如截水墙和帷幕灌浆防渗措施好,往往还需要在下游结合其他防渗措施进行排水减压。

4. 防渗井

防渗井适用于处理断层破碎带,断层破碎带虽然岩石极为破碎,但是,有时含泥较多,可灌性很差,采用灌浆处理起不到良好效果,故常采用防渗井。防渗井就是将断层破碎带的物质挖出,回填混凝土。有时防渗井和帷幕灌浆结合使用,效果更好。

5. 堵塞法

坝基在岩溶地区,存在有单个分布的直径较大或深层较大的洞穴、宽缝带破坏了地基岩体的均一性,如果洞穴、宽缝带有充填时,也会导致局部地基承载力降低,在荷载作用下使洞顶塌陷造成不均匀沉降;如果洞穴、宽缝带无充填或半充填时,会形成地下通道或落水洞,使库水产生严重渗漏,损失水量或产生机械管涌。此时可采用堵塞法进行防渗。

在查明坝基的直径较大或深层较大的洞穴、宽缝带的位置之后,在其进口或通道的咽喉部位加以堵塞。堵塞材料可采用块石、砂、黏土和混凝土等。当采用当地材料堵塞时,堵体应设置反滤层,上部用黏土夯实封盖,但是,对于受地下水位升降影响产生巨大气压和水压的洞口,在进行堵塞时,必须同时采取排水措施,防止气、水冲破堵体。

6. 围井或隔离法

坝基在岩溶地区,由于存在着反复泉或直径较大的落水洞。前者由于雨季时地下水冒出,枯水季消失,在冒水时有一定的压力,采用铺盖和堵塞防渗效果不好。后者由于洞的宽度或深度较大。堵塞困难或工程量大,采用围井法处理较为合适。其方法是在反复泉或落水洞的周围,修筑围井。当水头不高时,围井可用黏土砌筑;当水头较高时,围井则需要用混凝土或浆砌条石砌筑。围井的高度应高出水库最高水位。如广西香梅水库在反复泉出口处修一烟筒状围井,井口略高出库水位,起到了良好的隔水作用。

当库内个别地段落水洞集中分布,或溶洞较多,分布范围较大。采用铺、堵、截、围的方法处理均较困难,则可采用隔离法。用隔堤把渗漏地带与水库隔开。

6.1.5 坝基处理措施

在生产实践中能够通过综合比较选择最优的坝址,但是任何一个选定的坝址,都是天然存在的岩体,是自然历史的产物,它长期经历了各种地质作用的侵袭与变化,其工程地质条件都不会完全符合建筑设计的要求,总会存在着这样或那样的不良工程地质问题。

为了保证建筑物的稳定和正常使用,就需要采取一定的工程处理措施,以消除不利地质因素对建筑物的影响。因此,坝基处理是水利水电工程建筑中一项非常重要、必不可少的环节。对于不良工程地质问题,常用的处理措施主要包括清基开挖、陡倾断层及破碎带的处理、岩层裂隙的处理、缓倾软弱夹层及破碎带处理等。

6.1.5.1 清基开挖

清基开挖就是将坝基表部节理发育的岩层、松散软弱夹层、断层破碎带、风化破碎的岩层及浅部的软弱夹层等开挖清除掉,使坝体放在比较新鲜完整的岩体上。清除的深度应根据建筑物的等级、规模和坝的形式、要求以及岩层性质和构造特点而定。

对于混凝土重力坝来说,按规范要求,高于70 m的坝,坝基应开挖到微风化或新鲜岩层;当坝高为30~70 m时,应开挖到微风化或弱风化岩层的下部;而小于30 m的低坝,则可适当降低要求。对于风化速度较快的岩层,当基坑暴露时间较长时,应预留保护层或采取其他保护措施。清基时,应使基岩表面略有起伏,并尽可能向上游倾斜,以提高抗滑能力。如果岩层向下游倾斜,则应开挖出反向的台阶。在边岸附近开挖时,应注意坡脚被挖后是否会危及边岸稳定。此外,还应注意爆破对岩石的影响。

6.1.5.2 陡倾断层及破碎带的处理

在水工坝基(肩)下存在倾角大于30°的断层破碎带、节理密集带、软弱夹层时,坝基(肩)会产生局部不均匀沉降或应力集中,使建筑物变形、产生集中渗漏、渗透变形,甚至可导致沿此面产生滑移,危及建筑物的安全。其处理方法可按断层缺陷对坝体、坝基构成的主要问题采取混凝土塞、混凝土梁、混凝土拱等。

混凝土塞是将断层破碎带挖除至一定深度后,回填混凝土,以提高地基的强度,一般沿破碎带并挖成倒梯形断面的槽子,如图6-7(a)所示。开挖深度应根据坝基应力大小、破碎带宽度等因素计算确定,一般情况下可取宽度的1.0~1.5倍。此方法适用于宽度为0.6~2.0 m的断层。

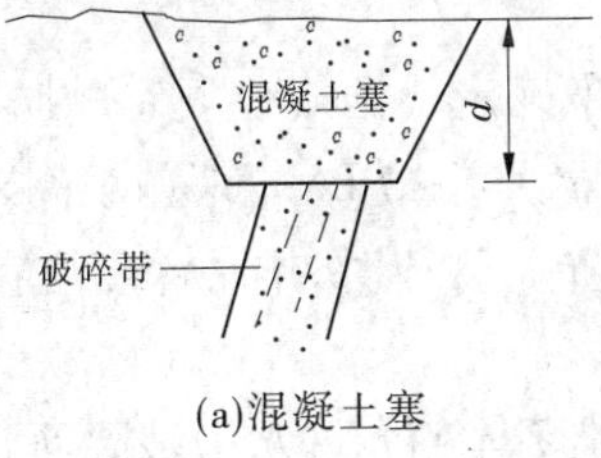

(a)混凝土塞

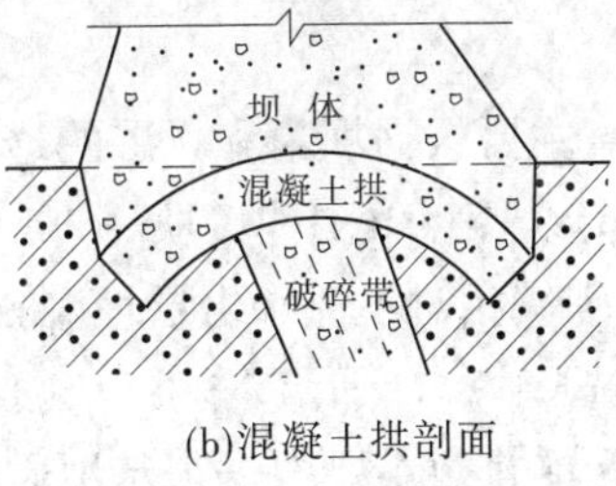

(b)混凝土拱剖面

图6-7 坝基处理混凝土塞、拱示意图

当断层破碎带宽度较大时,如采用混凝土塞的办法,开挖及回填方量很大,则可采用混凝土梁或拱的结构型式,将荷载传至两侧坚硬完整岩体上,如图6-7(b)所示。此方法适用于断层宽度为2.0~4.0 m。

6.1.5.3 岩层裂隙的处理

在岩体中裂隙是广泛存在的,一般靠近表部裂隙较多,既影响抗滑稳定,又易造成渗漏。而愈向深处,裂隙愈少,主要是影响渗漏。对于裂隙的处理,目前广泛采用灌浆的方法,按其在水工建筑物中所起作用可分为固结灌浆、接触灌浆以及帷幕灌浆三种类型。其灌入材料主要是水泥灌浆,此外还有黏土灌浆、化学灌浆(灌入丙凝、丙强、氰凝环氧树脂等)。

1.固结灌浆与接触灌浆

固结灌浆是通过在基岩中的钻孔,将适宜的具有胶结性的浆液(大多为水泥浆)压入基岩的裂隙或孔隙中,使破碎岩体胶结成整体以增加基岩的密实性、强度。我国几乎所有的混凝土坝基都采取这种措施,甚至有的土坝、堆石坝也采用固结灌浆加固坝基,都取得了良好效果。但当裂隙中有泥质充填时,则会出现"不吃浆"的现象,因而达不到固结的目的。为此在灌浆以前,往往需要用一定的压力压入清水进行冲洗。

根据实践经验,灌浆孔一般布置成梅花形,孔距1.5~3.0 m,视浆液扩散的有效范围而定。孔深根据加固岩体的要求而定,浅孔固结灌浆一般为5~8 m,最深不大于15 m。目前大多采用风钻钻孔,这样比用钻机钻孔简便得多。在特殊情况下,如裂隙分布较深,也可进行深孔固结灌浆。

灌浆孔一般为直孔,有时为提高效果,也可布置成大致垂直于主要裂隙或其他软弱面的斜孔。

接触灌浆是专门针对基础与地基的竖直或高倾角接触部位的灌浆。其目的是为了充填由于混凝土收缩而产生的空隙,加强其结合强度,改善其受力条件。施工中当坝体混凝土浇筑到一定高度后与固结灌浆同时进行。

2.帷幕灌浆

帷幕灌浆是在受灌体内建造防渗帷幕的灌浆,是防止坝基渗漏的重要措施。防渗帷幕是在坝的迎水面附近打钻孔,将防渗材料配制的液体,以适当的压力灌入岩层的裂隙中,凝固后形成一道类似的阻水帷幕。其所使用的材料绝大多数是水泥浆,但当裂缝宽度小于0.15 mm时,水泥浆不易灌进;而地下水流速超过120 m/d时,则水泥浆易被冲走,以及地下水对水泥有侵蚀性时,均不宜用水泥浆灌注,可采用丙凝等其他化学材料灌浆,但价格昂贵。

帷幕的深度主要根据坝高和岩层的透水率 q 来确定。据规范规定的防渗标准为:高坝(坝高 >70 m),$q \leqslant 1$ Lu;中坝(坝高30~70 m),q 为1~3 Lu;低坝(坝高 <30 m),q 为3~5 Lu。如果坝基相对不透水岩层埋藏较深或分布不规律时,帷幕深度可在0.3~0.7倍的坝高范围内选择。

帷幕灌浆孔的排数主要根据坝基地质条件和帷幕体的允许水力坡降而定。一般在坚硬致密、裂隙少、透水性弱的岩层中设置一排灌浆孔即可。在岩石破碎、节理裂隙发育、透水性强的地区应设置两排灌浆孔。如有大的断裂破碎带、裂隙密集带、强烈透水,则需设置两排以上的宽厚帷幕。

灌浆孔的孔距以使帷幕有连续性为原则,通常根据灌浆试验确定。当缺少灌浆试验资料时,一般可在1.5~4.0 m选用。

6.1.5.4 缓倾软弱夹层及破碎带处理

当坝基(肩)下存在有规模较大的软弱破碎带时,如断层破碎带、软弱夹层、泥化层、裹状风化带、裂隙密集带等,且倾角小于30°,则需要进行特殊的处理。

1. 明挖

当缓倾的软弱破碎带埋藏较浅时，可全部挖除，回填混凝土或钢筋混凝土，如图6-8(a)所示，这样做最安全可靠。

2. 洞挖回填

若缓倾的软弱破碎带埋藏较深则采用洞挖(平硐或斜硐)，深部开挖可配以竖井，挖除后回填，再进行固结灌浆和接触灌浆，如图6-8(b)所示。为了减少工程量，在能满足工程条件的情况下，也可部分开挖。例如，当软弱破碎带倾向下游或上游时，可沿其走向每隔一定距离挖一平硐，硐的顶部和底部均嵌入坚硬完整岩石的岩层中，然后回填混凝土，形成混凝土键，如图6-8(c)所示。如果当软弱破碎带倾向两岸时，则可沿其倾向每隔一定距离挖一斜井并回填混凝土，以提高其抗滑能力。

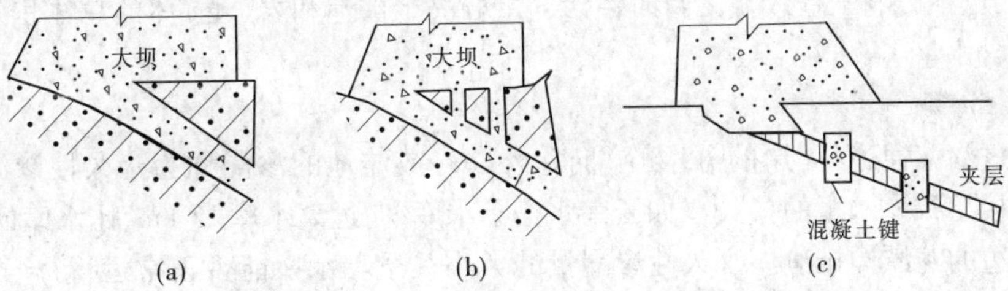

图6-8　缓倾软弱夹层及破碎带处理示意图

3. 锚固

由于地质条件等原因开挖软弱破碎带有困难时，还可以采用预应力锚固的方法，即用钻孔穿过软弱破碎面深入完整岩体一定深度，插入预应力钢筋或钢缆，使岩体承受反向压力，提高其抗滑强度。钢筋或钢缆周围(钻孔中)回填以水泥浆封闭，如图6-9所示。在条件允许时，也可采用大口径钻孔(直径可达1 m左右)，回填以混凝土，形成混凝土桩。

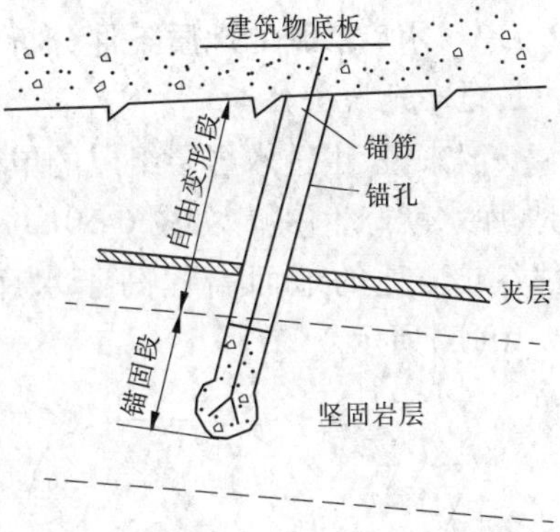

图6-9　预应力钢筋锚固示意图

此外，还有在坝的基础前部设置齿墙，用以切断软弱夹层的结构措施。总之，上述处理措施的选用，需要根据工程的具体要求和地质条件的特征而定，但大部分是综合采取各种措施，很少单独依靠某一种措施。

6.2　水库的工程地质问题

水库蓄水以后，水文条件发生了剧烈的变化，库区及邻近地区的地质环境也必然会受到影响，如果库区存在某些不利的地质因素，就会产生各种工程地质问题。水库的工程地质问题主要有水库渗漏、库区浸没、水库塌岸、水库淤积和水库诱发地震等几个方面。这是关系到水库工程达到预期效益、兴利还是遗害的大问题,应予以高度重视。所以,在进行坝址选择时,必须注意库区的工程地质条件,选择一个良好的库址。本节将结合专业性质和要求,重点论述水库渗漏问题。

6.2.1 水库的渗漏问题

6.2.1.1 水库渗漏方式

水库渗漏按其性质可分为暂时性渗漏和永久性渗漏两种。

1. 暂时性渗漏

水库蓄水过程中,因浸润、饱和库盆内岩层而导致库水量的减少,称为暂时性渗漏。当库水位下降时,这部分水量可从地下流入库内,除因蒸发、蒸腾和土壤吸附作用的消耗外,它不会漏向库外。一般情况下,它只在一定程度上延缓了水库蓄满的时间,不影响水库的总库容,更不影响工程效益。暂时性渗漏量取决于被饱和岩(土)体的总体积及其空隙率和天然含水量。

2. 永久性渗漏

库水通过渗漏通道(库岸的分水岭)向库外邻谷或洼地的渗漏称为永久性渗漏。永久性渗漏直接导致库水量的损失。如云南水槽子水库,向远离水库15 km、比水库低1 000 m的金沙江边的龙潭沟排泄。永久性渗漏量的大小关系着水库能否正常运行,严重者使水库只能起滞洪作用。工程地质工作的任务在于查清库区周围一切可能的渗漏通道,并估算其渗漏量。

6.2.1.2 水库渗漏的地质条件分析

1. 地形地貌条件

一般来说,由透水岩层组成的单薄河间地块、邻谷或洼地地面高程低于水库正常高水位时,库水就产生渗漏,如图6-10(a)所示;反之,若河间地块山体宽厚,邻谷下切较浅,甚至邻谷或洼地的地面高程高于水库正常高水位时,则库水很少或不会产生渗漏,如图6-10(b)所示。

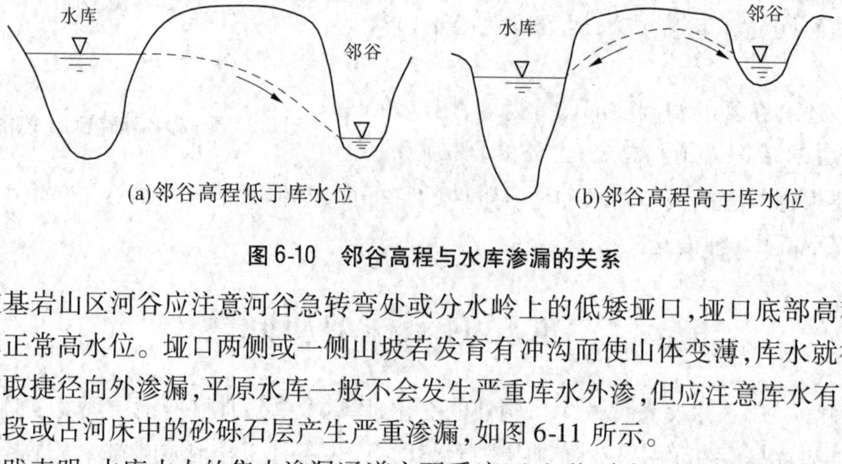

图6-10 邻谷高程与水库渗漏的关系

在基岩山区河谷应注意河谷急转弯处或分水岭上的低矮垭口,垭口底部高程必须高于水库正常高水位。垭口两侧或一侧山坡若发育有冲沟而使山体变薄,库水就很有可能沿冲沟取捷径向外渗漏,平原水库一般不会发生严重库水外渗,但应注意库水有可能通过河曲地段或古河床中的砂砾石层产生严重渗漏,如图6-11所示。

实践表明,水库内大的集中渗漏通道主要受库区地形、岩性、地质构造与水文地质条件所控制，在地形上常有反映，因此找出不利地形地段，就可缩小工作范围，加快勘察进程。

2. 岩性和地质构造条件

分析岩性和地质构造条件，目的在于判断库区有无库水向外渗漏的通道。如有渗漏通道沟通库区内、外，且在库区和邻谷(或洼地)的出露高程又都低于水库正常高水位，可能产生永久性渗漏。

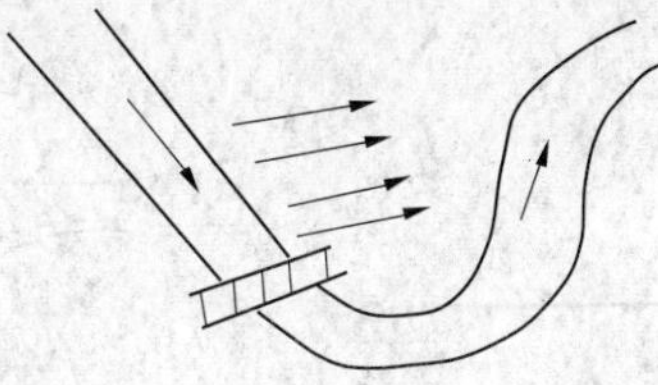

图6-11　河弯间渗漏示意图

1)岩性条件

一般构成水库渗漏通道的岩性条件有：

(1)河间地块分布有强透水岩层，如第四纪松散沉积层，特别是河流冲积—洪积层中的卵砾土和砂土，如图6-12(a)所示。

(2)可溶性岩层中存在岩溶通道，如图6-12(b)所示。

(3)存在贯通库内外的未胶结或胶结不良的古风化壳、断层破碎带、不整合面，以及多气孔构造的火山岩或裂隙发育的其他岩层，如图6-12(c)所示。

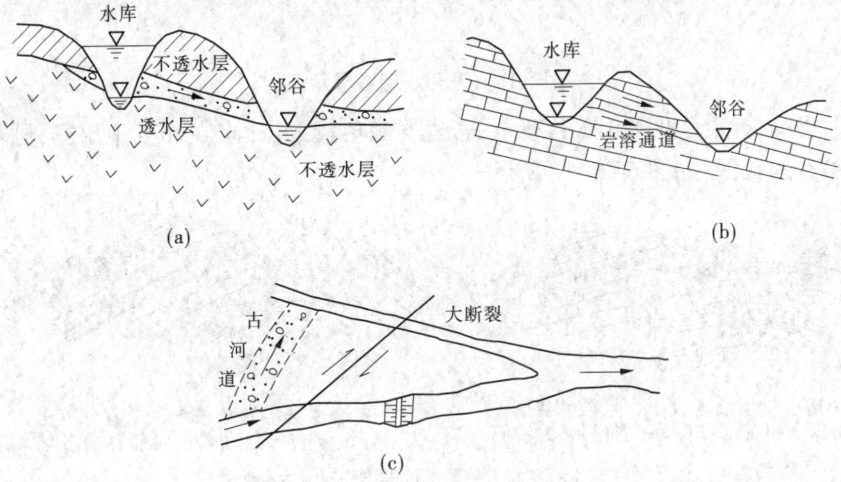

图6-12　使库水向邻谷渗漏的岩性、构造条件

例如，北京市房山区的天开水库，既存在第四纪古河道的渗漏，又存在岩溶渗漏。该水库设计库容为1 300万m^3，由主坝和副坝组成。其处于低山丘陵与山前平原接壤地带，地层为震旦纪硅质石灰岩，岩层呈单斜构造，且倾向下游，如图6-13所示，岩层中溶蚀裂隙发育。在水库兴建前，河间地块无地下水分水岭；建坝后，由于未采取防渗措施，每年雨季拦蓄洪水后，长则50多d，短则10余d，库水就全部漏失。不仅如此，位于水库下游的天开村，至今深受水库漏水之害，一旦库内蓄水，村中就到处冒泉，交通和正常生活均受到严重影响。

2)地质构造条件

水库渗漏除与库区分布的岩石性质有关以外，还与地质构造有如下密切关系：

(1)背斜构造的河谷地带，若存在透水地层，且其倾斜平缓，又被邻谷切割出露，即可

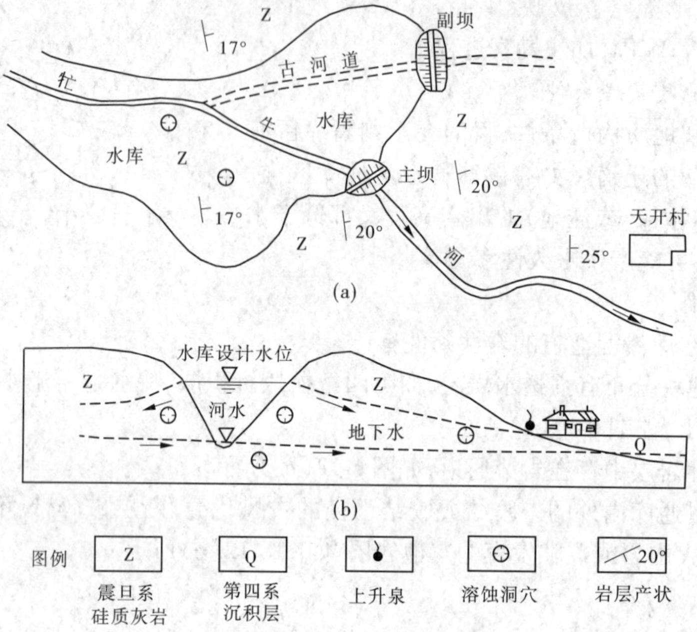

图6-13　天开水库渗漏示意图

引起向邻谷的渗漏,如图6-14(a)所示;若岩层倾角较大,又未在邻谷中出露,则不会导致库水向邻谷的渗漏,如图6-14(b)所示。

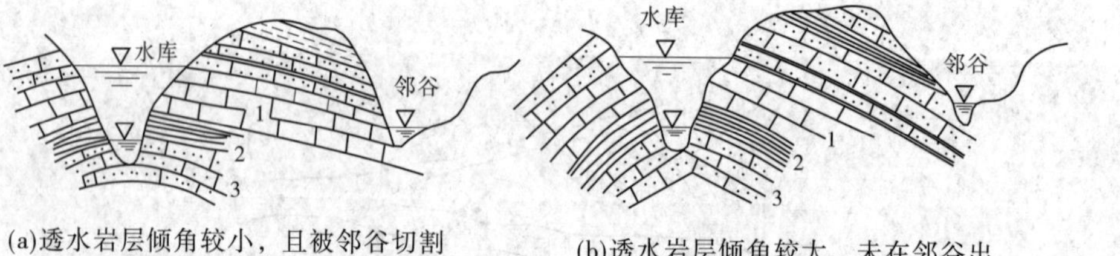

(a)透水岩层倾角较小，且被邻谷切割出露，可能导致库水位向邻谷的渗漏

(b)透水岩层倾角较大，未在邻谷出露，不会导致库水位向邻谷的渗漏

1—透水石灰岩;2—隔水页岩;3—透水性小的砂岩

图6-14　背斜构造与水库渗漏

(2)向斜构造的河谷,若有隔水地层阻水,则不会引起向邻谷的渗漏,如图6-15(a)所示。在没有隔水层阻水,且与邻谷相通的情况下,则会导致库水向邻谷的渗漏,如图6-15(b)所示。

(3)断层也是如此,有的会引起库水向邻谷的渗漏,如图6-16(a)所示。有些情况,由于断层效应,反而可起阻水作用,如图6-16(b)所示。

3. 水库渗漏的水文地质条件

当水库具备可能引起渗漏的地形、岩性、地质构造条件后,库水是否产生渗漏还要结合库区地下水埋藏与运动的特点进行分析才能确定。

1)分水岭地带的地下水为潜水

分水岭地带的地下水为潜水时,根据地下水分水岭的位置或泉水在地表出露的高程

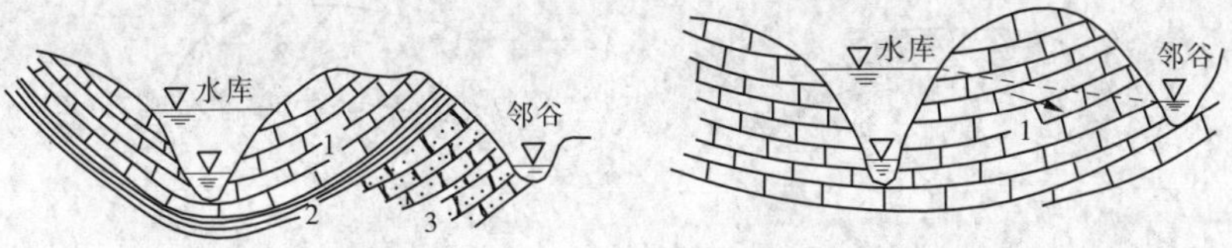

(a)有隔水层阻水的向斜构造，不会引起向邻谷的渗漏

(b)无隔水层阻水的向斜构造，又于邻谷相通的向斜构造，可能引起向邻谷的渗漏

1—漏水石灰岩;2—隔水页岩;3—透水性小的砂岩

图6-15 向斜构造与水库渗漏

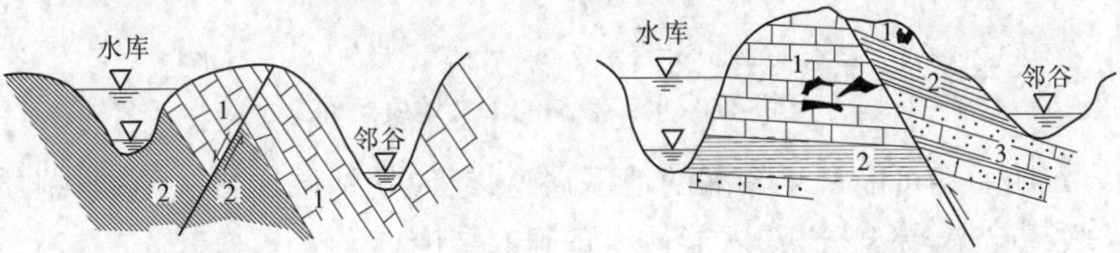

(a)可能引起水库渗漏的断层

(b)可阻止水库渗漏的断层

1—透水岩层;2—隔水页岩;3—渗水性小的砂岩

图6-16 断层与水库渗漏

与水库正常水位的关系,可以判断库水是否会向邻谷渗漏。它们的关系大致有以下几种情况:

(1)建库前,地下水分水岭高于水库正常水位时,不会产生渗漏,如图6-17(a)所示。如那岸水电站,建库前河水位为180 m,水库正常蓄水位为227 m,而库岸泉水出露高程最低230 m,因而水库运行多年并未发生渗漏问题。

(2)水库蓄水前,地下水分水岭的水位低于水库正常水位,水库蓄水后是否产生渗漏则取决于下列条件:地下水分水岭低于库水位不多,而河间地块宽厚,正常库水位以下没有强烈的渗漏通道存在,蓄水后,由于库水的顶托作用,地下水分水岭可能升高,并高于库水位,库水将不会产生渗漏,如图6-17(b)所示;另一种情况是,地下水分水岭如低于库水位甚多,水库蓄水后,由于库岸岩性透水性强,地下水分水岭可能消失,库水将产生渗漏,如图6-17(c)所示。

(3)水库蓄水前,无地下水分水岭存在或邻谷谷底及河间地块中的地下水分水岭低于建库河流的原河水位,且建库前就有向邻谷的渗透,水库蓄水后,必然加剧渗漏,如图6-17(d)所示。

如云南水槽子水库,建库前河水已通过层间裂隙向那姑盆地渗漏,水库蓄水后,水位增高,水压力增大,渗漏加剧,致使那姑盆地东北部一带四处冒水,并造成部分民房倒塌,农作物浸水受灾。

2)分水岭地区有承压水存在

当分水岭地区有承压水存在时,如果承压水透水层在邻谷出露的高程低于库水位,则库水就有可能沿承压含水层渗向邻谷。建库前库岸有上升泉时,如果泉水出露高程超过水库正常蓄水位,库水就不会沿承压含水层渗向邻谷。

上述条件是水库向邻谷或相邻洼地渗漏所必需的。因此,在判断水库是否会发生渗

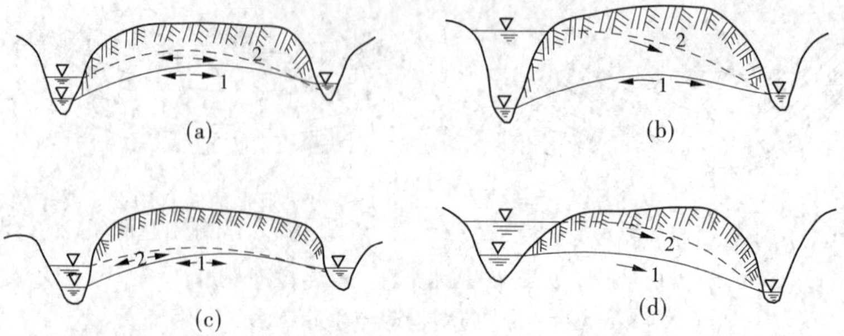

1—水库蓄水前的地下水分水岭;2—水库蓄水后的地下水分水岭

图6-17　水库渗漏的水文地质条件

漏时,除了要查明一切可能产生渗漏的地下通道,还应把地层、岩性、地貌、地质构造与水文地质条件联系起来,综合分析,才能得出正确的结论。

6.2.2　水库浸没问题

6.2.2.1　水库浸没概念

水库蓄水后,库区周围地区地下水位,受库水顶托作用而相应抬高(称为地下水壅水)。当水库边岸比较平缓,地面高程接近正常高水位时,壅水后的地下水位可能接近或高出地表,造成水库周边地区的沼泽化或土壤盐渍化,建筑物地基软化,矿坑充水坍塌,这种现象称为水库浸没,如图6-18所示。

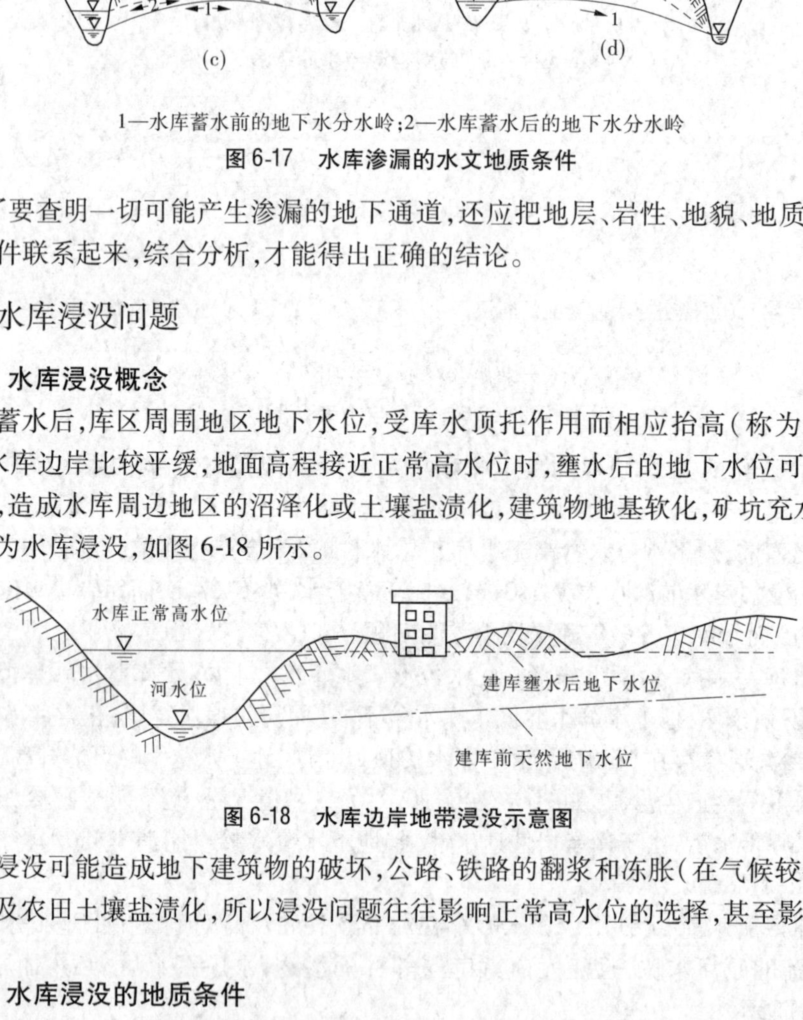

图6-18　水库边岸地带浸没示意图

由于浸没可能造成地下建筑物的破坏,公路、铁路的翻浆和冻胀(在气候较冷地区),房屋倒塌及农田土壤盐渍化,所以浸没问题往往影响正常高水位的选择,甚至影响到坝址的选择。

6.2.2.2　水库浸没的地质条件

水库周边地区是否会发生浸没,首先取决于水库边岸正常高水位上下范围内的地形地貌、岩土性质、地质构造、水文地质条件。其次与水文气象、水库的运行管理,以及某些人为活动有关。对于山区水库,因为水库边岸地势陡峻,又多由不透水岩石组成,一般浸没问题不大。对于山间谷地和平原区水库,因周围地势平坦,且常由松散的土层组成,土层的毛细性较强,地下水埋藏又浅,最易形成浸没,影响范围也较大。

具有下列条件之一的库岸地段,应考虑发生水库浸没的可能性:

(1)平原区水库的坝下游,顺河堤坝或围堤的外侧,特别是地形低于河床的库岸地段。

(2)山间谷地或盆地型水库边缘与山前洪积扇连接的地段。

(3)地表水或地下水排泄不畅、地下水埋藏较浅、补给量大于排泄量的库岸地带。封闭或半封闭的洼地、沼泽的边缘地带。

6.2.2.3 水库浸没的防治措施

(1)降低地下水位。根据回水预测结果结合地区水文地质条件,对浸没区布置排渗或疏干工程。对重要建筑物区采用切实有效的排水方法。

(2)采用工程措施与农业措施相结合的综合防治方法,如改变农作物种类和耕作方法等。

6.2.3 水库塌岸问题

6.2.3.1 水库塌岸概念

水库蓄水后或在蓄水过程中,由于岸边岩石或土体受库水的长期浸泡而饱和,强度降低,加之库水波浪的冲击、淘刷作用,引起库岸发生坍塌破坏的现象称为水库塌岸。随着时间的延续,库岸不断地坍塌破坏,库岸线不断后退,直到达到新的平衡状态为止。这一过程称为水库的岸边再造。

塌岸引起水库岸边后退,不仅对沿岸的工业建设、交通道路、居民点和耕地等造成很大威胁和破坏,而且坍塌下的土石体淤积于库中,将减少水库的有效库容。我国河北的官厅水库及河南三门峡水库就曾发生过较严重的水库塌岸。发生在近坝址区的大规模崩塌和滑坡,还将直接危及大坝的安全,如意大利瓦依昂水库的失事。此外,分水岭单薄地段,由于塌岸,使之更加单薄,容易产生渗漏。

6.2.3.2 水库塌岸的过程

塌岸现象一般在平原水库表现得比较突出,在蓄水初期2~3年内表现得较为严重,随后慢慢形成新的稳定边坡。以官厅水库梁头区塌岸为例,其发生和发展过程大致可分为四个阶段,如图6-19所示。

1.水库岸壁的初期破坏

水库蓄水初期,岩土受浸润饱和以及波浪的冲蚀,陡壁开始塌落。官厅水库梁头区库岸从1954年8月到1955年10月开始破坏。

2.浪蚀龛及浅滩的形成

塌落后的库岸,水位以上的岩土处于干燥状态,具有较高强度。而处于库水位附近的岩土,受波浪淘蚀,逐渐被淘空形成佛龛状地形——浪蚀龛。波蚀物质堆积在浪蚀龛下,形成浅滩。官厅水库梁头区库岸从1955年10月开始第二阶段。

3.岸壁后退,浅滩增大

随着库岸库水位的涨落,浪蚀龛不断加深,上部岩土体在重力作用下而坍塌,岸壁不断后移,浅滩不断加厚和延长。官厅水库梁头区库岸从1955年以后到1956年11月为这一阶段。

4.稳定岸坡的形成

由于浅滩的形成和扩展,靠近库岸的库水也越来越浅,波浪冲击的路程相应加长,这样就削弱了库水波浪的冲蚀力,减少了沉积物质的来源,进而又限制了浅滩本身的继续发

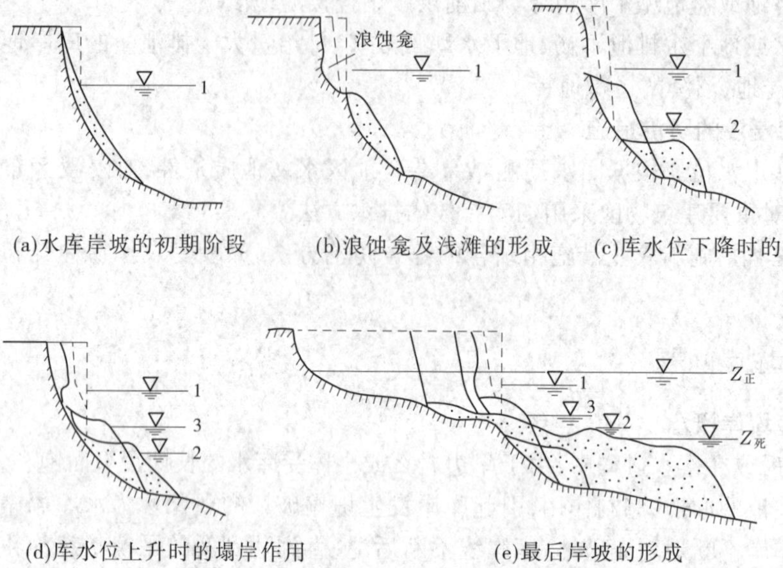

1、2、3—库水位变化;$Z_正$、$Z_死$—正常高水位及死水位

图6-19 水库塌岸过程示意图

展而趋于稳定,成为岸边再造后相对稳定的库岸。如官厅水库1964年以后的库岸就是这样。

6.2.3.3 水库塌岸的影响因素

水库塌岸及岸边再造过程受多种因素影响,其中地形、岩性、地质构造和水文气象条件起着决定性的作用。

1. 地形条件

岸坡愈平缓,与水库天然的稳定岸坡坡度相近时,不会发生塌岸;反之,当岸坡愈高愈陡,愈易被冲刷,易产生塌岸。

2. 岩性和地质构造条件

由各种不同岩土组成的岸坡,具有不同的抗剪强度和抗冲蚀能力,它们决定着最终塌岸的范围、作用强度和塌岸类型。由坚硬、半坚硬岩石组成的岸坡,因抗冲刷能力强,当没有软弱结构面的不稳定组合时,一般不易发生塌岸。而由第四系黄土类、砂土、亚黏土、砾石等软弱岩层组成的岸坡最易塌岸,当岩体岸坡中存在不利的软弱结构面时,由于岸坡前缘临空,有时两侧冲沟深切,后缘又有断裂切割时,则形成岩体滑动的边界条件,可使库岸发生崩塌或滑坡。

3. 水文气象条件

库水的波浪作用、流水作用、库水位动态、大气降雨作用、浮冰冲击作用等,都对水库塌岸有一定的影响。其中以波浪的冲蚀作用对库岸破坏最为严重。波浪的大小取决于风向、风速及吹程的长短。

以上是水库塌岸主要的影响因素,水库塌岸的次要影响因素有库岸的水文地质条件、植被程度、物理地质现象(岩石的风化、冲沟、崩塌、滑坡、泥石流)等,对库岸稳定也有不同程度的影响。

据观测,在库水位初期上升和水位消落两个时段内,分别因岩土充水饱和后抗剪强度降低和地下水动水压力的作用,往往最易产生塌岸。

6.2.3.4 水库塌岸的预测

水库塌岸预测的目的是根据库区的自然地理、工程地质条件和水库运行期水位变化等情况,定量地估计水库蓄水后某一期限内以及最终的塌岸宽度、塌岸速度、形成最终稳定库岸的可能期限等情况,这些都是要在建库前作出预测的。它直接关系到水库区移民的数量、新居民点的建设和库岸防护工程的兴建。

水库塌岸预测是按水利水电工程地质勘察分阶段进行的。在可行性研究勘察阶段,可依据遥感资料及地面地质测绘工作,确定可能塌岸的库段和范围。在初步设计勘察阶段,应查明塌岸地段的土层分层、级配和物理性质,确定岸坡的稳定坡角、浪击带稳定坡角和土的水下休止角,应用经验公式,计算和预测不同库水位的塌岸范围,并提出长期观测的建议。

目前,我国对官厅水库及三门峡水库等黄土库岸和黄土质库岸进行了比较准确的塌岸预测工作,取得了较系统的观测资料,可供参考。

6.2.4 水库淤积问题

6.2.4.1 水库淤积的概念与危害

水库建成后,上游河流携带的大量松散物质(砂砾石、黏土等)在库区沉积下来,堆积于库底,这种现象称为水库淤积问题。水库淤积物主要来自以下几方面:

(1)上游河流及支流对库岸斜坡的冲刷;

(2)水库周围冲沟的侵蚀;

(3)库岸的坍塌;

(4)库周围山崩和滑坡;

(5)河流携带泥沙流入库内,这是最主要的淤积物质来源。

日积月累,库内淤积越来越多,会带来以下不良后果和危害:

(1)影响水利枢纽及水电站的正常效益;

(2)水库库容减少,使用寿命缩短;

(3)回水曲线抬高,浸没范围扩大;

(4)在库前、库尾,水深变浅,影响通航。

目前我国建成8万多座水库,总库容近5 000亿 m^3,由于泥沙淤积,库容减少了40%。水库淤积在多泥沙河流地区是一个非常突出的问题。如黄河年总输沙量达14.8亿t,河流最大含沙量为286 kg/m^3,居世界首位。这是危害三门峡水库的重大问题之一。

6.2.4.2 水库淤积的防治措施

水库淤积的防治主要是设法减少入库的泥沙量,设法排除库区的淤积物。减少入库泥沙量的办法主要是开展水土保持工作,其中包括在较大支流上修建泥沙库,在小支沟或冲沟中修筑坝地,即沿沟道阶梯式地筑坝淤地,在山坡上修建梯田、种草、植树造林等综合治理。另外,对库岸不稳定地段,必要时可进行加固处理。

在水利枢纽的建设中,增设清淤排沙工程(如在坝身留底孔或布置大孔口排沙隧洞)等,对于控制水库进沙量,防治水库淤积是行之有效的措施。在水库调度中,科学地运行管理,对改善淤积状况也有一定的效果,如黄河三门峡和小浪底水利枢纽均采用“蓄清排浑”运行方式,取得了较好的防淤排沙效果。

6.2.5 水库诱发地震

水库诱发地震是由于水库蓄水后诱发而引起的地震,是人类工程所引起的一种工程地质作用。

6.2.5.1 水库诱发地震的特点

据已发生地震的水库资料分析,水库诱发地震的特点主要有以下几点:

(1)水库诱发地震震源一般与坝体地区的区域地质条件密切相关,多处于构造相对活动区,并有活动性断裂带,由于水库蓄水后断裂带活动而产生的地震。

(2)水库诱发地震,坝高或库容量有一定的相关性,据统计大于5级的水库诱发地震多发生在高于百米的大坝,库容量超过几亿立方米的大型水库中,且随着水位上升,库容量加大,地震活动性增强。

(3)较大的水库诱发地震具有明显的前震多、余震延续时间长、衰减慢的特征。多数水库在蓄水后即产生地震,但主要多发生在高水位后几天到几个月且延续一段时间,然后逐渐趋于缓和。

(4)水库诱发地震震源较浅,震级不大,而震中烈度偏高。但震源体积不大,影响范围较小。一般水库诱发地震的震源在2~10 km深度内。如新丰江水库诱发地震震源深约5 km,丹江口水库震源深约9 km。震中主要分布在库区断裂发育带,几组断层交会处,岩石破碎带。

6.2.5.2 水库诱发地震的地质条件

世界上已建成很多大型水库,而发生水库诱发地震的只是极少数。为什么同样是高坝大库,有的发生强震,有的发生弱震,有的则没有地震活动,这主要取决于水库的地质条件。因此,分析研究水库诱发地震地质条件对预报地震有很重要的意义。

水库诱发地震的地质条件主要是库坝区的地质构造、岩石性质、水文地质及地热等。在构造相对活动区,易于发生水库诱发地震,且多与断陷盆地及新构造近期活动断裂有关;特别是库坝区断层、节理发育,新构造差异性运动显著,断裂带相交地段,有利于构造应力的积累与集中。如新丰江水库,坝址位于断陷盆地、断层的转折部位附近。

水库诱发地震的发生与库区的岩石性质密切相关,据统计水库诱发地震多发生在石灰岩、花岗岩、火山岩及变质岩类等,其中石灰岩岩溶发育地区水库诱发地震约占50%,花岗岩及火山岩地区约占20%。砂页岩和黏土岩分布面积大的库区或库底泥质沉积物较厚,则不易产生水库诱发地震。

6.3 输水隧洞的工程地质问题

水利水电建设中的地下建筑物,一般包括导流或引水隧洞、闸门井、地下厂房、变压器房及尾水隧洞等。它的优点是:输水线路短,裁弯取直,减少明渠开挖和填方工程量;可利用岩体围岩介质承受压力水头和利用地形落差增加发电量;比地面渠系工程节省维修、防护工作量;抗震及国防安全性高。

随着我国水利水电建设事业的飞速发展,地下建筑物的数量越来越多,规模也越来越大。如拟建中的南水北调西线工程引水隧洞的长度将达 30 ~ 160 km。小浪底水利枢纽的发电厂房,是在砂页岩地层中修建的世界上规模最大的地下发电厂房,高度达 61.4 m,跨度达 30 m 以上。大跨度、高边墙的地下厂房及长隧洞的兴建,必然会遇到复杂的地质条件和大量的工程地质问题。其中,最受关注的是围岩的稳定性问题,它涉及地下工程能否成洞,用何种办法进行支护和衬砌,并影响到造价及工期。围岩的稳定性与岩体的地质条件、岩石性质、地质构造、硐室形状及规模、应力状态、施工方法等因素有关。

6.3.1 隧洞选线的工程地质条件

在进行水利规划或水利枢纽设计时,地下工程位置的确定是先决问题之一。地下工程位置的选择,除取决于工程目的要求外,首先要考虑区域稳定性及山体的总体稳定性。一般要求建硐地区应是区域地质构造稳定、无区域性大断裂通过、附近没有发震构造、地震基本烈度小于 8 度的地方。根据经验,具有下述特征的山体,不宜于修建地下工程:

(1)山体单薄,受冲沟切割剧烈,风化带或卸荷裂隙带发育很深,硐室顶部或侧墙可利用的新鲜岩体厚度不够(一般要求有压隧洞的上覆岩体厚度大于 0.2 ~ 0.5 倍压力水头,无压隧洞的上覆岩体厚度大于 3 倍洞的跨度)。

(2)山体岩性极不均一,坚硬完整岩层的厚度不够。

(3)地质构造复杂,岩层强烈褶皱,断裂带发育规模大,山体的完整性遭受严重破坏。

(4)物理地质作用剧烈,山坡稳定性差,或山坡已产生滑坡、塌方等早期埋藏和近期破坏的地形。可溶性岩石地区,岩溶发育。

(5)地下水影响大。

(6)存在严重的有害气体和异常地热。

当山体的整体稳定性不存在问题,可以利用时,地下硐室位置及方向的选择,主要受地形、岩性、地质构造、地下水及地应力等地质条件的影响。

6.3.1.1 地形条件

在隧洞选线时,隧洞进出口地段最好选基岩出露比较完整或坡积层较薄的地方,地形边坡应下陡上缓,并尽量垂直于地形等高线(交角不宜小于 30°)。洞口岩层最好倾向山里以保证洞口边坡的安全。在地形陡的高边坡开挖洞口时,应不削坡或少削坡即进洞,必要时可做人工洞口先行进洞,以保证边坡的稳定性。洞口要避开滑坡、崩塌、冲沟、泥石流等不良地质现象发育地段,避开山麓残积、坡积、洪积物等第四纪松散沉积物。隧洞进出口不宜选在排水困难的低洼处,也不应选在傍河山嘴及谷口等易受流水冲刷的地段,洞口高程要高于百年一遇洪水位。如果在傍山边坡岩体中布置隧洞时,应注意边坡整体的稳定性。如隧洞要通过的边坡岩体的层理是水平的、垂直的或向内倾的,则边坡岩体比较稳定。但当边坡岩体的层理向外倾斜或岩体被各种结构面切割得比较破碎时则山坡容易失稳,从而危及隧洞的安全。

此外,傍山隧洞或地下厂房的山坡一侧围岩应有一定的厚度。隧洞不宜选在风化破碎带中,应选在新鲜岩层中并要求洞顶及两侧新鲜围岩要有一定的厚度,这样洞身才能够稳定。硐室围岩最小厚度的确定与洞径大小、岩体的完整性及岩石强度等因素有关。

6.3.1.2　岩性条件

岩性是影响围岩稳定的基本因素之一。在水电工程中,按岩石饱和抗压强度 R_g 将岩体分为硬质岩($R_g>30$ MPa)和软质岩($R_g<30$ MPa)。一般来说,坚硬完整的硬质岩,围岩的稳定性较好,能适应各种断面形状的地下硐室。而软质岩如黏土岩类、破碎及风化岩体,则强度低、抗水性差,围岩往往是不稳定的。

因此,硐室位置应尽量选在坚硬完整的岩石中。一般在坚硬完整岩石中掘进,围岩稳定,日进尺快,造价低。在软弱、破碎、松散岩层中掘进,顶板易坍塌,侧壁和底板易产生鼓胀、挤出、变形,容易出现事故,进尺慢,造价高,所以需要边掘进边支护或超前支护,工期长,造价高。

岩浆岩、厚层坚硬的沉积层及变质岩,围岩的稳定性好,可以修建大型的地下工程。

软弱岩石如凝灰岩、黏土岩、页岩、胶结不好的砂砾岩、千枚岩及某些片岩等,稳定性差。松散及破碎岩石稳定性极差,选址时应尽量避开。

此外,岩层的组合特征对围岩的稳定性也有重要影响。一般软硬互层或含软弱夹层的岩体稳定性差。层状岩体的层次愈多,单层厚度愈薄,稳定性就愈差。均质厚层及块状岩体稳定性好。

6.3.1.3　地质构造

地质构造条件对硐室围岩稳定有重要的影响。一般在进行隧洞选线时,应尽量使轴线与地区构造线的方向相垂直或成大角度相交。尽量避开大的断层破碎带或呈小角度相交等地质构造复杂的地区。

下面就褶皱、断裂及岩层产状对围岩稳定性的影响进行简要的分析。

1. 褶皱的影响

褶皱发育地区,一般断裂也发育,特别是褶皱核部岩石的完整性最差,如图6-20所

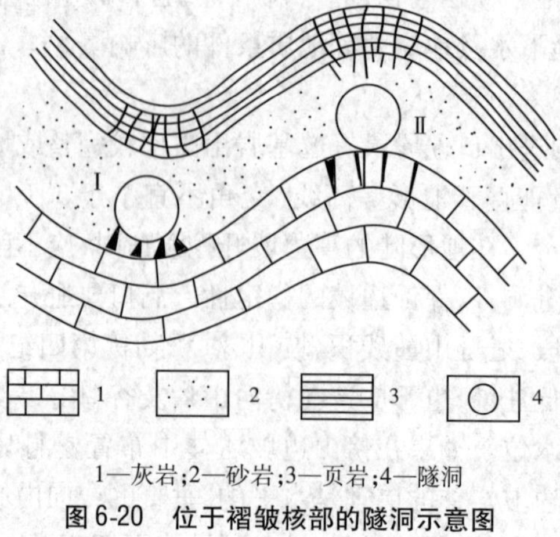

1—灰岩;2—砂岩;3—页岩;4—隧洞

图6-20　位于褶皱核部的隧洞示意图

示。向斜核部,辐射状张裂隙将岩石切割成上窄下宽的楔形块体,硐室开挖后顶部易于掉块坍塌。另外,向斜核部还经常有地下水,对围岩稳定与施工不利。背斜核部比向斜稍好,虽也有辐射状张裂隙,但其切割的岩块上宽下窄,较为稳定。但应注意,挤压强烈的褶皱,不论背斜或向斜,核部岩石均较破碎,稳定性差。因此,地下硐室不要沿褶皱核部布置,应选择在褶皱翼部。

2. 断裂的影响

断层破碎带及断层交会区岩石破碎且多数夹泥稳定性极差,地下掘进如遇较大规模的断层,几乎都要产生塌方甚至冒顶。在有地下水参与下这种破坏更加迅速严重。因此,大型断层破碎带常常是硐室严重的病害地段,隧洞施工时,此段往往难于通过。如黄河小浪底枢纽工程,在地下硐室掘进时遇到 F236、F238 大断层,因支护不及时造成了极其严重的坍塌冒顶事故。因此,在隧洞选址时应尽量避免通过大的断层破碎带。

3. 岩层产状的影响

(1)硐室轴线与岩层走向垂直。这种情况,围岩的稳定性较好,特别是对边墙稳定有利。当岩层较陡时,稳定性最好;当岩层倾角较平缓且节理发育时,在硐顶易发生局部岩块坍落现象,硐室顶部常出现阶梯形超挖。

(2)硐室轴线与岩层走向平行。在水平或缓倾岩层中(倾角小于10°),应尽量使硐室位于厚层均质岩层中,若切穿不同岩性,应选择坚硬岩层作为顶板,不能使软弱岩层展布于硐顶。例如,水槽子地下厂房,由于岩体中有凝灰岩夹层,影响边墙和顶拱的稳定,因此选址时将硐室移至夹层以下 25 m。

在倾斜岩层中布置硐室一般是不利的。当硐身通过软硬相间或破碎的倾斜岩层时,顺倾向一侧的围岩易于变形或滑动,造成很大的偏压;逆倾向一侧的围岩侧压力小,有利于稳定。因此,在倾斜岩层中最好将硐室选在均一、完整、坚硬的岩石中。

此外,岩层的倾角对稳定性也有影响,选址时应结合其他因素综合考虑。

6.3.1.4 地下水

地下工程施工中的塌方或冒顶事故,常常和地下水的活动有关。地下水对岩体的不良影响主要是对围岩或衬砌产生静水压力、动水压力及溶解软化作用,降低了围岩的稳定性,同时还可能给施工造成很大困难。

因此,对地下硐室沿线的水文地质条件进行预测性调查是十分重要的。这主要是在上述地形、地层岩性、地质构造调查的基础上,同时调查分析地下水的埋藏条件、类型及泉水出露情况。对强透水层与相对隔水层的接触部位和其他不利的水文地质条件地带,如向斜轴部、大断层破碎带、岩脉破碎带、岩溶地下暗河等,应密切注意其分布规律和发育程度,并结合硐室设计高程,分析评价地下水涌水的可能性和涌水量,以及地下水中侵蚀性二氧化碳(CO_2)和硫酸盐对混凝土衬砌的影响。

另外,不同用途的地下工程,对地下水位的要求也不同。一般作为硐库或工业使用的地下工程,为减少防渗防潮工作量,都尽量布置在地下水位以上。抽水蓄能工程、水下隧道及水封油库等则布置在地下水位以下。水电站地下厂房有时也要布置在地下水位以下。

在包气带中开挖地下工程,雨季可能沿裂隙滴水,旱季较干燥。但是,当地表有大面积稳定的地表水体时,也可能遇到集中的渗流。地下水位变幅带、涌水量及外水压力随季节而变化。由于岩体饱水、脱水交替变化,可以加速软弱破碎岩石性质的恶化,引起塌方;在地下水位以下的地下工程,一开始施工就可能有较大的涌水和渗透压力,因此要做好防水排水设计。

6.3.1.5 不良地质现象

在进行硐室位置选择时,除考虑上述各种工程地质条件的影响外,尚应对硐室施工起严重不良影响的各种地质现象作出预测,如塌方、涌水、有害气体的突入及地热异常和岩爆等。

硐室线穿越煤系地层、石油地层及火山地层,有时会冒出沼气(CH_4)、二氧化碳(CO_2)、一氧化碳(CO)和硫化氢(H_2S)等有害气体。特别是沼气在空气中含量达5% ~6%以上时就会发生"瓦斯爆炸",其他气体超过一定含量(如硫化氢超过0.1%)就能使人中毒死亡。

在高山地区的深埋隧洞(深度为300 ~1 000 m),易出现高温、岩爆等现象。如日本的黑部川第三发电站尾水隧洞,岩层温度达175 ℃,在这种情况下不仅工人无法施工,而且高温爆破及混凝土浇灌也相当困难。在坚硬岩石地区开挖硐室,当天然地应力很大时,就会发生岩爆。岩爆发生时会因能量释放产生巨响,并弹射出岩块,如炮弹一样直接伤人。因此,在上述地区进行地下硐室选线,应特别注意这些不良地质现象。

6.3.1.6 其他

隧洞选线时,线路应尽量采用直线,避免或减少曲线和弯道。如采用曲线布置,依据现行规范要求,洞线转弯角应大于60°,曲率半径不小于5倍的洞径。

隧洞选线时还应注意充分利用沟谷地形,多开施工导洞,方便施工。如让洞线穿越多处山脊,除进出口两边有工作面外,还可沿沟谷打水平施工导洞,或在沟谷中打竖井作施工导洞,以增加工作面。

一般在高地应力地区布置地下硐室的轴线时,最好应该使其和最大水平主应力方向平行布置,否则,边墙将产生严重的变形和破坏。如二滩水电站实测的最大水平主应力方向为NE30°左右,两个水平主应力差很大,如果硐室的轴线平行于最大水平主应力方向布置,边墙上侧向压力小;若垂直于最大水平主应力方向布置,则侧向压力将增加1.57 ~3.63倍。

6.3.2 围岩应力的重分布

6.3.2.1 应力重新分布的一般特征

地下硐室开挖前,岩体内任意点上的应力都是平衡的,如图6-21(a)所示。硐室开挖后原来的平衡状态被破坏,围岩内的应力就要重新分布,如图6-21(b)所示,直到建立新的平衡为止。

围岩应力重分布与岩体的初始应力状态、硐室断面的形状及岩体特性有关,在简单情况下,假定岩体为弹性介质,对于侧压力系数(水平应力与垂直应力的比值)$\lambda=1$的圆形硐室,围岩中任意一点的应力,可用下式计算

$$\sigma_r = \sigma[1 - (r^2/R^2)] \tag{6-8}$$

$$\sigma_\theta = \sigma[1 + (r^2/R^2)] \tag{6-9}$$

式中 σ——初始应力;

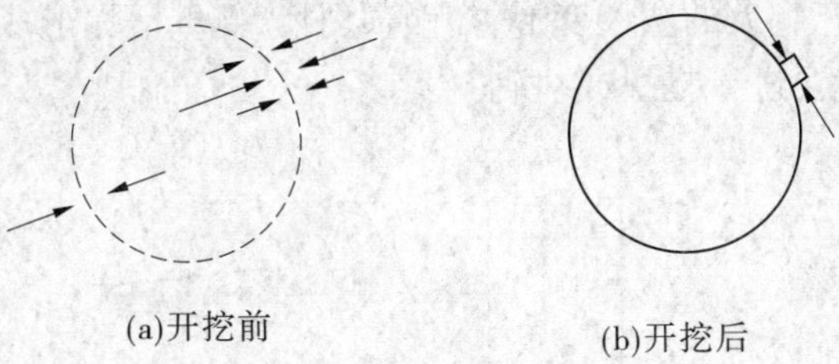

图 6-21　地下硐室开挖前后应力变化示意图

σ_r——径向应力；

σ_θ——切向应力；

r——硐室半径；

R——围岩中某点至硐室中心的距离。

由式(6-8)和式(6-9)可知，地下硐室开挖后应力重分布的主要特征是径向应力(σ_r)向硐壁方向逐渐减小，至硐壁处为零。而切向应力(σ_θ)在硐壁处增大，如在A点它比开挖前要大2倍，如图6-22所示。应力重分布的影响范围一般为隧洞半径的5～6倍，在此范围之外，岩体仍处于原始应力状态。通常所说的围岩，就是指受应力重分布影响的那一部分岩体。

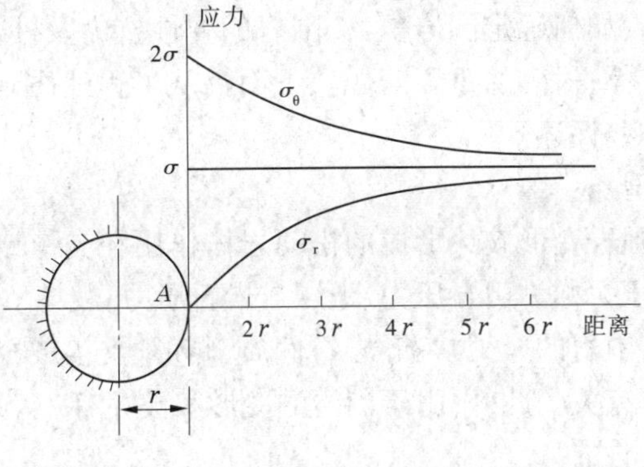

图 6-22　地下硐室开挖后硐周应力状态

6.3.2.2　围岩的松动圈和承载圈

硐室开挖后，围岩的稳定性取决于二次应力与围岩强度之间的关系。由于应力重分布，引起硐周产生应力集中现象，当周边应力小于岩体的强度极限（脆性岩石）或屈服极限（塑性岩石）时，硐室围岩稳定。否则，周边岩石首先破坏或出现大的塑性变形，并向深部扩展到一定的范围形成松动圈，如图6-23所示。在松动圈形成的过程中，原来硐室周边集中的高应力逐渐向松动圈外转移，形成新的应力升高区，该区岩体挤压得紧密，宛如一圈天然加固的岩体，故称承载圈。此圈之外为初始应力区。

应当指出，如果岩体非常软弱或处于塑性状态，则硐室开挖后，由于塑性松动圈的不断扩展，自然承载圈很难形成。在这种情况下，岩体始终处于不稳定状态，开挖硐室十分困难。如果岩体坚硬完整，则硐周围岩始终处于弹性状态，围岩稳定，不形成松动圈。

在生产实践中，确定硐室围岩松动圈的范围是非常重要的。因为松动圈一旦形成，围岩就会坍塌或向硐内产生大的塑性变形,如硐顶坍塌、侧壁滑塌形成冒顶及硐底鼓胀隆起等,要维持围岩稳定就要进行支撑或衬砌。

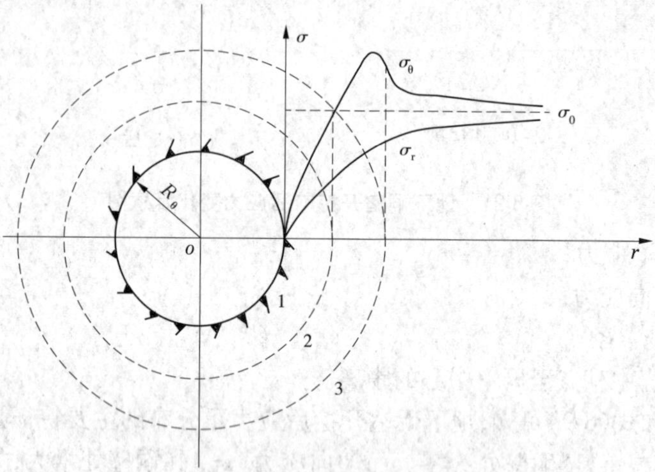

1—松动圈;2—承载圈;3—初始应力区

图 6-23 围岩的松动圈和承载圈

6.3.3 围岩压力

在地下硐室设计中,如何确定围岩压力、围岩的弹性抗力及外水压力等数值,是涉及硐室稳定及如何进行支撑、衬砌的重要问题。下面仅从工程地质观点出发,对围岩压力、弹性抗力及外水压力作些评述。

6.3.3.1 围岩压力类型

硐室开挖后,由于围岩变形破坏形成的松动岩体作用在支撑或衬砌上的压力称为围岩压力,也有人把这种压力称为山岩压力、地压或岩石压力。

围岩压力的大小与围岩的应力状态、岩石性质、硐形、支撑或衬砌的刚度、施工方法、衬砌的早晚等多种因素有关。此外,由于围岩的变形和破坏有一个逐次发展的过程,因此围岩压力也是随时间变化的。

根据围岩压力的形成机理,可分为松动山压、变形山压、冲击山压及膨胀山压几种类型。

(1)松动山压主要来源于硐室开挖后,由于应力重分布而引起一部分围岩松弛、滑塌,其数值一般等于塌落体的重力。

(2)变形山压是由于围岩的弹性恢复或塑性变形所产生的围岩压力。一般塑性变形主要有塑性挤入、膨胀内鼓及弯折内鼓等,变形山压具有随时间延长而增加的特点。

(3)冲击山压是由于岩体中积聚的弹性应变能突然释放所引起的,具有产生岩爆的条件时才能产生冲击山压。

(4)膨胀山压是围岩吸水膨胀(含蒙脱石及大量伊利石矿物)所产生的山压。

由于围岩压力受很多复杂因素的制约,所以尽管人们长期以来对其进行过大量的试验研究,但至今仍未得到圆满解决。目前对变形山压和冲击山压研究得较少,在设计中主要考虑松动山压。

6.3.3.2 松动山岩压力的确定方法

目前,国内外确定松动山岩压力的方法有很多,下面就我国常用的几种方法简介如下。

1. 普氏压力拱理论

在隧洞设计中,广泛使用M.M·普洛托基雅克诺夫的理论计算松动山压,他是根据对一些矿山坑道的观察和松散介质的模型试验于1907年提出了平衡拱理论。普氏把岩体视为被节理切割而失去内部联结的散粒体。硐室开挖后由于顶部失去支撑而塌落成一个拱形(见图6-24)。这个拱称为塌落拱、平衡拱或压力拱。塌落拱内岩体的重力就是垂直的山岩压力。普氏认为塌落拱为抛物线形。

当侧壁稳定时,如图6-24(a)所示,则硐顶山岩压力为

$$P = 4/3\gamma bh \tag{6-10}$$

当侧壁不稳定时,如图6-24(b)所示,则硐顶山岩压力为

$$P' = 4/3\gamma b'h' \tag{6-11}$$

式中 P、P'——硐顶单位长度的垂直山岩压力,kN/m;

γ——岩石重度,kN/m^3;

b——隧洞跨度之半,m;

b'——平衡拱跨度之半,m;

h、h'——平衡拱高度,m。

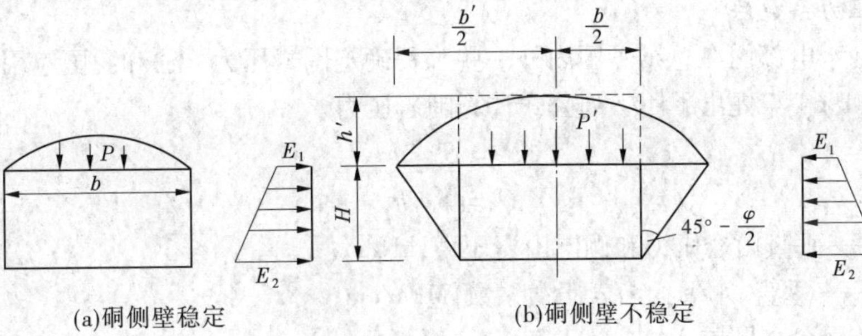

图6-24 塌落拱示意图

若硐壁是垂直的,当其发生侧壁滑塌时,滑动面与侧壁的夹角 $\alpha = 45° - \frac{\varphi}{2}$,则 b' 为

$$b' = b + H\tan(45° - \frac{\varphi}{2}) \tag{6-12}$$

式中 H——隧洞开挖高度,m;

φ——岩石的内摩擦角,(°)。

平衡拱的高度与围岩的性质和平衡拱的跨度有关,可用下式求得

$$h = b/f_k \tag{6-13}$$

$$h' = b'/f_k \tag{6-14}$$

式中 f_k——岩石的坚固系数(又称为普氏系数)。

对于黏性土:$f_k = \tan\varphi + C/\sigma$;

对于砂性土：$f_k = \tan\varphi$；

对于岩石：$f_k = R_w/100$。

其中 C 为土的黏聚力，kPa；φ 为土的内摩擦角，(°)；σ 为硐顶岩土层的自重应力，kPa；R_w 为岩石的湿抗压强度，kPa。

根据普氏理论，只要求得岩石的坚固系数 f_k 值，就可以计算垂直的山岩压力。

实践证明，普氏方法只适用于隧洞跨度小于 5 m 的散体结构围岩。对于岩石硐室，普氏理论的缺点是：

(1)多数岩体并不是散粒体，在硐室开挖后，多数围岩都有一定的承载能力。因此，把围岩看成是荷载物的观点，不管围岩完整性如何、强度高低，山岩压力只有大小之分，而没有有无之别，这从理论和实践来看都是错误的。

(2)f_k 值只是和岩石强度有关的参数，它既不能反映岩体的完整性，又不能反映岩体的其他力学属性及岩体的应力状态。因此，它不能作为计算山岩压力的主要依据。

(3)硐室开挖后围岩能否塌落，塌落的范围和形状主要与岩体结构及岩体强度等因素有关。塌落体的形状是各种各样的，不一定是抛物线式的塌落拱形。

普氏理论虽然存在这些严重的缺点，但由于目前尚无一种更好的方法代替，所以有些生产部门仍在采用。这时仍然要求地质人员提供各类围岩的 f_k 值。

从我国生产实践来看，目前在确定 f_k 值时，已不单纯依据岩石的抗压强度，而是综合考虑了岩性、岩石的风化情况，节理裂隙的切割程度及地下水的活动等多种因素。

2. 围岩压力系数法

我国水利水电部门在总结了国内外一些工程确定围岩压力方法和我国应用普氏理论的经验后，于 1964 年提出了用下列公式计算围岩压力

$$P = S_z\gamma 2b \tag{6-15}$$

$$Q = S_x\gamma h \tag{6-16}$$

式中 P、Q——垂直山岩压力和侧向山岩压力，kN/m；

S_z、S_x——垂直、水平的山岩压力系数，MPa/cm；

其他符号含义同前。

3. 工程地质分析法

上述方法仍具有经验性质，带有很大的人为性。目前倾向于用工程地质分析方法，通过对硐室的分段调查，根据岩体的结构特征，分别选用不同的公式计算松动山岩压力。

(1)坚硬完整岩体。对于坚硬完整的岩体，一般不考虑松动山岩压力。

(2)层状围岩。层状围岩的山岩压力有下列几种情况：

①对于薄层岩体，当层面近似水平时，顶板容易下沉折断。此时顶板是主要的来压方向。如及时支撑，则这种压力主要表现为变形地压，否则顶板岩层将逐层折断塌落，最后形成一个近似三角形的塌落空间，如图 6-25 所示。由于顶板岩层在靠近两端 x_0 距离内的岩根部分几乎没有下沉，所以每一层的冒落跨度依次递减 $2x_0$，最后形成一个近似三角形的塌落空间，此时可用下式估算塌落高度 h

$$h = \frac{2a}{\cot\alpha + \cot\beta} \tag{6-17}$$

求出 h 之后,根据岩石的重度,就可以算出三角形塌落体的重力。

在厚层坚硬岩体中,由于顶板产生桥跨作用,其自身形成了承载结构物,所以一般不计算山岩压力。

②倾斜或直立岩层,两侧容易凸帮折断。凸帮属变形山压,折断后的片落为松动山压。

③隧洞轴线与岩层走向近于正交时,围岩较稳定,仅在软弱夹层、断层破碎带部分形成拱形塌落,此时符合普氏坍落拱理论的计算条件。

(3)块断和块状结构岩体。对于块断和块状结构岩体,可根据极限平衡理论计算其山岩压力。首先应确定被软弱结构面所围的各种分离结构体的形状,对于容易失稳和可能塌落地段,可根据分离结构体的形状直接算出荷载值。以下列举几种简单的情况说明其分析计算方法:

①洞顶被两组软弱结构面切割成楔形体或方柱体,如图6-26所示。若软弱面的抗剪强度忽略不计,则其单宽山岩压力 P 为

$$P = n\gamma AH \tag{6-18}$$

式中　P——洞顶山岩压力,kN/m;

n——形状系数,尖顶块 $n=1/2$,方顶块 $n=1$;

γ——岩石的重度,kN/m^3;

A——分离体宽度,m;

H——分离体高度,m。

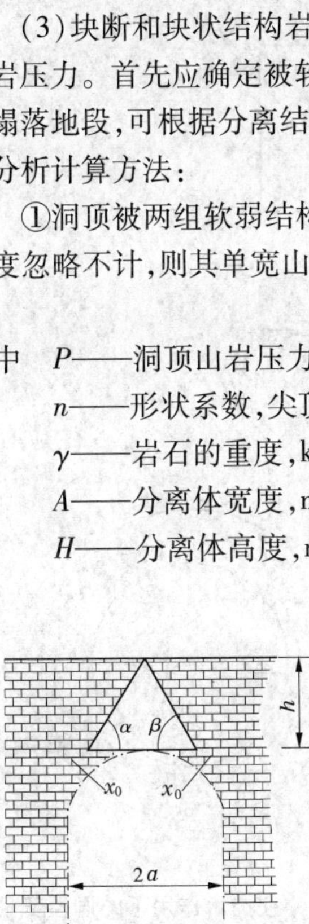

图6-25　水平薄层岩层隧洞顶板的塌落

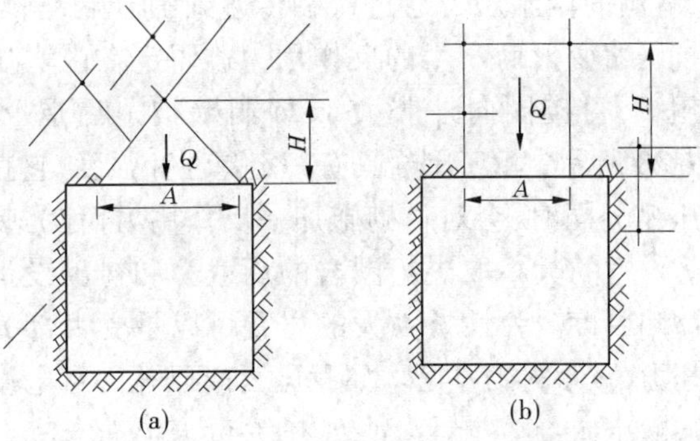

图6-26　楔形体山岩压力计算简图

②洞顶或洞壁有斜方柱形分离结构体时,如图6-27所示,其单宽山岩压力为

洞顶
$$P_1 = (T - N\tan\varphi)\sin\alpha \tag{6-19}$$
$$P_2 = (T - N\tan\varphi)\cos\alpha \tag{6-20}$$

式中　P_1、P_2——洞顶、洞壁单宽山岩压力,kN/m;

T——分离体自重 Q 作用在滑动面上的下滑分力,即 $T=Q\sin\alpha$,kN/m;

N——滑动面上的法向分力,即 $N=Q\cos\alpha$,kN/m;

φ——结构面的内摩擦角(°);

α——滑动面的倾角(°)。

应该指出,上述各种分离结构体能否塌落,关键取决于结构面的形态和性质。如果结

构面挤压紧密、结合牢固或表面起伏极端粗糙,则结构体稳定,不会出现松动山岩压力。否则(或结构面夹泥)可用上述方法计算山岩压力。

(4)破碎和松散岩体。对于破碎和松散岩体,一般硐室塌落的形状与普氏平衡拱相似,因此可用普氏公式计算其山岩压力。

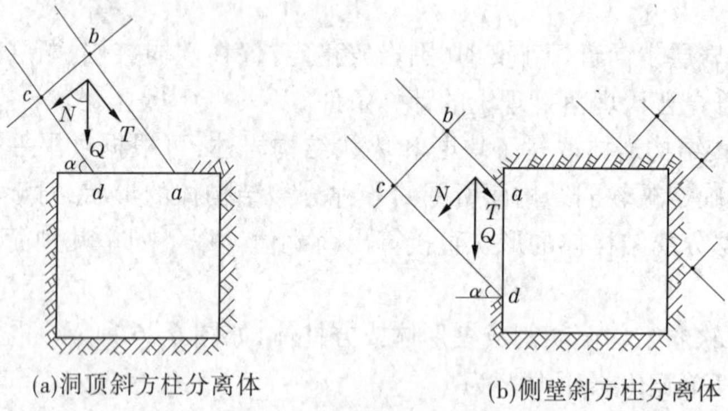

图 6-27　斜方柱分离体塌落时山岩压力计算示意图

6.3.4　围岩承载力

6.3.4.1　弹性抗力

弹性抗力又称围岩抗力,是指有压隧洞充满水后,隧洞的内水压力通过衬砌传递到围岩上,围岩为抵抗压缩变形而产生的反作用力。假定在内水压力作用下,衬砌圈向外胀大 y,即洞壁被迫后退 y,如图 6-28 所示。由于围岩具有一定弹性和强度,它在被迫压缩的同时,会对衬砌施加一反作用力,称为弹性抗力。它的大小取决于围岩的承载力和衬砌设计的类型和厚度。弹性抗力大的岩石可以承受大部分内水压力,减小衬砌厚度。如我国云南以礼河水电站的高压隧洞通过坚硬的玄武岩,围岩抗力很大,可承受 11.5 ~ 12.0 MN/m^2 的内水压力,为设计内水压力的 83% ~86%,这样就可节约大量器材,降低了工程造价。因此,研究岩体弹性抗力具有重要实际意义,是水工隧洞设计的重要地质参数。

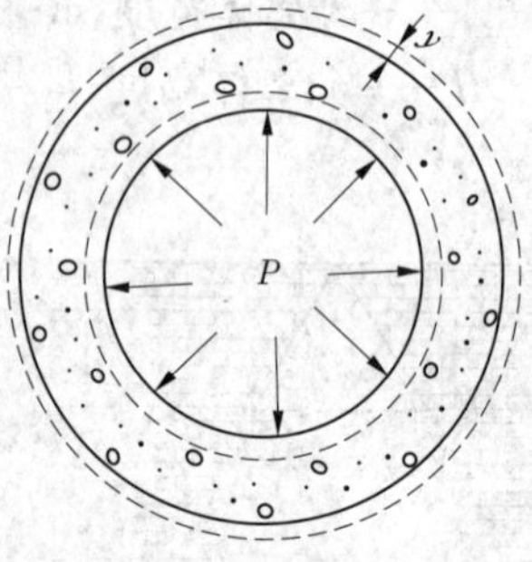

图 6-28　在内水作用下的洞径变形

1. 弹性抗力系数

围岩弹性抗力的大小,通常是用弹性抗力系数表示的。根据文克尔假定,弹性抗力系数 K 为

$$K = P_{内} / y \qquad (6\text{-}21)$$

式中　K——弹性抗力系数,MPa/cm;

$P_{内}$——内水压力,MPa;

y——洞壁径向变形,cm。

从式(6-21)可以看出,K 的物理意义是迫使围岩产生一个单位变形所需施加的压力

值。还可看出 K 值与隧洞半径大小有关,同一岩体中隧洞半径越大,K 值越小,在工程上为了便于对比与使用,常采用隧洞半径为 1 m 时的单位弹性抗力系数 K_0,即

$$K_0 = K\frac{r}{100} \tag{6-22}$$

式中 r——隧洞半径,cm。

岩体的抗力系数 $K(K_0)$ 值是表征隧洞围岩质量的重要指标,其值越大,即表明围岩分担内水压力的能力越强。如能充分利用岩体的弹性抗力,可减小衬砌的厚度,降低工程造价。若设计时选用 $K(K_0)$ 较实际值偏大,则将给工程带来事故。因此,准确地选定围岩的 $K(K_0)$ 值,在隧洞设计中具有重要意义。

2. 弹性抗力系数的确定方法

确定弹性抗力系数的方法有三种:直接测定法、间接测定法和工程类比法。

1) 直接测定法

直接测定法是在已开挖的隧洞中,或选择有代表性的典型地段进行现场试验。试验方法常用的有双筒橡皮囊法、堵塞水压法和径向千斤顶法等。

双筒橡皮囊法是在岩体中挖出一个直径大于 1 m 的圆形试坑,坑的深度大于直径的 1.5 倍。围岩厚度要求大于直径的 3 倍。在坑内安装环形橡皮囊,其一侧紧靠坑壁,另一侧紧贴圆形钢架。用水泵加压于橡皮囊,使其充水受压,周壁扩张,迫使四周岩体变形,变形值可以用测微计直接读出。

堵塞水压法是在选定的试验段两端或一端将试洞堵死,在洞内安装变形测量计,然后向洞内压入高压水,直接测定变形值。因上述试验设备复杂,施工困难,成本较高,故主要用于大型工程中。

2) 间接测定法

间接测定法是通过试验测定出岩石的弹性模量 E 及泊松比 μ,再根据弹性理论计算 K_0 值。即

$$K_0 = \frac{E}{(1+\mu)r} \tag{6-23}$$

式中 E——岩体的弹性模量或变形模量,MPa;

μ——泊松比;

r——隧洞半径,cm。

由于计算公式(6-23)是根据岩体为弹性体的假定条件而求得的,这与实际情况不符,因此生产实践中常依据具体地质条件给予修正。因此,若计算采用数据为室内试验成果时,则需再乘以修正系数 1/2 ~ 1/3。

3) 工程类比法

工程类比法,是根据设计隧洞围岩的工程地质条件与已建隧洞进行对比分析,直接引用其 K_0 值。中小型工程多采用此法。我国水利电力部总结的 K_0 值经验数据可供参考。

6.3.4.2 外水压力

外水压力是指作用在隧洞衬砌上的地下水静水压力。其大小主要由隧洞围岩的水文地质条件(如水位的埋深、压力水头的大小、岩石的透水性等)和隧洞设计及施工情况所

决定。工程实践证明,作用在衬砌上的外水压力并不都等于其全部水头值,外水压力实际作用面积也不等于全部衬砌面积 A,所以计算外水压力时需将二者乘以折减系数,按下式计算

$$P_w = \alpha\beta h_w \gamma_w A \tag{6-24}$$

式中 P_w——外水压力,kN/m;

h_w——洞顶以上地下水厚度,m;

γ_w——水的重度,kN/m^3;

α——面积折减系数;

β——水头折减系数。

折减系数 α、β 的选择,首先应查清水文地质条件,如含水层的透水性及洞顶以上地下水厚度 h_w 的大小,含水层的透水性越强,α、β 取值越大;同时又要考虑工程因素(如排水设备、衬砌的透水性)的影响。

以上从工程地质角度讨论了围岩稳定的一些问题。从中可以看出,地下工程建设,首先要选择一个工程地质条件良好的位置。对于大型的地下硐室,最好在拟建硐室的纵、横两个方向和拱座、硐室腰部等不同部位布置钻孔或探硐,查明空间的地质条件,预测可能出现的问题。

6.3.5 提高围岩稳定性的措施

在工程上为了维持和提高地下硐室及围岩的稳定性,常采用光面爆破,掘进机开挖等先进的施工方法以及对围岩采取灌浆、锚固、支撑和衬砌等加固的工程措施。从工程角度出发,采取上述各种措施时,应遵循下列原则。

6.3.5.1 尽量少扰动围岩

地下硐室开挖后,由于应力重新分布引起硐室周围切向应力集中,硐壁岩石由原来的三向受力状态,转变为单向应力状态。此时,如果施工方法不当,如采用常规的钻爆方法施工,则会使硐室周围岩石产生爆破裂隙,引起岩体强度的降低和岩块的松动,从而加速和扩大围岩松动圈的形成。使硐室周围的岩石处于不稳定状态。而光面爆破和掘进机开挖,则对围岩扰动少。尽可能全断面开挖,多次开挖会损坏岩体。因为多次开挖,前一次开挖后形成的承载圈,被下一次开挖破坏了。这样反复地对岩石作用,不断地改变围岩的应力分布状态,会加速岩石的破坏。但当地下硐室断面较大,一次开挖成型困难时,可采用分部开挖逐步扩大的施工方法。此时,应根据围岩的特征,分别采用不同的开挖顺序以保护围岩的稳定性。例如,当硐顶围岩不稳定而边墙围岩稳定性较好时,应先在硐顶开挖导硐并立即做好支撑。当硐顶全部轮廓挖出做好永久性衬砌后再扩大开挖下部断面。如整个硐室的围岩均不甚稳定,则应先开挖侧墙导硐并做好衬砌后,再开挖上部断面。

6.3.5.2 用连续支护代替传统的支护

过去在地质条件不良地段开挖地下硐室施工非常困难。早期采用木护的办法,把木材一层层支上去。有时整个地下硐室木材支护的体积要占整个体积的10%左右。后来采用钢支护,混凝土或钢筋混凝土衬砌,但这些支撑或衬砌均不能保证与围岩全面连续接触。这样,围岩一旦发生变形或失稳,山岩压力就会愈来愈大,从而导致支护的破坏。其

道理主要和围岩的变形破坏机理有关。简单说来,岩石的塌落破坏并不是一下子都塌落,而是其中某一块或某几块岩石先掉落,而后才引起其他岩石的逐次破坏和塌落。如果知道哪块岩石先掉落,只要把这块岩石支护住,围岩就稳定了,但实际上这是极难做到的。如果采用喷射混凝土的连续支护,及时把整个岩壁封闭起来,则可起到上述的作用。

喷射混凝土可以使岩石与支护间每个点都保持紧密的接触,而传统支护和刚性衬砌均做不到这一点,如图6-29所示。

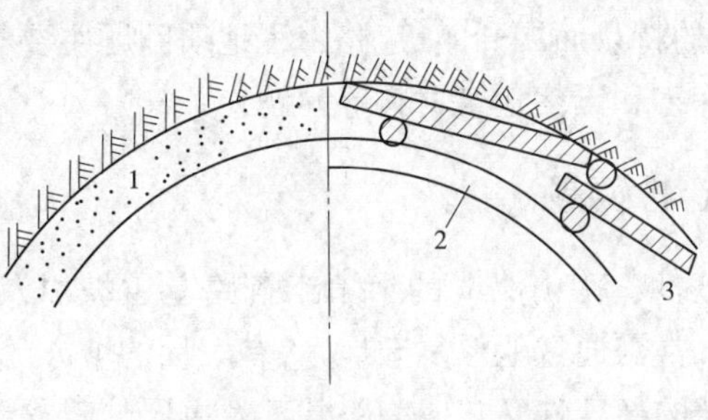

1—喷射混凝土;2—钢材;3—木材

图6-29 喷射混凝土与钢性支护的比较

喷射混凝土支护可以在硐室开挖后及时进行,因而有效地控制和协调了围岩应力的重分布,最大限度地保护了岩体结构和岩体的力学性质,因此可以防止围岩的松动和坍塌。如果用锚杆锚固围岩再配合喷射混凝土,则会更有效地提高围岩的稳定性和承载力。实践证明,对于易滑动岩块和层状结构围岩,用锚杆加固,有很好的效果(见图6-30)。

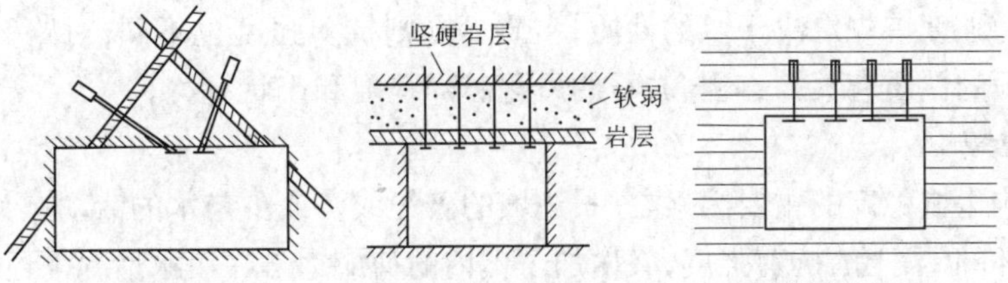

(a)楔形体锚固 (b)软弱岩层锚固 (c)层状围岩锚固

图6-30 地下硐室围岩的锚固示意图

6.3.5.3 确定最佳支护时间

在硐室开挖后,由于围岩的变形和破坏有一发展过程,所以支护应有一个最适宜的时间。一般的原则是,支护不宜过早。支护过早,因岩体尚未充分变形,支护将会承受很大的压力;支护时间过迟,则围岩可能已经失稳或因岩石变形较大需要较强的支护力。经验证明,对围岩的支护用硬顶或无限制让压的办法都是不适宜的。适宜的支护时间,应该允许围岩在产生一定变形后,最小的支护强度能顶住最终变形为原则。一般这个时间应通过对硐室围岩变形的观测才能获得。

此外,支护的适宜时间也可结合前述的围岩自稳时间的评价来确定。如对于破碎、软弱自稳能力很差的围岩,硐室开挖后变形和破坏发展很快,如不及时支护,围岩的稳定就不易控制。因此,对于不良围岩,跟进支护是一个非常重要的原则。

对于块断或块状结构岩体,其岩块一旦失稳也会很快滑动或塌落。如及时锚固或喷混凝土层,则会充分发挥岩体本身的承载作用。

对于坚硬完整自稳程度良好的围岩,一般在硐室开挖后围岩的变形很快趋于稳定,这时应在变形趋于稳定后再进行衬砌才为适宜。

6.4　道路工程地质问题

道路是以线形工程的特点而展开的,道路工程地质问题主要有路基边坡的稳定性、路基基底的稳定性、道路冻害和天然建筑材料等问题。

6.4.1　路基边坡稳定性问题

路基边坡包括天然边坡、傍山路线的半填半挖路基边坡以及深路堑的人工边坡等。在修筑道路路基过程中,常需通过地形复杂地区,有大量的填方(高路堤)和挖方(路堑),形成人工边坡,人工边坡的稳定性又常成为路基工程主要的工程地质问题。

6.4.1.1　路基边坡的剪切破坏

由于开挖路堑形成的人工边坡,加大了边坡的陡度和高度,使边坡的边界条件发生变化,破坏了自然边坡原有应力状态,其内部应力状态不断变化,当剪应力大于岩土体的强度时,边坡即发生不同形式的变化和破坏,其破坏形式主要表现为滑坡、崩塌等。促使路基变形产生破坏的因素很多,主要有边坡土质、水的活动和边坡的几何形状。

1. 边坡土质

土的抗剪强度首先取决于土的性质,土质不同则抗剪强度也不同,对路堑边坡来说,除与土或岩石的性质有关外,还与岩石的风化破碎程度和产状有关。

2. 水的活动

水是影响边坡稳定的主要因素之一,边坡的破坏或多或少与水的活动有关,土体的含水量增加,既降低了土的抗剪强度,又增加了土内的剪应力。在浸水情况下还有水的浮力和水压力作用。

3. 边坡的几何形状

边坡的高度、坡度等直接关系到土的稳定条件。高大、陡直的边坡,因重心高,稳定条件差,易发生滑坍。

另外,活载增加、地震及其他振动荷载等也是路基变形的重要因素。

6.4.1.2　浸水路堤的稳定性

建筑在桥头引道、河滩及河流沿岸受到季节性或长期浸水的路堤,称为浸水路堤。

1. 水位降落对浸水路堤稳定性的影响

浸水路堤除承受着普通路堤所承受的外力和自重外,还要承受水的浮力和渗透动水压力的作用,当河中水位上升时,水从边坡的一侧或两侧渗入路堤内,如图6-31所示。

因此,水位上涨时,土体内的渗透浸润曲线比边坡外面的水位低,经一定时间后,才与外面水位齐平,土体除承受垂直向上的浮力外,土粒还受到指向土体内部的动水压力作用,增加了路堤的稳定性。

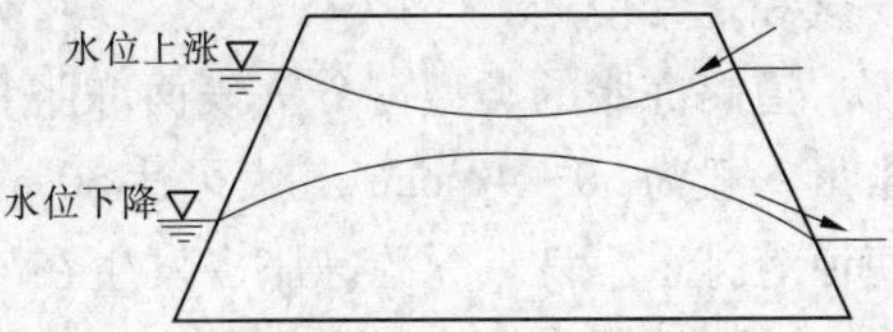

图6-31　浸水路堤水位变化

当水位降落时，水又从堤身向外渗出，如图6-31所示，由于水位的差异，其动水压力的方向则指向土体外侧，剧烈地破坏路堤边坡的稳定性，并可能产生边坡凸起和滑坡现象。堤外水位下降的速度越大，边坡的稳定性越低。另外，渗透水流能带走路堤内细小的土粒，从而引起路堤变形。

2. 路堤填料对边坡稳定的影响

浸水路堤的稳定性还与路堤填料的透水性质有关。以黏性土填筑的路堤达到最佳密实度后，透水性很弱，堤外水位变化对它无影响；以砂砾石土填筑的路堤，由于空隙大，透水性强，浸水后强度变化不大，堤身内水可以自由渗出，不产生渗透动水压力。这两种土对边坡稳定性影响一般都不大。

属于中等透水性的土如亚砂土、亚黏土等做路堤填料，在水位降落时，对边坡稳定性影响较大，需要考虑动水压力。因此，浸水路堤填料最好用渗水性强的材料，如石质坚硬不易风化的块石、片石、碎石、卵石及砂砾等，或采用黏性土，但必须夯实，并应严格掌握压实标准，部分黏土及浸水易崩解、溶解或风化的岩石如页岩、泥灰岩等应禁止使用。

6.4.2　路基基底稳定性问题

路堤尤其是高填路堤要求路基基底有足够的承载力，基底岩土的变形性质和变形量的大小主要取决于基底土的力学性质、基底面的倾斜程度、软土层或软弱结构面的性质与产状等，承载力不足往往使基底发生塑性变形而造成路基的破坏，如路基基底下有软弱的泥质夹层，且当其倾向与坡向一致时，或在其下方开挖取土或在其上方填土加重，都会引起路堤整个滑移；当高填路堤通过河漫滩或阶地时，若基底下分布有饱水厚层淤泥，在高填路堤的压力下，往往使基底产生挤出变形，也有因基底下岩溶洞穴的塌陷而引起路堤严重变形。路基基底若为软黏土、淤泥、泥炭、粉砂、风化泥岩或软弱夹层所组成，应结合岩土体的地质特征和水文地质条件进行稳定性分析。若不稳定，可选用下列措施进行处理：放缓路堤边坡，扩大基底面积，使基底压力小于岩土体的容许承载力；在通过淤泥软土地区时路堤两侧修筑反压护道；把基底软弱土层部分换填或在其上加垫层；采用砂井，排除软土中的水分，提高其强度；架桥通过或改线绕避等也是可选择的处理方案之一，但此时需进行有关方案的比较，选择经济上合理、技术上可行的方案实施。

6.4.3　道路冻害问题

道路冻害问题包括冬季路基土体因冻结作用而引起路面冻胀和春季因融化作用而使路基翻浆，两者都会使路基产生变形破坏，甚至形成显著的不均匀冻胀，使路基土强度发生极大改变,危害道路的安全和正常使用。

根据地下水的补给情况,道路冻胀的类型可分为表面冻胀和深源冻胀。前者是在地下水埋深较大地区,其冻胀量一般为30～40 mm,最大可达60 mm。其主要原因是路基结构不合理或养护不当,致使道渣排水不良。深源冻胀多发生在冻结深度大于地下水埋深或毛细管水带接近地表水的地区,地下水补给丰富,水分迁移强烈,其冻胀量较大,一般为200～400 mm,最大可达600 mm。公路的冻害具有季节性,冬季在低温长期作用下,使土中水分重新分布,形成平行于冻结界面的数层冻层,局部尚有冻透镜体,因而使土体积增大,而产生路基隆起现象;春季地表面冰层融化较早,而下层尚未解冻,融化层的水分难以下渗,致使上层土的含水量增大而软化,在外荷载作用下,路基出现翻浆现象。

防止公路冻害的措施有:铺设隔离层,防止水分进入路基上部;把粉黏粒含量较高的冻胀性土换为粒粗、分散的砂砾石抗冻胀性土;采用纵横盲沟和竖井,排除地表水,降低地下水位,减少路基土的含水量;提高路基标高;修筑隔热层,防止冻结路基向深处发展等。

6.4.4　天然建筑材料问题

修筑道路路基工程需要大量天然建筑材料,其来源问题不可小视,它直接影响道路工程的进度、质量和造价。道路工程上所需的建材种类较多,包括道渣、土料、片石、砂和碎石等,它不仅在数量上需要量较大,而且要求各种材料产地沿线两侧均匀分布。但在山区修筑高路堤时却常遇上建筑材料缺乏的情况,在平原地区和软岩山区,常常找不到强度符合要求的片石和道渣等,因此寻找品质好、运输距离符合需要的天然建材,有时成为选线的关键性问题。

6.5　桥梁工程地质问题

当道路跨越河流、山谷或与其他交通线路交叉时,要修建(立交)桥梁,桥梁可分为梁式桥、拱桥和悬索桥等,各种桥梁结构和传力方式不同,上部荷载一般很大,且受偏心动荷载,还要防止水流对基础岩土的冲刷,加之桥梁所处地质环境复杂,常遇到一些工程地质问题。在明挖基坑施工时常产生边坡滑动、坍塌、斜坡山体滑移;位于河床中的桥墩常遇基坑涌水,水流底蚀淘空等问题。调查、研究和处理这些问题对于保证桥梁的安全是十分重要的。归纳起来主要有以下三方面工程地质问题。

6.5.1　桥墩台地基稳定性问题

桥墩台地基稳定性主要取决于墩台地基中岩土体承载力的大小。它对选择桥梁的基础和确定桥梁的结构型式起决定作用。当桥梁为静定结构时,由于各桥孔是独立的,相互之间没有联系,对工程地质条件的适应范围较广;当桥梁为超静定结构时,对各桥墩台之间的不均匀沉降特别敏感,选用地基容许承载力时应慎重。对拱桥而言,由于拱脚处产生垂直和水平向力,故拱桥对拱脚处地基的工程地质条件要求更高。

6.5.2 桥墩台的冲刷问题

桥墩台的建造，使原来的河床过水断面减小，改变了水流的流态与流速，使得局部流速增大，这对桥梁基础产生冲刷，威胁桥梁的安全使用。合理的桥墩台基础的埋深以及良好的持力层的选择是解决桥墩台冲刷问题的重要参考因素。在确定桥墩台基础埋深时，应根据桥位河段具体情况，取河床自然演变冲刷、一般冲刷和局部冲刷的不利组合，作为确定桥墩台基础埋深的依据。对重要、特大桥梁还应进行河床冲刷模拟试验。非岩石河床墩台基底埋深安全值，可按表6-3确定。

表6-3 基底埋深安全值 （单位：m）

桥梁类别	总冲刷深度（m）				
	0	5	10	15	20
一般桥梁	1.5	2.0	2.5	3.0	3.5
特殊大桥	2.0	2.5	3.0	3.5	4.0

注：1. 总冲刷深度为自河床面算起的河床自然演变冲刷、一般冲刷与局部冲刷深度之和。

2. 表列数字为墩台基底埋入总冲刷深度以下的最小值；若设计流量、水位和原始断面资料无十分把握或河床演变尚不能获得准确资料时，其值可适当加大。

3. 若桥位上下游有已建桥梁或属旧桥改建，应调查旧桥的特大洪水冲刷情况，新桥墩台基础埋深应在旧桥最大冲刷深度上酌加必要的安全值。

6.5.3 桥址选择问题

桥址的选择与很多因素有关，如河流的水力特征、地形地质条件等，城市桥址的选择与一般地区的桥址选择又有很大的不同，应考虑如下工程地质方面的原则：

（1）桥址应选在河床较窄、河道顺直、河槽变迁不大、水流平稳、两岸地势较高而稳定、施工方便的地方。避免选在有迁移性的河床以及活动性大的河湾、大沙洲或大支流交汇处，以保护桥梁不受河流强烈冲刷。

（2）选择覆盖层薄、河床基底为坚硬完整的岩体，若覆盖层太厚则尽量避开泥炭、沼泽淤泥沉积的软弱土层地区以及有岩溶或土洞的地段，以保证桥梁和引道的稳定。

（3）在山区应特别注意两岸的不良地质现象，如滑坡、崩塌、泥石流、岩溶等应查明其规模、性质和稳定性，论证其对桥梁危害的程度，以确定合理的桥址位置。

（4）选择在区域地质构造稳定、地质构造简单、断裂不发育的地段。桥线方向应与主要构造线垂直或大交角通过。桥墩和桥台尽量不置于断层破碎带上，特别在高地震烈度区，必须远离活动断裂和主断裂带。

（5）在具有繁忙交通运输的大城市，那里的建筑物安排多按平面规划进行，桥位特别应根据城市规划及便利交通的要求来决定。因此，在大城市桥梁跨越宽广的河流，多按照干道网规划的路线走向决定，而桥中线以与河流垂直为宜（见图6-32（a））；如道路跨越河流非斜交不可，则桥位只好依照斜交考虑。在多跨斜交桥的中间桥墩要与河流流向一致来布置（见图6-32（b）），当斜度不大时，可设置正向桥墩；桥梁在大中城市跨越小河流时，

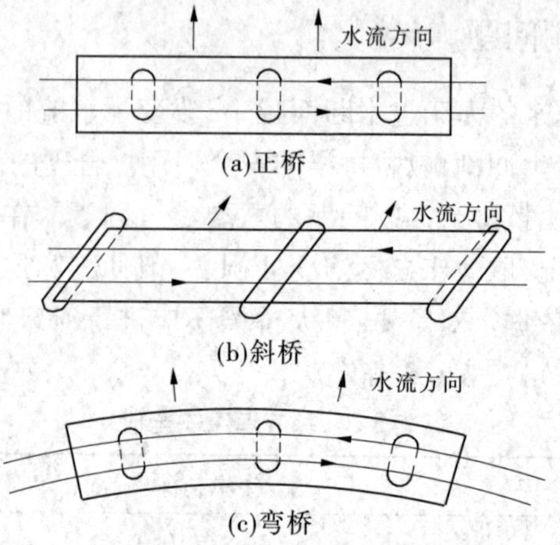

图6-32 正桥、斜桥与弯桥

多服从路网规则及交通运输上的需要,往往不考虑河流流向,可按斜桥或弯桥考虑(见图6-32(c))。

桥址的选择是十分复杂的问题,除了从技术上考虑,还可作近似的经济分析,其结果可作为初步选择桥位的依据。

小 结

本项目介绍了岩体的工程地质性质及在工程建设中所遇到的一些工程地质问题,包括水利工程中坝的工程地质问题、水库的工程地质问题及地下硐室围岩稳定性的评价。其内容如下。

1.坝的工程地质问题

(1)不同坝型工程地质条件要求。

(2)坝(闸)基的沉降稳定、坝基(肩)的抗滑稳定、坝区渗漏及坝基(肩)渗透稳定等问题。

(3)坝基处理措施。

2.水库的工程地质问题

水库的工程地质问题包括水库的渗漏浸没、塌岸及边岸再造、淤积及水库诱发地震等问题。

3.输水隧洞的工程地质问题

(1)隧洞选线的工程地质条件。地下硐室位置及方向的选择,主要受地形、岩性、地质构造、地下水及地应力等地质条件的影响。

(2)围岩应力的重分布。应力重分布的一般特征是径向应力向硐壁方向逐渐减小,至硐壁处为零,而切向应力在硐壁处增大。如果岩体软弱,硐室开挖后会形成松动圈、承载圈、初始应力区。

(3)围岩压力的类型,围岩压力大小与围岩的应力状态、岩石性质、硐形、支撑或衬砌的刚度、施工方法、衬砌的早晚等多种因素有关。

(4)提高围岩稳定性的措施。

①在工程上为了维持和提高地下硐室和围岩的稳定性,常采用光面爆破,掘进机开挖等先进的施工方法以及对围岩采取灌浆、锚固、支撑和衬砌等加固的工程措施。

②从工程角度出发,采取上述各种措施时,应遵循尽量少扰动围岩、用连续支护代替传统的支护、确定最佳支护时间的原则。

4. 道路工程地质问题

(1)路基边坡稳定问题。其破坏形式主要表现为滑坡、崩塌和错落等。路基变形产生破坏的主要因素为:边坡的土质、水的活动、边坡的形状。

(2)路基基底稳定问题。主要控制因素是路基基底岩土的承载力。

(3)道路冻害问题。道路冻害问题包括冬季路基土体因冻结作用而引起路面冻胀和春季因融化作用而使路基翻浆,使路基产生变形破坏,甚至形成显著的不均匀冻胀,使路基土强度发生极大改变,危害道路的安全和正常使用。

(4)天然建筑材料问题。修筑路基工程需要大量天然建筑材料,它直接影响路基工程的进度、质量和造价。

5. 桥梁工程地质问题

(1)桥墩台地基稳定性问题。地基稳定性主要取决于墩台地基中岩土体承载力的大小。

(2)桥墩台的冲刷问题。桥梁墩台的建造,使原来的河床过水断面减小,改变了水流的流态与流速,使得局部流速增大,这对桥梁基础产生冲刷。合理的桥墩台基础的埋深以及良好的持力层的选择是解决桥墩台冲刷问题的重要参考因素。

(3)桥址选择问题。桥址的选择与很多因素有关,如河流的水力特征、地形地质条件等,应根据具体情况综合考虑各种工程地质问题。

练习题

6-1　思考题

1. 什么是工程地质问题?工程建设中经常会遇到哪些工程地质问题?

2. 坝基岩体沉降变形是怎样产生的?影响坝基岩体压缩变形的地质因素有哪些?怎样确定基岩容许承载力?

3. 坝基岩体滑动破坏的类型有哪些?各在什么样的条件下产生?在抗滑稳定计算中怎样选择f、C值?

4. 试述坝基抗滑稳定性的计算原理和基本表述公式。

5. 水库区可能存在哪些工程地质问题?在哪些不良地质条件影响下水库会发生这些工程地质问题?

6. 水库渗漏必须具备哪些地质条件?

7. 隧洞位置选择需要考虑哪些工程地质条件?

8. 简述硐室围岩应力重分布的规律。

9. 隧洞松动圈的大小与地质条件的关系如何?

10. 什么是围岩压力? 其大小与哪些因素有关? 在不同的地质条件下怎样确定围岩压力的大小?

11. 提高隧洞围岩稳定性的措施有哪些?

12. 道路的工程地质问题有哪些?

13. 桥址选择的原则主要有哪些?

6-2 选择题

1. 库水通过渗漏通道(库岸的分水岭)向库外邻谷或洼地的渗漏称为(　　)。

A. 暂时性渗漏　　B. 永久性渗漏

2. 若河间地块山体宽厚,邻谷下切较浅,甚至邻谷或洼地的地面高程高于水库正常高水位,则库水(　　)产生渗漏。

A. 很少　　B. 不会　　C. 一定

3. 一般构成水库渗漏通道的岩性条件有(　　)。

A. 有强透水岩层　　B. 存在岩溶通道　　C. 断层破碎带　　D. 不整合面

4. 建库前,地下分水岭(　　)时,不会产生渗漏。

A. 高于水库正常水位　　B. 低于水库正常水位

C. 等于水库正常水位

5. 水库蓄水后,库区周围地区地下水位,受库水顶托作用而相应抬高,壅水后的地下水位可能接近或高出地表,造成水库周边地区的沼泽化或土壤盐渍化,建筑物地基软化,矿坑充水坍塌,这种现象称为(　　)。

A. 水库浸没　　B. 水库塌岸　　C. 水库淤积　　D. 水库渗漏

6. 坝(闸)基的沉降稳定问题是指坝(闸)基岩体在建筑物自重及其他荷载的作用下,所产生的(　　)问题。

A. 压缩变形　　B. 强度变形　　C. 渗透变形

7. 岩体滑动的边界条件应具有(　　)。

A. 滑动面　　B. 切割面　　C. 临空面　　D. 不整合面

8. (　　)通过在基岩中的钻孔,将适宜的具有胶结性的浆液(大多为水泥浆)压入基岩的裂隙或孔隙中,使破碎岩体胶结成整体以增加基岩的密实性、强度。

A. 固结灌浆　　B. 接触灌浆　　C. 帷幕灌浆

9. 地下水对岩体的不良影响主要是对围岩或衬砌产生(　　),降低了围岩的稳定性,同时还可能给施工造成很大困难。

A. 静水压力　　B. 动水压力　　C. 溶解软化作用　　D. 侵蚀作用

10. 在工程上为了维持和提高地下硐室和围岩的稳定性,常采光面爆破,掘进机开挖等先进的施工方法以及对围岩采取(　　)等加固的工程措施。

A. 灌浆　　B. 锚固　　C. 支撑　　D. 衬砌

项目7 工程地质勘察

【知识目标】 了解工程地质与水文地质勘察各个勘察阶段的任务和要求，掌握工程地质勘察的基本方法和技术要点，了解室内及现场原位测试的常用试验方法，掌握工程地质与水文地质勘察报告应包括的主要内容及工程地质资料的阅读与分析方法。

【学习重点】 工程地质勘察的基本方法和技术要点，工程地质资料的阅读与分析。

工程地质勘察是为查明工程建筑场区的工程地质条件而进行的综合性地质调查勘探工作。工程地质勘察的任务是：查明各类工程场区的地质条件，预测在工程建筑作用下可能出现的地质条件的变化及其影响，评价可能发生的工程地质问题，选定最佳建筑场地和提出为克服不良地质条件应采取的工程措施，为保证工程的合理规划、设计、顺利施工和正常使用提供可靠的地质资料。

水文地质勘察的目的主要是为地下水的开发利用和保护提供科学依据，消除地下水所引起的不良影响。

7.1 勘察的任务和阶段划分

7.1.1 工程地质勘察的任务和阶段划分

7.1.1.1 工程地质勘察的目的和任务

工程地质勘察的目的是根据国民经济建设的需要，查明与工程建设有关的地质条件，研究影响建筑物稳定等各种地质现象的性质、分布及其发展规律，预测可能出现的工程地质问题，为工程规划合理、建筑物设计经济、施工及运用安全，提供地质资料。

工程地质勘察的主要任务如下：

(1)查明建筑地区的工程地质条件，以便合理选择建筑物，如路线或隧洞的位置，并提出建筑物的布置方案、类型、结构和施工方法的建议。

(2)查明影响建筑物地基岩体稳定等方面的工程地质问题，并为解决这些问题提供所需要的地质资料。

(3)预测建筑物施工与使用过程中，由于工程活动的影响或自然因素的改变而可能产生的新的工程地质问题，并提出改善不良工程地质条件的建议。

(4)查明工程建设所需的各种天然建筑材料的产地、储量、质量和开采运输条件。

7.1.1.2 工程地质勘察的阶段划分

工程地质勘察是为工程建设的优化设计和工程施工服务的，因此其工作程序必须与设计阶段相适应，并与设计和施工紧密配合。各类建设工程对勘察设计阶段划分的名称不尽相同,但勘察设计各阶段的实质内容则是大同小异。

我国各建筑部门将工程地质勘察分为可行性研究勘察、初步勘察及详细勘察三个阶段,对工程地质条件复杂或有特殊施工要求的重大工程,尚需进行施工勘察。可行性研究勘察主要根据建设条件,完成方案比选所需的工程地质资料和评价;初步勘察结合初步设计,提出工程地质论证;详细勘察应密切结合技术设计或施工图设计,提出工程地质计算参数并评价;施工勘察应提出施工检验与监测设计方案。

水利水电工程地质勘察根据《水利水电工程地质勘察规范》(GB 50487—2008)的规定划分为:规划选点、可行性研究、初步设计、招标设计和施工图设计等阶段。规划选点阶段勘察工作宜基本满足可行性研究阶段深度要求。水利水电工程勘察各阶段的内容和要求如下。

1. 规划选点阶段

规划选点阶段是勘察工作的初始阶段,其主要内容在于:了解河流或河段各规划方案的工程地质条件,并初步查明近期可能开发的工程和控制性工程的主要工程地质问题,为选定河流(段)规划方案和近期开发工程提供所需要的地质资料。对于一般的中小型水利工程主要是选择库址和坝(闸)址。因而,在这一阶段必须全面了解区域地质条件,并通过对比,为选定最合适的坝(闸)址提出必需的工程地质资料;同时提出选定坝址存在或可能存在的地质问题,指出在下一个阶段工作中应进一步研究解决的问题。

2. 可行性研究阶段

可行性研究阶段的主要任务是选定工程建筑物的具体地址,如选坝址和库址。为此,一般选择几个比较方案,详细调查分析各方案的主要工程地质问题,从工程地质角度对比分析各方案的优劣,选出最优方案,为初拟工程建筑类型和规模提供地质依据。此阶段主要进行大中比例尺的工程地质测绘和工程地质勘探,以及一定的野外现场试验和室内岩土力学试验。

3. 初步设计阶段

初步设计阶段是水利水电工程的重点勘察阶段,它的任务主要是在已选定的坝(闸)址区和库区等地,进一步查明与建筑物有关的工程地质条件,或在规划选点阶段选定的近期开发工程地段上,或可行性研究阶段确定选址的基础上,查明与坝址和其他主要建筑物方案有关的地质问题,并对其作出定量评价,为选定坝(闸)和其他主要建筑物的轴线、型式、枢纽布置及施工等提供有关工程地质资料和评价。工程地质要进行全面而大量的工作。对大型工程,对大坝及枢纽建筑物的型式结构、尺寸及地基处理等,往往需要进行详细设计研究,又称技术设计阶段。在此阶段,工程地质工作主要结合设计需要,进行岩土的物理力学性质的补充试验及水文地质试验等工作。

4. 招标设计阶段和施工图设计阶段

招标设计阶段主要是查明初步设计或技术设计在审批后,新提出或新发现的地质问题,或者是查明施工临时建筑工程、附属工程布置地段的工程地质条件等。施工图设计阶段还要根据施工开挖所揭露的地质情况,通过地质编录、录像、测绘、取样和试验等工作,校核和验证初步设计阶段或技术设计阶段的地质勘察资料和结论是否正确,最后应提出施工地质勘察总结报告。

根据工程规模的大小和重要性,以及建筑地区地质条件的复杂程度,对一些工程规模不大、面积较小且工程地质条件简单的场地,或有建筑经验的地区,可以适当简化勘察阶段,但是先勘察后设计、再施工的基本程序不能变。

7.1.2　水文地质勘察的任务和阶段划分

7.1.2.1　水文地质勘察的目的和任务

水文地质勘察的目的主要是为地下水的开发利用和保护提供科学依据,消除地下水所引起的不良影响。水文地质勘察的主要任务是:

(1)查明供水、排水区各含水层的产状及分布状况,查明地下水补给条件、水质和水量、动态变化规律。

(2)查明兴建工程建筑物地区的水文地质条件及其变化的预测。

以城市供水为目的的水文地质勘察应完成:

第一,查明勘察区的水文地质条件,地下水的开采和污染情况。

第二,对可供开采区的地下水资源进行评价和预测。

第三,对地下水资源的合理利用和保护提出建议。

7.1.2.2　水文地质勘察阶段的划分

以供水为目的的水文地质勘察,一般分为规划、初勘、详勘和开采四个阶段。

1. 规划阶段

大致查明区域水文地质条件,对地下水资源进行概略评价,并对下一步的勘察工作提出建议,为城市总体规划或水源建设规划编制提供依据。

2. 初勘阶段

基本查明勘察区的水文地质条件,提出水源方案并加以比较论证,确定拟建水源地段,对地下水资源进行初步评价,为水源初步设计提供依据。

3. 详勘阶段

详细查明拟建水源地段的水文地质条件,对地下水资源作出可靠评价,提出地下水合理开发利用方案,并预测水源开采后地下水的动态及其对环境的影响。

4. 开采阶段

在已开采区或已建水源地段具备详勘资料的基础上,进行专题调查研究,必要时辅以勘察试验手段,并进行地下水动态与均衡观测等,提高地下水资源评价精度,为水源地的改建、扩建或地下水科学管理提供依据。

7.2　工程地质勘察方法

工程地质勘察的方法,主要有工程地质测绘、工程地质勘探、工程地质试验与工程地质长期观测等几种。随着现代科学技术的进步,许多新技术也在工程地质勘察工作中得到发展和应用。

7.2.1　工程地质测绘

工程地质测绘,就是通过野外路线观察和定点描述,将岩层分界线、断层、滑坡、崩塌、溶洞、地下暗河、井、泉等各种地质条件和现象,按一定比例尺填绘在适当的地形图上,并作出初步评价,为布置勘探、试验和长期观测工作指出方向。

工程地质测绘贯穿于整个勘察工作的始终,只是随着勘察设计阶段的不同,要求测绘的范围、比例尺,研究的内容、深度不同而已。

一般测绘开始时,应在踏勘基础上,选作几条有代表性的地层实测剖面,以便了解测区内岩层的岩性、厚度、接触关系及地质时代,建立正常层序,为测绘填图工作提供标准和依据。工程地质测绘一般采用路线测绘法、地质点测绘法、野外实测地质剖面法等。除此之外,遥感技术在工程地质测绘中,也得到了普遍的应用。

7.2.1.1　路线测绘法

1. 路线穿越法

路线穿越法即沿着与岩层走向垂直的方向,每隔一定距离布置一条路线,沿路线和地质观察点(简称地质点)进行地质观测和描述,然后把各路线上标测的地质界线相连,即编制出地质平面图(见图7-1)。这种方法适用于地质条件不太复杂或小比例尺测图地区。

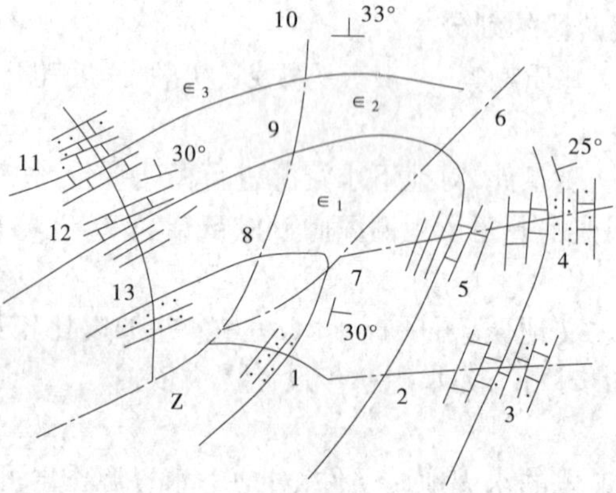

1～13—不同地层

图7-1　路线穿越法布置示意图

2. 界线追索法

界线追索法即沿地层界线或断层延伸方向进行追索测绘。界线追索法工作量大,但成果较准确,通常在地层沿走向变化大、断裂构造比较发育的地区采用。

7.2.1.2　地质点测绘法

地质测绘时的观察点称为地质点。即在测区内按方格网布置地质观察点,依次逐点进行观测描述,然后通过分析实测资料连接各地质界线,构成地质草图。此法工作量大,但精度高,一般适用于地质界线复杂,或大比例尺地质测绘时采用。

观察点应布置在地质界线或地质现象上,因测绘的目的不同而异,有基岩、构造、第四纪地貌、水文地质点等。在地质观察点上应把所有地质现象认真仔细描述。描述内容包括地层岩性、地质构造、第四纪地貌、物理地质现象、水文地质条件等。另外,对那些与工程建筑有关的地质问题,要突出重点地详细描述。

地质观察点实际位置，用罗盘仪或用经纬仪测量，并标定在地形图上。

7.2.1.3 野外实测地质剖面法

在地质测绘工作的初期，为了认识与确定测区内岩层性质、层序、分层标志和界线，以提供测绘填图作为划分岩层的依据和标准，往往在测绘范围内，选择岩层露头良好、层序清晰、构造简单的路线作实测地质剖面（见图 7-2）。

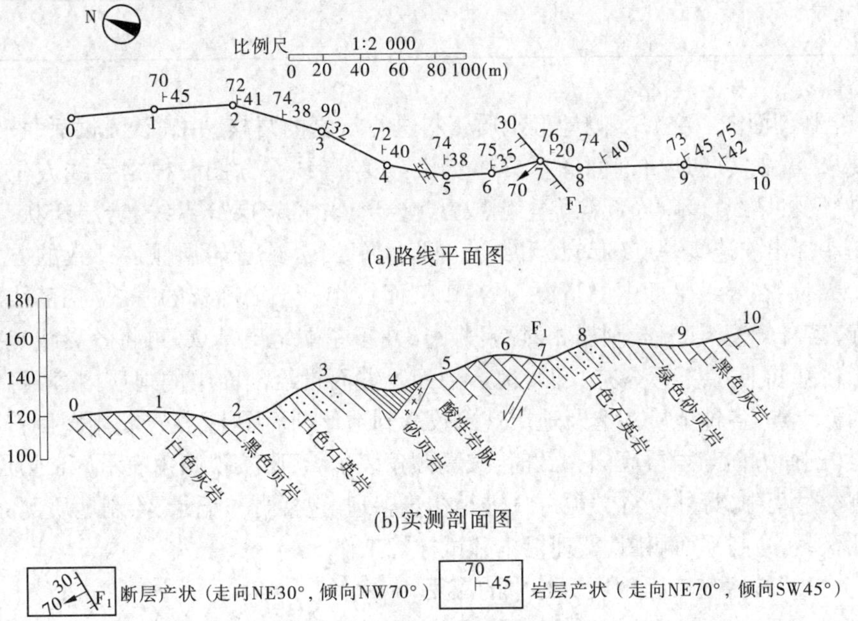

1,2,3,…,10—观测点

图 7-2 实测地质剖面图

具体做法如下：

(1)布置剖面线。通常沿垂直岩层走向或垂直于主要构造线的方向，选定剖面线方向。

(2)布置测点。剖面线位置确定后，沿剖面线布置测点。测点应选择在地形地质条件有变化的地方，其间距随测绘比例尺，即精度要求而定。如作 1∶500 的测绘时，间距应小于 5 m；作 1∶1 000 的测绘时，间距不超过 10 m；若地形起伏大，或地质条件复杂，点距要求适当减小。每一测点都要打木桩（或作标记），并统一编号。

(3)剖面地形测量。用经纬仪测出各点的位置和高程，根据测量结果，绘制地形剖面图。若作草测剖面，可用地质罗盘仪和皮尺沿剖面施测。即先用皮尺测出剖面起点 0 和测点 1 的间距，用地质罗盘测出导线 0—1（起点 0—测点 1）的方位和地形坡角。再依次测量测点 1—测点 2(1—2)、测点 2—测点 3(2—3)……的方位和地形坡角。

(4)地质条件的观测记录。在进行剖面地形测量的同时，还应进行地质资料的收集。其观测记录内容主要有地层分层层位，岩石名称、岩性特征、风化情况、断裂构造、各类结构面的产状、第四纪堆积层的组成及厚度、地下水露头情况及物理地质现象等（见表 7-1），并采集必要的岩样、水样标本送实验室化验鉴定。

表 7-1　实测地质剖面图记录

编号	剖面线方向	地面坡度	测点间距离(m)		高差(m)		岩层产状			岩性描述	地层出露厚度(m)	其他
			斜距	水平距	相邻点	累计	走向	倾向	倾角			

(5)绘制剖面图。在对实测地形地质资料进行认真的复核,并确认无误后,按地质剖面图式要求,编制实测地质剖面图。具体步骤:先绘导线平面图。根据导线方位和水平距,按比例尺将导线自基点(起点)至终点逐点绘出,并将岩层分界线、岩层产状、其他观测点等一一标出。连接基点(起点)和终点,即为剖面线(或选岩层倾向一致的方向为剖面方向)。然后在导线平面图的下方,平行于剖面线作一与之等长的基线,在基线两端树高程尺标(若未知基点高程,则按相对高程计),并于左端定出基点,再将各导线点按累积高差投影在基线上方,连接各点,即得地形剖面。继而投绘剖面中的地质内容:将导线上各岩层的分界点、各种地质构造及地质现象投影到地形剖面图上,按产状用图例符号表示出各岩层(剖面方向与岩层倾向一致时,按真倾角表示,否则按视倾角表示)和地质条件。

在测绘过程中,野外资料必须每日进行初步整理,包括野外记录、绘制地质剖面图、编制地层柱状图、绘制平面草图、整理标本和试样等工作。

7.2.1.4　"3S"技术在工程地质测绘中的应用

"3S"技术是指遥感(RS)、全球定位系统(GPS)、地理信息系统(GIS)的综合集成。其中,遥感技术在工程地质测绘中的应用广泛且比较成熟。

遥感即遥远的感知,是应用现代化运载工具、仪器(如飞机、人造卫星),从地表一定距离对地表和近地表目标物,用紫外到微波的某些波段的电磁波辐射特征的信息,通过接受、传输,经加工处理成像,而对目标物进行探测和识别的一种综合技术。由于不同的地质体或地质现象,各有不同的结构、产状和物理化学特性,并经受了不同内外营力的改造,从而形成了不同的自然景观。同时,由于它们对不同波长的电磁波的反射、吸收、透射以及发射能力的不同,在图像上可出现不同的色调、形状、条纹、大小、阴影等影像特征。依据影像特征的差异进行地质解译,就可揭露地表及以下一定深度内的地质现象。

遥感技术由于宏观视野大、重复成像快等优点,因而对区域性地质现象和地质问题的分析研究有重要意义,并多用于工程规划、可行性研究等勘察阶段小比例尺工程地质测绘中。在工程地质测绘开始以前,对已收集的航片和卫片结合区域地质资料进行判译,在此基础上勾画地质草图,用以指导现场踏勘工作。另外,还可使用航片、卫片来校核所填绘的地质界线或补充填绘其他内容。

7.2.2　工程地质勘探

为进一步查明、验证地表以下的工程地质问题,并获得有关地质资料,需要在地质测绘的基础上进行必要的勘探工作。勘探工作主要有山地工作、钻探和物探等三种类型。

7.2.2.1　山地工作

山地工作是指对山地的开挖工作。常利用坑、槽、竖井、斜井及平硐等工程来查明地下地质条件的一种勘探方法,其用途和特点见表7-2及图7-3。为了充分发挥山地工作,必须详细观察记录,并绘制出展视图(见图7-4)。

表7-2　山地工作的类型及用途

类型	特点	用途
坑探	深度小于3 m的小坑,形状不定	局部剥除地表覆土,揭露基岩
浅井	从地表向下垂直,断面呈圆形或方形,深度5～10 m	确定覆盖层及风化层的岩性及厚度,取原样进行载荷试验、渗水试验
探槽	在地表垂直岩层或构造线挖掘成深度不大的(深度5～10 m)长条形槽子	追索构造线、断层,探查残积坡积层、风化岩石的厚度和岩性,了解坝接头处的地质情况
竖井	形状与浅井同,但深度超过10 m,一般在平缓山坡、漫滩、阶地等岩层较平缓的地方,有时需支护	了解覆盖层厚度及性质、构造线、岩石破碎情况、岩溶、滑坡等,岩层倾角较缓时效果较好
平硐	在地面有出口的水平坑道,深度较大,适用于较陡的基岩边坡	调查斜坡地质构造,对查明地层岩性、软弱夹层、破碎带、卸荷裂隙、风化岩层时效果较好,还可取样或做原位试验

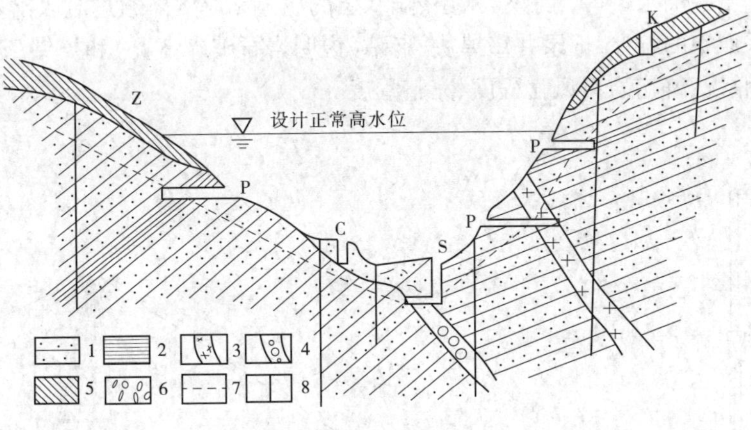

1—砂岩;2—页岩;3—花岗岩脉;4—断层带;5—坡积层;6—冲积层;7—风化层界线;8—钻孔;
P—平硐;S—竖井;K—探井;Z—探槽;C—浅井

图7-3　某坝址区山地工作(勘探布置)示意图

7.2.2.2　钻探

钻探是用人力或动力机械带动钻机,以旋转或冲击方式切割或凿碎岩石,形成一个直径较小而深度较大的圆形钻孔(见图7-5、图7-6)。它是目前应用最广泛的一种勘探手段,它可以揭露地下深处的地质现象,查明建筑物地基的地层岩性、地质构造;采取岩芯、水样;在钻孔内进行工程地质、水文地质、灌浆等试验工作。由于岩性的坚硬完整程度、钻

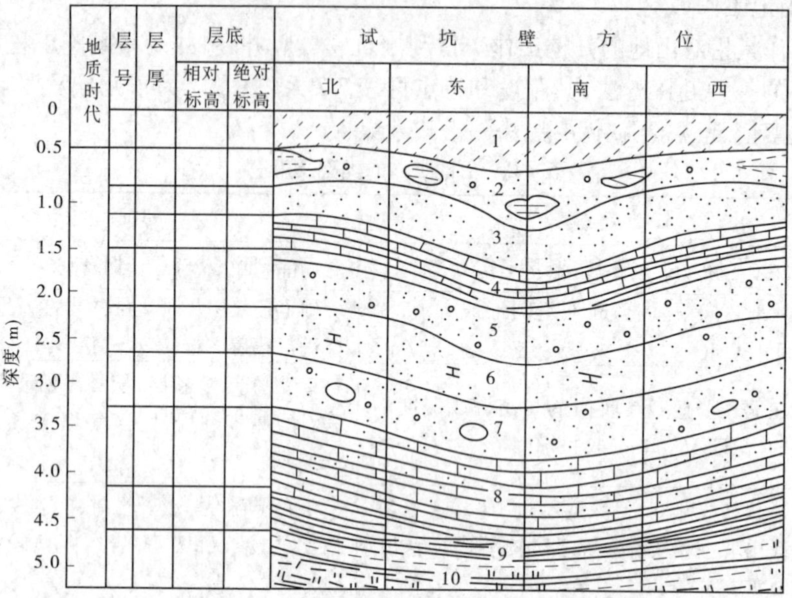

图7-4　用四壁平行展开法绘制的浅井展视图

孔深度和钻探的目的不同,需要选用不同类型的钻机。工程地质勘探中常用的钻探方法有冲击钻探、回转钻探、冲击回转钻探和振动钻探四种。

在钻进过程中,要及时做好观测、取样和编录工作。通过观测地下水的初见水位、稳定水位及钻进中的漏水量等,了解含水层、隔水层的位置和厚度。通过对取出岩芯的观察描述和岩芯采取率的统计,记录井壁掉块、卡钻(说明岩石破碎情况)和掉钻(说明遇到溶洞或大裂隙)情况,确定岩石风化程度、完整程度。

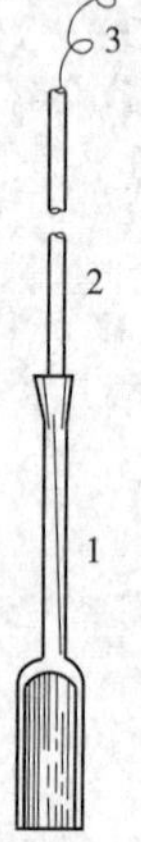

1—铲头;2—木杆;3—绳索

图7-5　洛阳铲

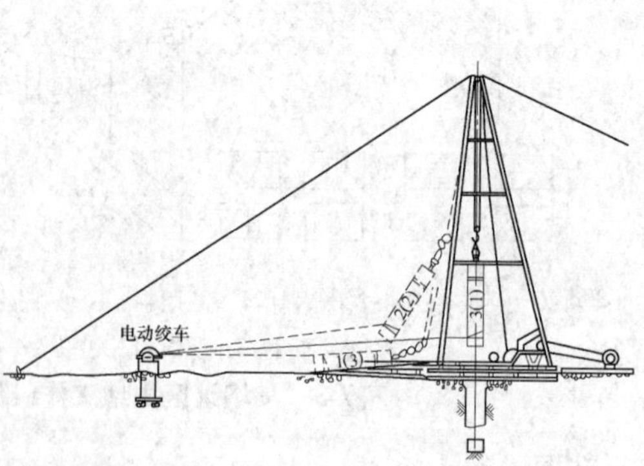

图7-6　大口径钻孔钻进示意图

因此,钻探是靠提取岩芯来了解深部地质条件的,通过对岩芯的统计可计算出岩芯采取率或岩芯获得率。前者是指所取岩芯总长度与本回次进尺的百分比,总长度包括比较完整的岩芯和碎块、岩粉等。后者是指比较完整的岩芯长度之和与本回次进尺的百分比，它不计入不成形的破碎物质。此外，如要进行工程岩体质量评价和分级时，尚需算出岩石质量指标 *RQD*(Rock Quality Designation)数值。它是≥10 cm 长度的岩芯之和与本回次进尺的百分比。但这一指标按国际通用标准应采用直径75 mm(N 型)双层岩芯管金刚石钻头钻进。其表达式为

$$RQD(\%) = L_p/L \times 100\% \tag{7-1}$$

式中 L_p——长度大于10 cm 的岩芯总长，m；

L——钻孔进尺长度，m。

工程实践证明，*RQD* 是一种比岩芯采取率更灵敏，更能反映岩体特性的指标，可按 *RQD* 值的大小判别岩体的质量(见图7-7)。最后根据编录资料和试验成果，编制成钻孔柱状图(见图7-8)及工程地质立体投影图(见图7-9)。

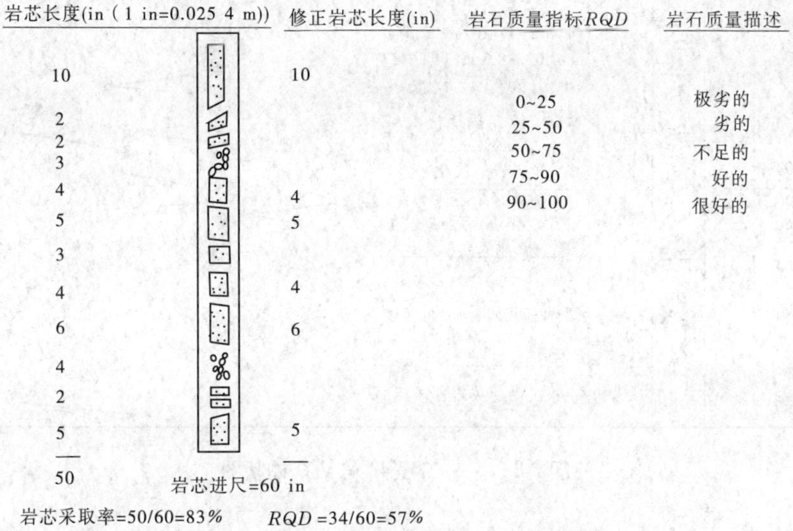

图7-7 岩石质量指标(*RQD*)的计算和分级

7.2.2.3 物探

物探即地球物理勘探的简称。物探是根据岩土密度、磁性、弹性、导电性和放射性等物理性质的差异，用不同的物理方法和仪器，测量天然或人工地球物理场的变化，以探查地下地质情况的一种勘探方法。组成地壳的岩层和各种地质体，如基岩、喀斯特、含水层、覆盖层、风化层等，其导电率、弹性波传播速度、磁性等物理性质是有差异的，这样，就可以利用专门的仪器设备，来探测不同地质体的位置、分布、成分和构造。

地球物理勘探有电法、地震、声波、重力、磁力和放射性等多种方法。在工程地质勘察中多采用电法勘探中的电阻率法。由于自然界中各种岩石的矿物成分、结构和含水量等因素的不同，故有不同的电阻率。此法是人工向地下所查的岩体中供电，以形成人工电场，通过仪器测定地下岩体的视电阻率大小及变化规律，再经过分析解释，便可判断所查地质体的分布范围和性质。如判断覆盖层厚度、基岩和地下水的埋深、滑坡体的厚度与边界、冻土层的分布及厚度、溶蚀洞穴的位置及探测产状平缓的地层剖面等。

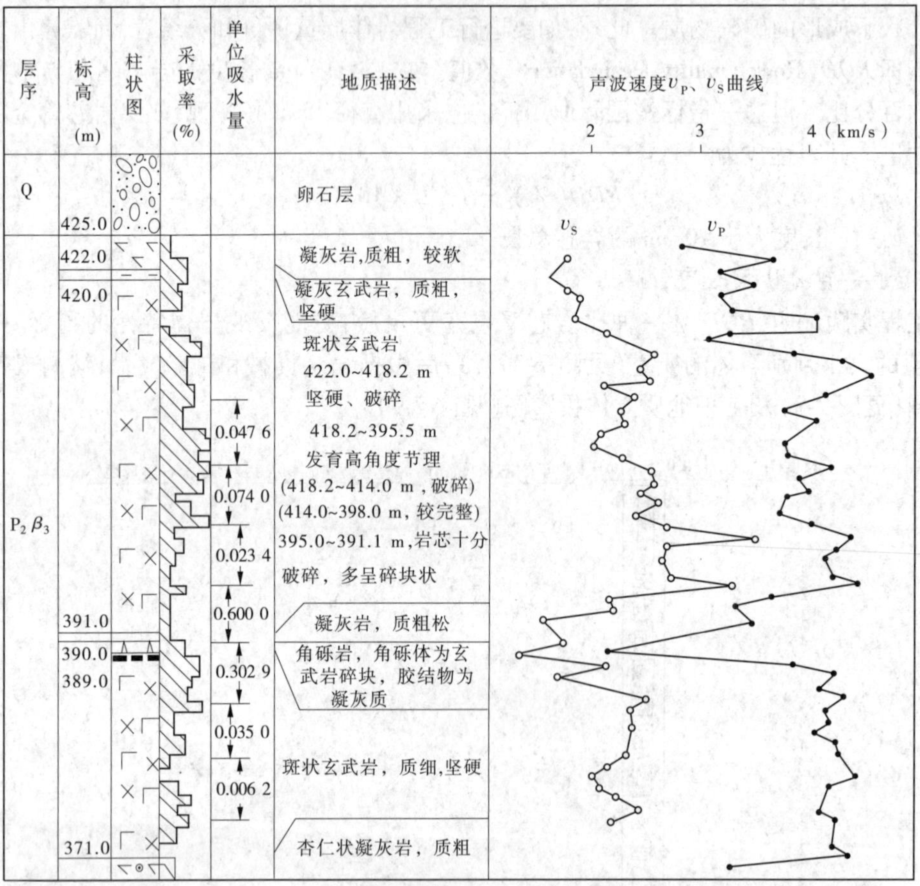

图7-8　××工程48号钻孔柱状图

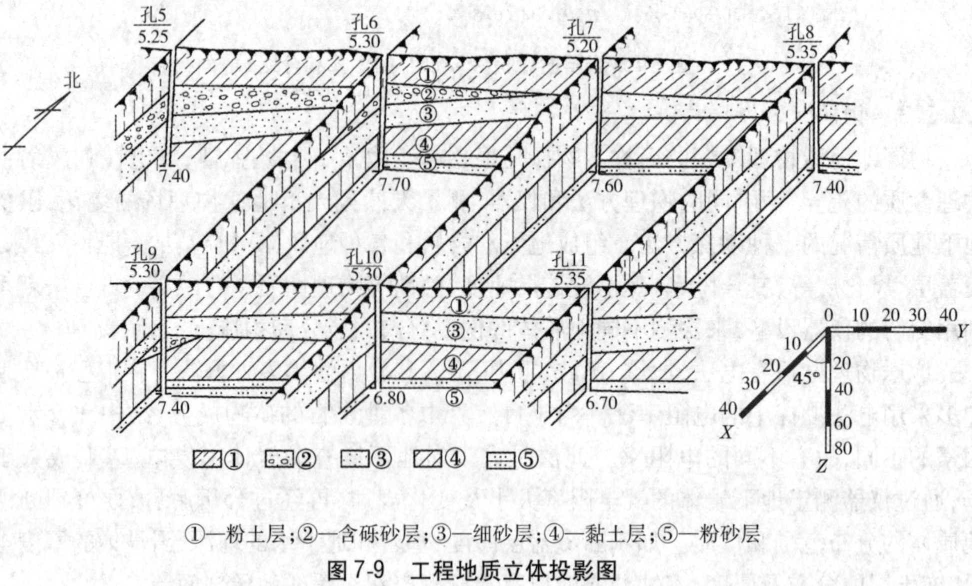

①—粉土层;②—含砾砂层;③—细砂层;④—黏土层;⑤—粉砂层

图7-9　工程地质立体投影图

采用电阻率法具体实测如图7-10所示，当由供电电极 A、B 将电流通入地下形成一个人工电场时，在 M、N 两点间测得的电位差 ΔU 与岩层的视电阻率 ρ 有如下关系

$$\rho = k(\Delta U/I) \tag{7-2}$$

式中　k——装置系数，与 A、B、M、N 四个电极的相对位置有关；

I——A、B 电极供入地下的电流强度。

一般认为，A、B 电极之间的电流线大部分集中在 AB 半球内。因此，改变 A、B 的位置或距离，即可测得视电阻率的数值及其变化规律曲线。通过分析该曲线就可绘出不同岩层和地质体的上、下位置界限。

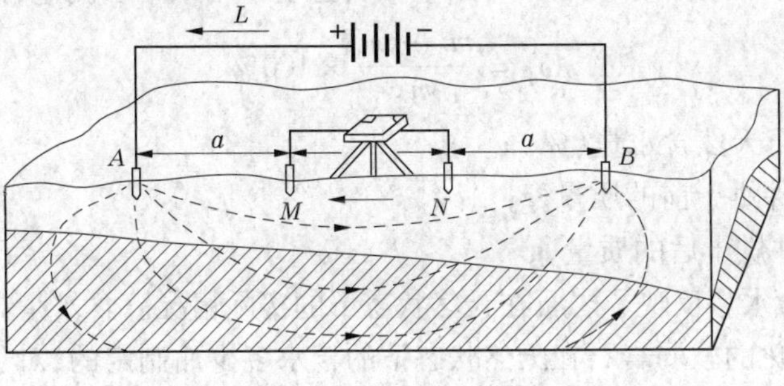

A、B—供电电极；M、N—测电电极

图7-10　对称四极电测深法的装置

弹性波探测技术包括地震勘探、声波探测及超声波探测。它是根据弹性波在不同的岩土体中传播的速度不同，用人工激发产生弹性波，使用仪器测量弹性波在岩体中的传播速度、波幅规律，按弹性理论计算，即可求得岩体的弹性模量、泊松比、弹性抗力系数等计算参数。

物探方法具有速度快、成本低的优点，用它可以减少山地工程和钻探的工作量，所以得到了广泛的应用。但是，物探是一种间接测试方法，具有条件性、多解性，特别是当地质体的物理性质差别不大时，其成果往往较粗略。所以，应与其他勘探手段配合使用，才能效率较高，效果更好。

7.2.3　工程地质试验

在水利工程地质勘察中，可以用室内或野外现场试验定量地测定岩石(土)的工程地质性质和各种地质参数。试验工作分为室内试验和野外试验两种。室内试验设备简单、成本低、方法也较为成熟，但所取试样体积小，与自然条件有一定的差异，因而成果不够准确。野外试验是在现场天然条件下测定较大体积岩(土)体的各种性能，所得资料更符合实际，但其需要大型的设备，成本高、历时长。所以，一般是两种方法配合使用。

7.2.3.1　室内试验

1.物理性质指标测试

岩石和土的物理性质指标的实质完全相同，只是将其中的土颗粒换成岩石中的固体部分，土换成岩石，土的物理性质指标测试详见《土力学》相关章节，在这里仅介绍岩石的几种常见的物理性质指标测试。

岩石的基本物理性质是指岩石固有的物质组成和结构特征所决定的基本物理属性,包括含水量、吸水率、颗粒密度、块体密度、膨胀性、耐崩解性和抗冻性等。相应的岩石物理性质试验包括含水量试验、吸水率试验、颗粒密度试验、块体密度试验、膨胀性试验、耐崩解性试验、冻融试验等。对于膨胀岩石要做膨胀性试验,对于在干湿交替下的黏土岩类和风化岩石要做耐崩解性试验,对于经常处于冻结和融解条件下的工程岩体,要进行冻融试验。在此仅简单介绍几种主要的物理性质指标的测试方法。

1)含水量试验

岩石含水量是岩石试件在105~110 ℃温度下烘干至恒量时所失去水的质量与试件干质量的比值,以百分数表示。岩石含水量在实验室采用烘干法测定,按式(7-3)计算

$$\omega_0 = \frac{m_0 - m_d}{m_d} \times 100\% \tag{7-3}$$

式中 ω_0——岩石天然含水量(%);

m_0——试件烘干前的质量,g;

m_d——试件烘干后的质量,g。

岩石的天然含水量反映了岩石在天然状态下的实际情况。含水量试验主要是针对黏土质、粉砂质和风化的软弱岩石在天然状态下的含水多少而制定的,对于坚硬或较坚硬的岩石,测定天然含水量的工程意义不大。

岩石含水量试验方法详见《水利水电工程岩石试验规程》(SL 264—2001)第7~8页,主要试验仪器和设备包括烘箱、干燥器、天平、有密封盖的试件盒等。

2)岩石吸水性试验

岩石吸水性采用自然吸水率、饱和吸水率和饱水系数等指标表示。

岩石自然吸水率是岩石在常温、常压条件下最大自由吸入水的质量与试件固有质量的比值,以百分数表示。岩石自然吸水率的大小取决于岩石中孔隙的大小及其连通性,岩石的自然吸水率越大,表明岩石中孔隙大,连通性好,岩石力学性质越差。

岩石饱和吸水率是试件在强制饱和状态下的最大吸水量与试件固有质量之比,以百分数表示。一般采用煮沸法或真空抽气法测定。岩石饱和吸水率反映岩石内部的张开型孔隙和裂隙的发育程度,对岩石的抗冻性和抗风化能力有较大影响。

岩石饱水系数是指岩石自然吸水率与饱和吸水率的比值,以百分数表示。

岩石的自然吸水率、饱和吸水率和岩石饱水系数分别按式(7-4)~式(7-6)计算

$$\omega_a = \frac{m_a - m_d}{m_d} \times 100\% \tag{7-4}$$

$$\omega_s = \frac{m_s - m_d}{m_d} \times 100\% \tag{7-5}$$

$$k_\omega = \frac{\omega_s}{\omega_a} \times 100\% \tag{7-6}$$

式中 ω_a——岩石自然吸水率(%);

ω_s——岩石饱和吸水率(%);

k_ω——岩石饱水系数(%);

m_a——试件浸水48 h后的质量,g;

m_d——试件烘干后的质量,g;

m_s——试件强制饱和后的质量,g。

岩石吸水性试验方法详见《水利水电工程岩石试验规程》(SL 264—2001)第8~10页,主要试验仪器和设备包括烘箱、干燥器、天平、真空抽气设备和煮沸设备等。

3)岩石颗粒密度试验

岩石颗粒密度是岩石固相物质与体积的比值,采用比重瓶法或水中称量法测定,比重瓶法适用于各类岩石,水中称量法适用于除遇水崩解、溶解和干缩湿胀以及密度小于1 g/cm³的其他各类岩石,分别按式(7-7)、式(7-8)计算

$$\rho_p = \frac{m_d}{m_1 + m_d - m_2}\rho_w \tag{7-7}$$

$$\rho_p = \frac{m_d}{m_d - m_w}\rho_w \tag{7-8}$$

式中 ρ_p——颗粒密度,g/cm³;

m_1——瓶和试液总质量,g;

m_2——瓶、试液和岩粉总质量,g;

m_d——试件烘干后的质量,g;

ρ_w——试验温度下的试液密度,g/cm³;

m_w——强制饱和试件在水中的质量,g。

岩石颗粒密度试验方法详见《水利水电工程岩石试验规程》(SL 264—2001)第10~12页。

4)岩石块体密度试验

岩石的块体密度是指单位体积的岩石质量,是岩石试件的质量与其体积之比。根据岩石试件的含水状态,岩石的块体密度可分为烘干密度、天然密度和饱和密度三种。岩石块体密度采用量积法、水中称量法或密封法测定。量积法适用于能制备成规则试件的岩石,水中称量法适用于除遇水不崩解、不溶解和不干缩湿胀的其他各类岩石,密封法适用于不能用量积法或直接在水中称量进行试验的岩石。水中称量法按式(7-9)~式(7-11)计算

$$\rho_0 = \frac{m_0}{m_s - m_w}\rho_w \tag{7-9}$$

$$\rho_d = \frac{m_d}{m_s - m_w}\rho_w \tag{7-10}$$

$$\rho_s = \frac{m_s}{m_s - m_w}\rho_w \tag{7-11}$$

式中 ρ_0——岩石块体天然密度,g/cm³;

ρ_d——岩石块体干密度,g/cm³;

ρ_s——岩石块体饱和密度,g/cm³;

其他符号含义同前。

岩石块体密度试验方法详见《水利水电工程岩石试验规程》(SL 264—2001)第12~16页。

5)岩石膨胀性试验

岩石膨胀性是指含亲水易膨胀的矿物(蒙脱石类)的岩石在水的作用下,吸收无定量的水分子,产生体积膨胀的性质。发生膨胀的岩石,绝大多数属于黏土质类的岩石,这类岩石含有蒙脱石类矿物,只要改变其含水状态,就会使其晶格膨胀松动和崩解,造成地表和地下建筑物的破坏,特别是对隧道、地下硐室、边坡挡墙和水池底板的毁坏尤为明显。

表征岩石膨胀特性的指标有岩石自由膨胀率、侧向约束膨胀率和体积不变条件下的膨胀压力。岩石自由膨胀率是岩石试件吸水后产生的径向变形和轴向变形分别与原试件直径和高度之比,以百分数表示。岩石侧向约束膨胀率是岩石试件在有侧向约束不产生侧向变形的条件下,轴向受有限压力(5 kPa)时,吸水后产生的轴向变形与试件原高度之比,以百分数表示。岩石膨胀压力是岩石试件吸水后保持原体积不变所产生的压力。

岩石膨胀性试验方法详见《水利水电工程岩石试验规程》(SL 264—2001)第16~20页。

工程中常见岩石的物理性质指标见表7-3。

表7-3　工程中常见岩石的物理性质指标

岩石名称		颗粒密度(g/cm^3)	天然密度(g/cm^3)	孔隙比(%)	吸水率(%)	软化系数
岩浆岩	花岗岩	2.50~2.84	2.30~2.80	0.04~0.92	0.10~0.92	0.72~0.97
	正长岩	2.50~2.90	2.40~2.85		0.47~1.94	
	闪长岩	2.60~3.10	2.52~2.96	0.25~3.00	0.30~0.48	0.60~0.80
	辉长岩	2.70~3.20	2.55~2.98	0.92~1.13		
	辉绿岩	2.60~3.10	2.53~2.97	0.40~6.38	0.22~5.00	0.33~0.90
	玢岩	2.60~2.84	2.40~2.86		0.07~1.65	0.78~0.81
	斑岩	2.62~2.84	2.70~2.74	0.29~2.75	0.20~2.00	
	粗面岩	2.40~2.70	2.30~2.67			0.81~0.91
	安山岩	2.40~2.80	2.30~2.70	1.08~2.19	0.29	0.30~0.95
	玄武岩	2.60~3.30	2.50~3.10	0.35~3.00	0.31~2.69	0.52~0.86
	凝灰岩	2.56~2.78	2.29~2.50	1.50~4.50	0.12~7.45	
沉积岩	砾岩	2.67~2.71	2.42~2.66	0.34~9.30	0.20~5.00	0.50~0.96
	砂岩	2.60~2.75	2.20~2.71	1.60~2.83	0.20~12.19	0.65~0.97
	页岩	2.57~2.77	2.30~2.62	1.46~2.59	1.80~3.10	0.24~0.74
	石灰岩	2.48~2.85	2.30~2.77	0.53~2.00	0.10~4.55	0.70~0.94
变质岩	片麻岩	2.63~3.10	2.30~3.05	0.70~4.20	0.10~3.15	0.75~0.97
	片岩	2.75~3.02	2.69~2.92	0.70~2.92	0.08~0.55	0.44~0.84
	石英岩	2.53~2.84	2.40~2.80	0.50~0.80	0.10~1.45	0.94~0.96
	大理岩	2.80~2.85	2.60~2.70	0.22~1.30	0.10~0.80	
	板岩	2.68~2.76	2.31~2.75	0.36~3.50	0.10~0.95	

2. 力学性质指标测试

土在外力作用下表现的性质，即力学性质。当外力较小而未达到某个极限值时，土体发生变形；而当外力超过某个极限值时，土体则发生破坏。因此，可将岩土的力学性质概括为变形性和抗破坏性，它们随所受应力的性质（拉、压、剪）不同而有不同的表现。对工程实践最具重要意义的是土体在压力作用下的压缩变形和在剪应力作用下的破坏，即土的压缩性和抗剪性。

1）变形指标测试

岩石在外力作用下，由于其内部各质点的位置发生改变而引起的岩石形状和尺寸的变化，称为岩石的变形。岩石的变形规律可用由压缩试验取得的应力—应变曲线来表示。岩石在不同的受力状态下具有不同的应力—应变关系，其中最能代表岩石工程性质特点的是岩石在单向压力作用下的应力—应变曲线。因此，这里仅简单介绍岩石单轴压缩变形试验。

岩石单轴压缩试验常用的方法有电阻应变片法和千分表法两种。两种方法均适用于能制成规则试件的各类岩石。对于坚硬和较坚硬岩石宜采用电阻应变片法，较软岩宜采用千分表法。试验方法详见《水利水电工程岩石试验规程》（SL 264—2001）第25～29页，主要仪器和设备包括钻石机、磨石机、烘箱、静态电阻应变仪、千分表、材料试验机等。

岩石的应力—应变曲线是研究岩石本构模型的依据，完整的岩石在单向压力作用下的应力—应变曲线如图7-11所示。图中各曲线段的物理过程如下：

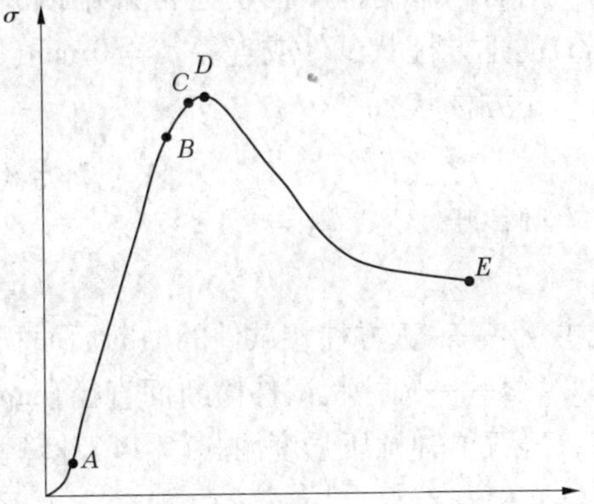

图7-11　岩石在单向压力作用下的应力—应变曲线

（1）压密阶段（*OA*段）。在给岩石施加外力的开始阶段，岩石内的微裂隙在外力的作用下被压密，岩石体积缩小。对应于*A*点的应力称为岩石的压密极限。

（2）弹性变形阶段（*AB*段）。该阶段应力—应变曲线为上升的直线，岩石呈线弹性变形，试件的轴向被压缩，横向应变有所增大，但体积仍在缩小。对应于*B*点的应力称为岩石的弹性极限。

（3）屈服破坏阶段（*BC*段）。该阶段应力—应变曲线一般呈上凸型。即随着轴向压力的增加，岩石内原有的微裂隙开始扩展，试件开始发生破裂，体积由缩小转为增大（膨胀），即发生“扩容”。同扩容起始点所对应的应力称为岩石的临界应力，它是断定岩石是否发生破坏的一个重要依据。同*C*点对应的应力称为岩石的屈服极限。

（4）加速破坏阶段（*CD*段）。该阶段应力—应变曲线呈平缓的上凸型。即随着试件轴向压力的进一步增加，岩石中的裂隙加速扩展，并显示出宏观破坏的迹象，体积膨胀加剧，岩石的承载能力达到极限。对应于*D*点的应力值称为岩石的强度极限。

（5）全面破坏阶段（*DE*段）。试件的轴向压力达到岩石的强度极限后，岩石中的破裂逐渐发展为贯通的破裂面，岩石全面破坏，承载能力逐渐降低，岩石内的应力随应变的增大而下降。岩石的应力—应变曲线由平缓的上凸型逐渐过渡为平缓的上凹型,再过渡为陡降的上凹型,最终演变为平缓的或下降的直线。

岩块变形参数主要采用岩块单轴压缩变形试验方法取得。其变形特性用变形模量、弹性模量和泊松比等参数表示。变形模量是指岩石试件在轴向应力作用下,轴向应力与相对应的轴向应变的比值,也称割线模量,一般用E_{50}表示,即应力—应变曲线原点与抗压强度50%处应变点连线的斜率。岩石的弹性模量是应力与相对应的轴向弹性应变的比值,一般由应力—应变曲线直线段的斜率表示。岩石的泊松比是指岩石试件在轴向应力作用下,所产生的横向应变与相对应的轴向应变的比值。

2)强度指标测试

岩石的强度是指岩石试样抵抗外力时保持自身不被破坏时所能承受的极限应力。它是用来表示岩石抗破坏能力大小的重要参数。根据岩石试样所抵抗外力的种类不同,岩石的强度可分为抗压强度、抗拉强度、抗剪强度等。

(1)岩石的抗压强度。岩石在单向压力作用下,抵抗压碎破坏的最大轴向压应力,称为岩石的极限抗压强度,简称抗压强度。抗压强度是反映岩石力学性质的主要指标之一。可以通过将岩石试件置于压力机上进行轴向加载,至试件破坏来测定。岩石的单向抗压强度试验最简单,同时它又能反映岩石的基本力学特性,因而在工程上的应用最广。

岩石的单向抗压强度通常采用横断面尺寸分别为50 mm×50 mm(或70 mm×70 mm)的正方柱状试件或直径$d=50$ mm(或70 mm)的圆柱状试件测定。试件高度为:

正方柱状

$$h = (2 \sim 2.5)\sqrt{A} \tag{7-12}$$

圆柱状

$$h = (2 \sim 3)d \tag{7-13}$$

式中 A——正方柱状试件的横断面面积,mm^2;

d——圆柱状试件横断面直径,mm。

岩石单轴抗压强度用式(7-14)计算

$$R_c = P/A \tag{7-14}$$

式中 R_c——岩石的单轴抗压强度,MPa;

P——试件受压破坏时的总压力,MN;

A——试件的受压面积,m^2。

岩石抗压强度越大,说明岩石越坚硬,越不容易被压碎。

岩石单轴抗压强度试验方法详见《水利水电工程岩石试验规程》(SL 264—2001)第29~30页,主要仪器和设备包括钻石机、磨石机、车床、千分卡尺、放大镜、烘箱、材料试验机等。

(2)岩石的抗拉强度。岩石的抗拉强度是指岩石试件在外力作用下抵抗拉应力的能力,为岩石试件拉伸破坏时的极限荷载与受拉面积的比值,以R_t表示。

$$R_t = P_t/A \tag{7-15}$$

式中 R_t——岩石的抗拉强度,MPa;

P_t——试件被拉断时的拉力,MN;

A——试件的横截面面积，m^2。

岩石的抗拉强度比起抗压强度来是很小的。不少岩石的抗拉强度 R_t 小于 20 MPa。在实际应用中，当缺乏实际试验资料时，常取岩石的抗拉强度为抗压强度的 1/10 ~ 1/50。由于采用直接将岩石试件置于试验机上进行轴向拉伸的方法来测定岩石的抗拉强度，在试件制作及试验技术方面都存在一定的困难，所以目前大多数采用间接拉伸法来测定，其中以劈裂法为最常用。

劈裂法是把一个经过加工的圆板状（正方形板状）岩石试件，横置在压力机的承压板上，并在试件与上下承压板之间放置一根硬质钢丝作为垫条，然后加压，使试件受力后，沿直径轴面方向发生裂开破坏，以求其抗拉强度。加置垫条的目的，是为了把所施加的压力变为上下一对线荷载，并使试件中产生垂直于上下荷载作用的张应力。因此，上下垫条必须严格位于通过试件垂直的对称轴面内。其装置如图 7-12 所示。

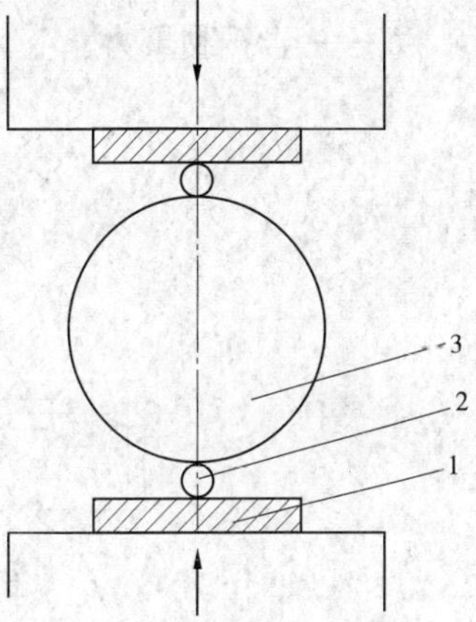

1—承压板；2—钢丝；3—试件

图 7-12 劈裂法试验示意图

在这种试验条件下，由弹性理论得知，岩石的抗拉强度由式(7-16)确定

$$R_t = \frac{2P}{\pi Dt} \tag{7-16}$$

式中 R_t——岩石的抗拉强度，MPa；

P——试件破坏时的竖向总压力，MN；

D——圆板状试件的直径，m；

t——试件厚度，m。

岩石单轴抗压强度试验方法详见《水利水电工程岩石试验规程》（SL 264—2001）第 32 ~ 34 页，主要仪器和设备包括钻石机、磨石机、车床、千分卡尺、放大镜、烘箱、材料试验机等。

(3)岩石的抗剪强度。岩石抵抗剪切破坏时的最大剪应力，称为抗剪强度。研究岩石抗剪强度的目的主要是为大坝、边坡和地下硐室岩体稳定性分析提供抗剪强度参数。根据岩石抗剪强度试验方法的不同，可分为抗剪断强度、摩擦强度及抗切强度。这三种试验的受力条件不同，见图 7-13。室内的岩石抗剪强度测定，最常用的是测定岩石的抗剪断强度。

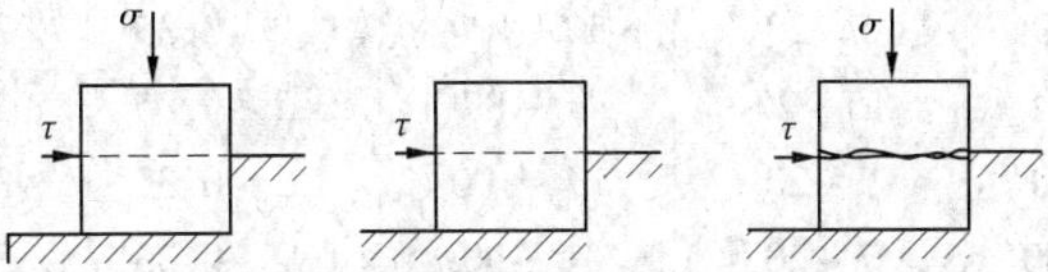

图 7-13 岩石的三种受剪方式示意图

岩石的抗剪断强度是指岩石剪断面上有一定压应力作用时，完整岩石被剪断的最大

剪应力,可通过直接剪切试验测定。主要根据岩石试件在不同法向荷载下相应剪切强度按库仑准则确定岩石的抗剪强度参数(包括摩擦系数 f 和黏聚力 C)。试验装置如图7-14所示。岩石的抗剪断强度按式(7-17)计算

$$\tau_{\varphi c} = \sigma\tan\varphi + C \tag{7-17}$$

式中 $\tau_{\varphi c}$——岩石的抗剪断强度;

σ——破裂面上的垂直压力;

φ——岩石内摩擦角;

C——岩石黏聚力。

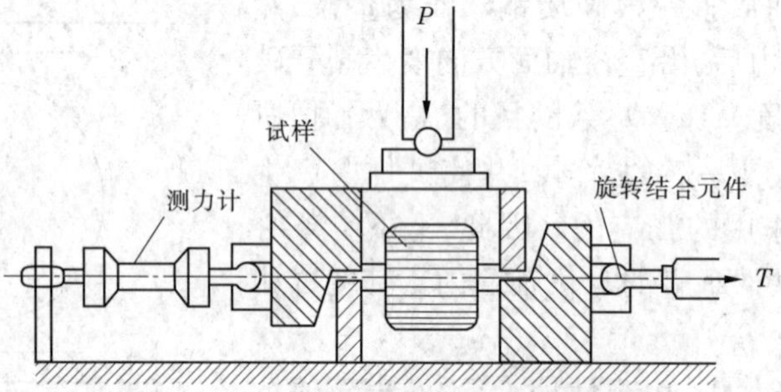

图7-14 实验室岩石直剪试验装置

坚硬岩石因有牢固的结晶联结或胶结联结,其抗剪断强度一般都比较高。

试验资料表明,同一种岩石,由于受力状态不同,强度值相差悬殊。此外,岩石在荷载长期作用下的抗破坏能力,要比短时间加载下的抗破坏能力小。对于坚固岩石,前者为后者的70%~80%;对于软质与中等坚固岩石,长时强度一般为短时强度的40%~60%。表7-4为几种常见岩石的强度指标参数。

表7-4 几种常见岩石的强度指标参数

岩石种类	抗压强度(MPa)	抗拉强度(MPa)	弹性模量(GPa)	泊松比	内摩擦角(°)	黏聚力(MPa)
花岗岩	100~250	7~25	50~100	0.2~0.3	45~60	14~50
流纹岩	180~300	15~30	50~100	0.1~0.25	45~60	10~50
安山岩	100~250	10~20	50~120	0.2~0.3	45~50	10~40
辉长岩	180~300	15~35	70~150	0.1~0.2	50~55	10~50
玄武岩	150~300	10~30	60~120	0.1~0.35	48~55	20~60
砂岩	20~200	4~25	10~100	0.2~0.3	35~50	8~40
页岩	10~100	2~10	20~80	0.2~0.4	15~30	3~20
石灰岩	50~200	5~20	50~100	0.2~0.35	35~50	10~50
白云岩	80~250	15~25	40~80	0.2~0.35	30~50	20~50
片麻岩	50~200	5~20	10~100	0.2~0.35	30~50	3~5
大理岩	100~250	7~20	10~90	0.2~0.35	35~50	15~30
板岩	60~200	7~15	20~80	0.2~0.3	45~60	2~20
石英岩	150~350	10~30	60~200	0.1~0.25	50~60	20~60

7.2.3.2　原位测试

1. 静力载荷试验

静力载荷试验是研究在静力荷载下岩土体变形性质的一种原位试验方法。其主要用于确定地基土的允许承载力和变形模量，研究地基变形范围和应力分布规律等。试验方法是在现场试坑或钻孔内放一荷载板，在其上依次分级加压(p)，测得各级压力下土体的最终沉降值(s)，直到承压板周围的土体有明显的侧向挤出或发生裂纹，即土体已达到极限状态为止(见图 7-15)。

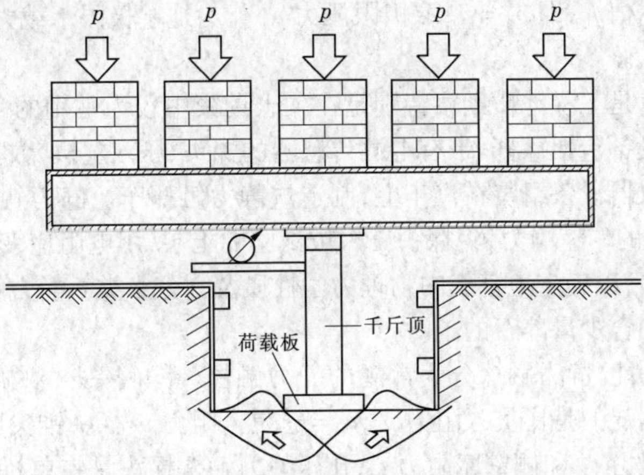

图 7-15　现场静力载荷试验示意图

静力载荷试验的主要成果是在一定压力下的时间—沉降曲线($s \sim t$ 曲线)和荷载—沉降曲线($p \sim s$ 曲线)。根据试验过程中每一级压力(p)和相应沉降值(s)绘出的 $p \sim s$ 曲线，通常可分为三段，反映了土体的三种应力状态或地基变形性状(见图 7-16)。

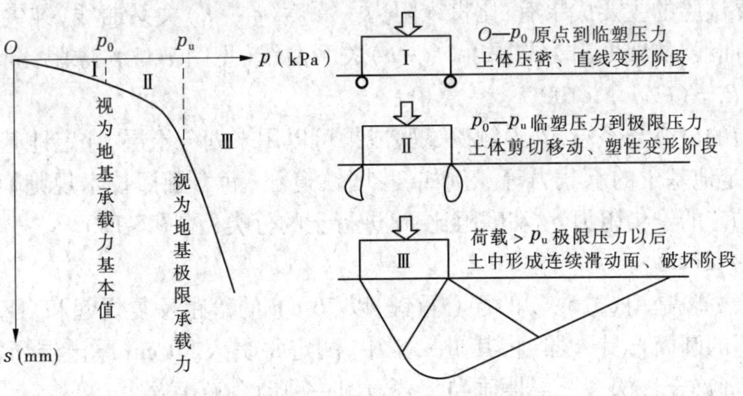

图 7-16　根据 $p \sim s$ 曲线确定地基承载力示意图

第Ⅰ段，直线段，$p \sim s$ 呈线性关系，反映随着荷载(压力)加大，土体稳定压密的应力状态。一般把该直线段的终点所对应的压力 p_0 称为临塑压力(比例界限压力)。

第Ⅱ段，曲线段，$p \sim s$ 呈非线性关系，曲线斜率 ds/dp 随着压力增加而增大，反映土体在压密的过程中附加有剪切移动或塑性变形的应力状态。

第Ⅲ段，陡降段，荷载 p 增加很小，但沉降量 s 却急剧增大，反映土体应力已达到极限状态,土体已剪切破坏。一般把该陡降段的起点所对应的压力 p_u 称为极限压力。

显然,当建筑物基底附加压力 $p \leqslant p_0$ 时,地基土的强度是完全保证的,且沉降也较小;而当建筑物基底附加压力 $p_0 < p < p_u$ 时,地基土体不会发生整体破坏,但建筑物的沉降量很大;如果建筑物基底附加压力 $p \geqslant p_u$ 时,地基土体就会发生剪切破坏。

因此,根据 $p \sim s$ 曲线所反映的地基变形性状,可以确定地基承载力基本值,见图7-16。

对于黏性土、粉土地基,当 $p \sim s$ 曲线上有明显的直线段时,可直接取临塑压力 p_0 作为地基承载力基本值 f_0,即 $p_0 = f_0$,取极限压力 p_u 作为地基极限承载力 f_u。

2. 静力触探试验

静力触探技术是工程地质勘察特别是在软土勘察中较为常用的一种原位测试技术。静力触探的仪器设备包括探杆、带有电测传感器的探头、压入主机、数据采集记录仪等,常将全部静力触探仪器设备组装在汽车上,制造成静力触探车。静力触探试验是用压入装置,以每秒20 mm的匀速静力,将探头压入被试验的土层,用电阻应变仪测量出不同深度土层的贯入阻力等,以确定地基土的物理力学性质及划分土类。静力触探适用于软土、黏性土、粉土、砂土和含少量碎石的土。

按传感器的功能,静力触探分为常规的静力触探(单桥探头、双桥探头)和孔压静力触探。单桥探头测定的是比贯入阻力 p_s,p_s = 总贯入阻力 p/探头锥尖底面面积 A;双桥探头测定的是锥尖阻力 q_c 和侧壁摩阻力 f_s;孔压静力触探探头是在单桥探头或双桥探头上增加有量测贯入土中时的孔隙水压力 u 的传感器。

目前国际上广泛使用标准规格的双桥探头和孔压静力触探技术,而我国有些地方还习惯使用传统的单桥探头,虽然近20多年来双桥探头在工程勘察中大量使用,但一些技术指标与国际标准还存在一定差距,而且孔压静力触探技术还未推广应用。

静力触探试验的主要成果有:比贯入阻力—深度($p_s \sim h$)关系曲线,锥尖阻力与深度($q_c \sim h$)关系曲线,侧壁摩阻力与深度($f_s \sim h$)关系曲线(见图7-17),摩阻比与深度($R_f \sim h$)关系曲线,$R_f = (f_s / q_c) \times 100\%$。

根据目前的研究与经验,静力触探试验成果可以用来划分土层,评定地基土的强度和变形参数,评定地基土的承载力等。例如,我国铁道部《静力触探技术规则》(1990)提出用双桥探头测定的锥尖阻力 q_c 和摩阻比 R_f 进行土的分类(见图7-18)。

3. 标准贯入试验

标准贯入试验是用63.5 kg的穿心重锤,以76 cm的落距反复提起和自动脱钩落下,锤击一定尺寸的圆筒形贯入器,将其贯入土中,测定每贯入30 cm厚土层所需的锤击数($N_{63.5}$值),以此确定该深度土层性质和承载力的一种动力触探方法。

标准贯入试验常在钻孔中进行,既可在钻孔全深度范围内等间距进行,也可仅在砂土、粉土等土层范围内等间距进行。试验时,先用钻具钻至试验土层以上15 cm处,清除残土,将贯入器竖直贯入土中15 cm后,开始记录每打入10 cm的击数,累计贯入土中30 cm的锤击数,即为标贯击数 N 或 $N_{63.5}$ 值。如遇硬土层,累计击数已达50击,而贯入深度未达30 cm时,应终止试验,记录50击的实际贯入厘米 Δs 与累计锤击数 n。按公式 $N = 30\ n/\Delta s$,即 $N = 30 \times 50/\Delta s$ 换算成贯入30 cm的锤击数 N。然后旋转钻杆提起贯入器,取

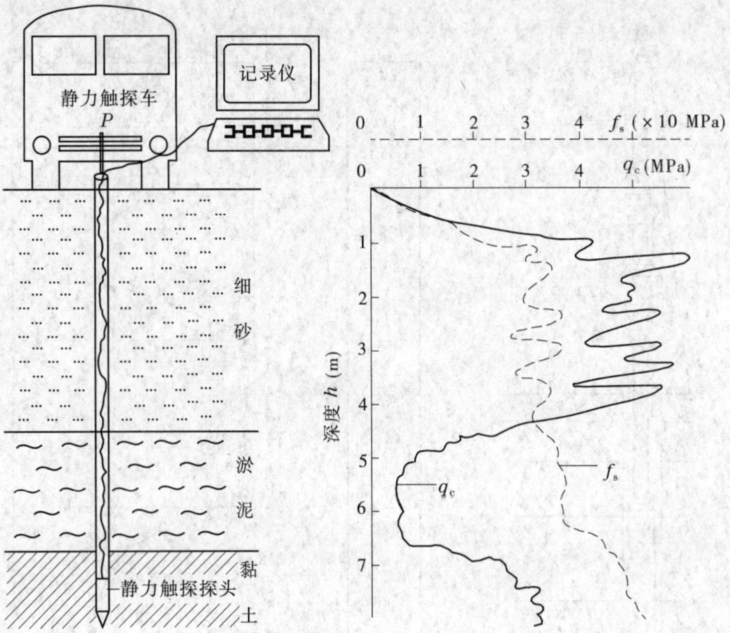

图 7-17　静力触探试验及锥尖阻力 q_c 和侧壁摩阻力 f_s 对深度曲线示意图

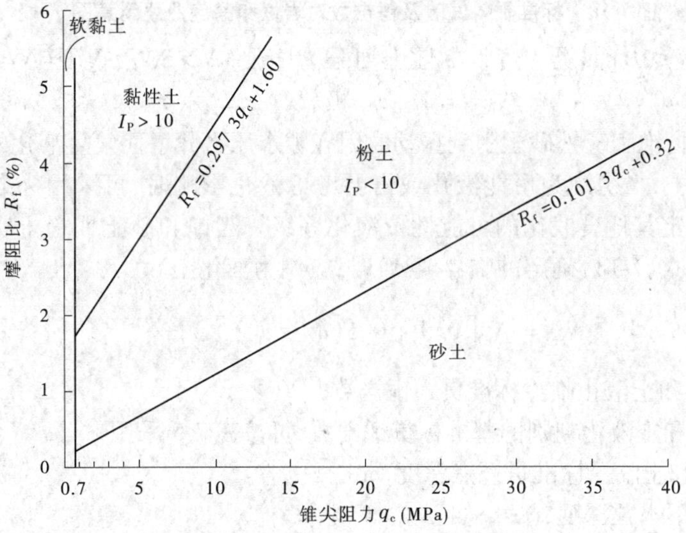

图 7-18　双桥探头土分类图

出贯入器中的土样进行鉴定、描述、记录并测量其长度。

标准贯入试验成果有：标贯击数 N 与深度 h 的关系曲线和标贯孔工程地质柱状图（见图 7-19）。

标准贯入试验成果可以用来判断土的密实度和稠度，估算土的强度与变形指标，判别砂土液化，确定地基承载力，划分土层等。

例如，根据标贯击数 N 可将砂土划分为密实（$N > 30$）、中密（$15 < N \leqslant 30$）、稍密（$10 <$

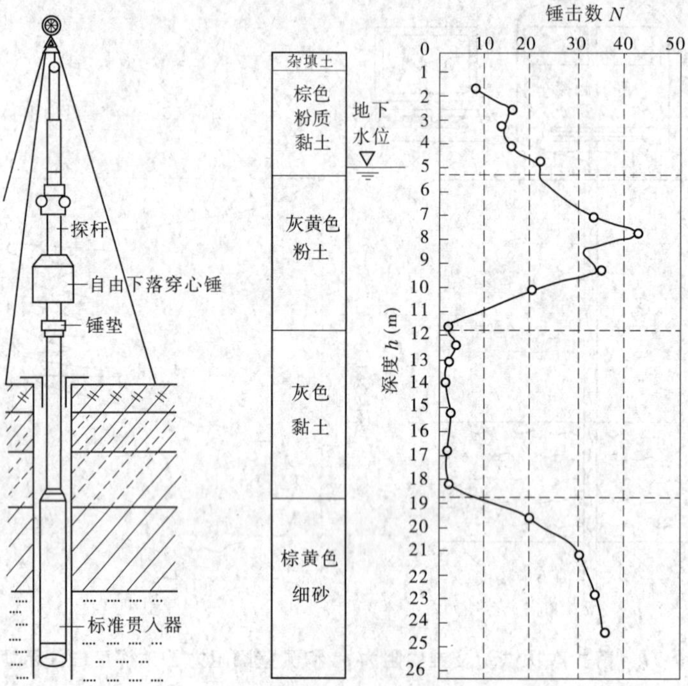

图 7-19 标准贯入试验及锤击数对岩性和深度曲线示意图

$N \leqslant 15$)和松散($N \leqslant 10$)四类。可将黏性土划分为坚硬($N>30$)、很硬($N=30\sim15$)、硬($N=15\sim8$)、中等($N=8\sim4$)、软($N=4\sim2$)、极软($N<2$)六类。

砂土液化是指饱和疏松砂土受到振动时因孔隙水压力骤增而发生液化的现象。对于饱和的砂土和粉土,当初判为可能液化或需要考虑液化影响时,可采用标准贯入试验锤击数 N 进一步确定其地震液化的可能性及液化等级。当饱和砂土或粉土实测标准贯入锤击数 N 值小于式(7-18)确定的临界值 N_{cr} 时,应判为液化土。

$$N_{cr} = N_0\left[0.9 + 0.1(d_s - d_w)\right]\sqrt{\frac{3}{\rho_c}} \tag{7-18}$$

式中 N_{cr}——饱和土液化临界标准贯入锤击数;

N_0——饱和土液化判别的基准标贯锤击数,可按表 7-5 采用;

d_s——饱和土临界标准贯入点深度,m;

d_w——地下水位深度,m;

ρ_c——饱和土黏粒含量(%),当 ρ_c(%)<3 时取 $\rho_c=3$。

表 7-5 液化判别基准标贯锤击数 N_0 值

项目	烈度		
	7 度	8 度	9 度
近震	6	10	16
远震	8	12	

对存在液化土层的地基，应探明各液化土层的深度和厚度，可按一定的公式计算每个钻孔的液化指数，并划分地基的液化等级。

4. 十字板剪切试验

十字板剪切试验是采用十字板剪切仪，在现场测定饱和软黏土的抗剪强度的一种原位测试方法。其基本原理是施加一定的扭转力矩，将土体剪切破坏，测定土体对抵抗扭剪的最大力矩，并假定土体的内摩擦角等于零($\varphi=0$)，通过换算计算得到土体的抗剪强度值。机械式十字板剪切仪主要由十字板头、加荷传力装置(轴杆、转盘、导轮等)和测力装置(钢环、百分表等)三部分组成。其中，十字板头是由厚度为3 mm的长方形钢板以横截面呈十字形焊接在轴杆上构成的。

试验时，将十字板头压入被测试的土层中，或将十字板头装在钻杆前端压入打好的钻孔底以下0.75 m左右的被测试土层中(见图7-20)，然后缓慢匀速摇动手柄旋转(大约以每转或每度10 s的速度转动)，每转1转(Ⅰ度)记录钢环变形的百分表读数一次，直到读数不再增加或开始减小(即土体已经被剪切破坏)为止。试验一般要求在3~10 min内把土体剪切破坏，以免在剪切过程中产生的孔隙压力消散。

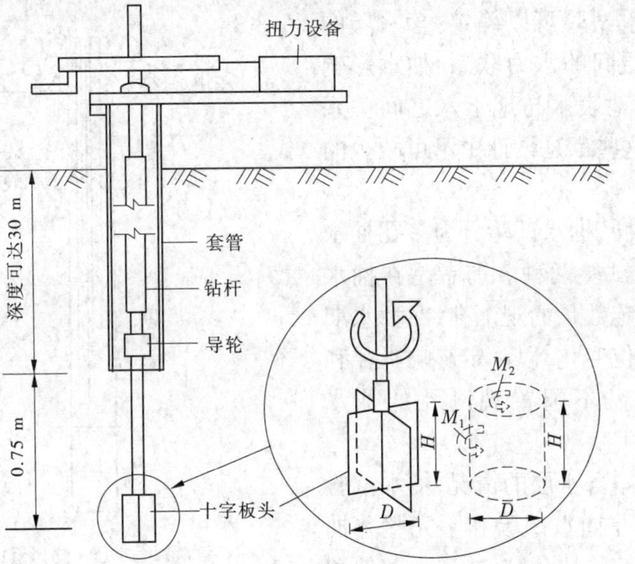

图7-20 十字板剪切试验示意图

设十字板的高度为H(m)，宽度为D(m)，则当转动插入土层中的十字板头时，在土层中产生的破坏状态接近一个高度为H(m)、转动直径为D(m)的圆柱体。假定该圆柱体四周上下两个端面上的各点强度相等，则土体破坏时所产生的抵抗力矩M为

$$M = M_1 + M_2 \tag{7-19}$$

$$M_1 = \frac{1}{2}c_u \pi DHD \tag{7-20}$$

$$M_2 = 2c_u \times \frac{1}{4}\pi D^2 \times \frac{2}{3} \times \frac{1}{2}D \tag{7-21}$$

式中 M——土体破坏时的抵抗力矩，kN·m；

M_1——圆柱体的圆柱面所产生的抵抗力矩,kN · m;

M_2——圆柱体上、下两个断面所产生的抵抗力矩,kN · m;

c_u——饱和黏土的不排水抗剪强度,kPa;

D——圆柱体的直径,对于软黏土,相当于十字板的宽度,m;

H——圆柱体的高度,对于软黏土,相当于十字板的高度,m。

因此,抗剪强度计算公式为

$$c_u = \frac{2M}{\pi D^2 H\left(1 + \frac{D}{3H}\right)} \tag{7-22}$$

7.2.3.3　水文地质试验

1. 抽水试验

抽水试验是用提水设备(提桶、水泵、空压机)从井内抽取一定的水量,同时观测井内水位的下降情况,进而研究井出水量(Q)、水位降深(s)、含水层水文地质参数和其他有关影响因素之间关系的一种试验,如图7-21所示。

抽水试验是水文地质勘察中的一项重要工作,通过抽水试验可以确定:含水层的渗透系数、含水层间的水力联系、抽水影响范围、合理井距、地表水与地下水之间关系等一系列数据,这些都是设计中不可缺少的地质参数和资料。

根据任务不同,抽水试验分为多孔抽水试验和单孔抽水试验两种。前者是在抽水孔的旁边配置一定数量的观测孔,在抽水期间观测其中的水位变化,以确定影响半径和下降漏斗;后者是不配置观测孔的抽水试验。

根据井孔揭露含水层的情况,抽水试验还可以分为完整井抽水试验和不完整井抽水试验两种。它们的井孔结构、进水条件和计算方法各不相同,由地下水动力学的井中渗流理论可知,潜水完整井和承压完整井抽水试验的计算式(裘布依公式)为:

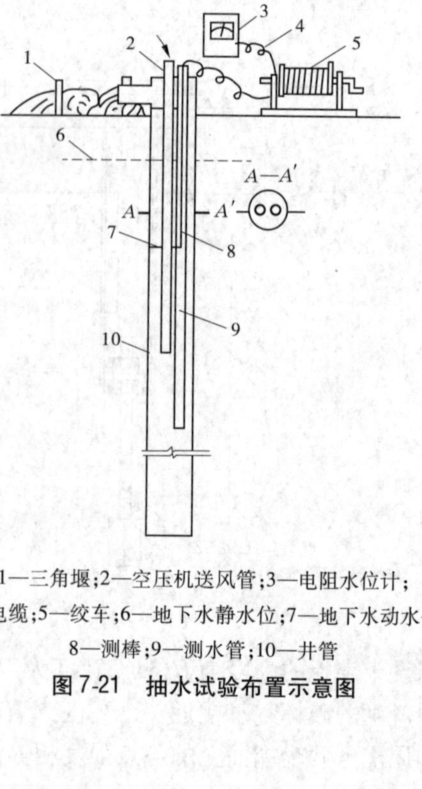

1—三角堰;2—空压机送风管;3—电阻水位计;4—电缆;5—绞车;6—地下水静水位;7—地下水动水位;8—测棒;9—测水管;10—井管

图7-21　抽水试验布置示意图

潜水完整井

$$k = 0.732Q\frac{\lg R - \lg r}{(2H - s)s} \tag{7-23}$$

承压完整井

$$k = 0.366Q\frac{\lg R - \lg r}{Ms} \tag{7-24}$$

式中　Q——抽水量,m^3/d;

R——影响半径,m;

r——抽水半径,m;

H——潜水含水层厚度,m;

M——承压含水层的厚度,m;

s——抽水孔内的水位下降值,m;

k——渗透系数,m/d。

多孔抽水试验时,可实测 R 值,单孔抽水试验时,可按下述经验公式确定 R 值:

潜水含水层

$$R = 2s\sqrt{Hk} \tag{7-25}$$

承压含水层

$$R = 10s\sqrt{k} \tag{7-26}$$

式中符号含义同前。

2. 钻孔压水试验

钻孔压水试验是最常用的在钻孔内进行的岩体原位渗透试验。具体做法是在钻孔过程中或钻孔结束后,用栓塞将某一段长度的孔段与其余孔段隔离开,用不同的压力向试段内送水,测量其相应的流量值,并据此计算岩体渗透率。目前规程采用吕荣试验作为常规压水试验方法,压水试验随钻孔加深自上而下地用栓塞分段进行,段长一般5 m,按三级压力、五个阶段(即 $p_1—p_2—p_3—p_2—p_1$),三级压力一般分别为0.3 MPa、0.6 MPa、1.0 MPa。试验段透水率采用最大压力阶段(第三阶段)的压力值(p_3)和流量(Q_3)按公式(7-27)计算

$$q = \frac{Q_3}{l} \times \frac{1}{p_3} \tag{7-27}$$

式中　q——试验段透水率,Lu;

l——试验段长度,m;

Q_3——第三阶段的计算流量,L/min;

p_3——第三阶段的试验压力,MPa。

压水试验主要任务是测定岩体的透水性,为评价岩体的渗透特征和设计防渗措施提供基本资料。岩土渗透性分级详见表7-6。

7.2.4　工程地质长期观测

由于某些地质条件和现象,具有随时间变化的特性,因此需要布置长期观测工作。长期观测工作是工程地质勘察的一项重要工作,并从规划阶段就开始,贯穿以后各勘察阶段。有的观测项目,在工程完工以后仍需继续进行观测。

观测工作之所以重要,是因为工程地质和水文地质条件的变化及其对建筑物的影响,不是在短期内就能反映出来的。例如,物理地质现象的发生和发展、地下水位的变化、水质和水量的动态规律,都需要进行多年的季节性观测,才能了解其一般规律,才能利用观测资料,去预测其发展的趋势和危害,以便采取防治措施,保证建筑物的安全和正常使用。地质观测项目,主要有以下几个:

表7-6　岩土渗透性分级

渗透性等级	标准		岩体特征	土类
	渗透系数 k (cm/s)	透水率 q (Lu)		
极微透水	$k<10^{-6}$	$q<0.1$	完整岩石,含等价开度 < 0.025 mm 裂隙的岩体	黏土
微透水	$10^{-6}\leqslant k<10^{-5}$	$0.1\leqslant q<1$	含等价开度 0.025 ~ 0.05 mm 裂隙的岩体	黏土—粉土
弱透水	$10^{-5}\leqslant k<10^{-4}$	$1\leqslant q<10$	含等价开度 0.05 ~ 0.01 mm 裂隙的岩体	粉土—细粒土质砂
中等透水	$10^{-4}\leqslant k<10^{-2}$	$10\leqslant q<100$	含等价开度 0.01 ~ 0.5 mm 裂隙的岩体	砂—砂砾
强透水	$10^{-2}\leqslant k<10^{0}$	$q\geqslant 100$	含等价开度 0.5 ~ 2.5 mm 裂隙的岩体	砂砾—砾石、卵石
极强透水	$k\geqslant 10^{0}$		含连通孔洞或等价开度 > 2.5 mm 裂隙的岩体	粒体均匀的巨砾

注:Lu—吕荣单位,是 1 MPa 压力下,每米试段的平均压入流量,以 L/min 计。

(1)与工程有密切关系的物理地质作用或现象的观测。如滑坡、雪崩、泥石流的观测,河流冲刷与堆积、岩石风化速度的观测等。

(2)工程地质现象的观测。如人工边坡、地基沉降变形、地下硐室变形等项目的观测。

(3)地下水动态观测。如地下水位、化学成分、水量变化及孔隙水压力的观测等。

长期观测点的位置,应能有效地将变化的不均匀性和方向性表示出来,观测线应布置在地质条件变化程度差异最大的方向上。为观测滑坡的发展,主观测线应沿滑动方向布置。在布点时,必须合理选择基准点。观测时间的间隔及整个观测时间的长短,视需要和观测内容及变化的特点来决定,一般应遵照“均布控制、加密重点”的原则。

在观测过程中,应不断积累资料,并及时进行整理,用文字或图表形式表示出来。在有条件的地方,可以设置自动或半自动观测记录装置。

7.3　工程地质勘察要点

工程地质勘察是工程建设的基础工作,其任务是查明建筑物区的工程地质条件,为工程建设的优化设计和工程施工服务,因此其工作程序必须与设计阶段相适应。工程地质勘察工作一般分阶段进行,虽然国内各行业对勘察阶段的划分有所不同,但是均遵循由浅到深、由粗到细的特点。当建筑场地的工程地质条件简单,工程规模不大且无特殊要求时,勘察阶段可适当简化或合并进行。下面着重阐述几种主要工程建筑物勘察要点。

7.3.1　水利水电工程地质勘察要点

水利水电工程勘察主要指挡水、泄水和引水建筑等水利水电建筑工作的勘察。水工建筑物有着与其他建筑物不同的特点，首先要求的地基荷载大，工作条件复杂，地基和基础多在水下，工作状况难以及时了解和观察，对地质和地基处理要求高；其次兴建水利水电工程可能引起区域地质环境的变化，一旦失事后果极其严重；再次，水利水电工程建筑物的施工条件、结构型式、具体布置和运行要求，均比其他建筑复杂，这些与工程地质条件关系密切。因此，水利水电工程地质勘察也比较复杂。

水利水电工程地质勘察一般分六个阶段：规划阶段、项目建议书阶段、可行性研究阶段、初步设计阶段、招标设计阶段和施工图设计阶段。各阶段的勘察工作按照规程规范的要求和设计师下达的勘察任务书要求，由勘测单位编制《工程地质勘察大纲》，开展相应的勘察工作。

7.3.1.1　规划阶段

规划阶段工程地质勘察应对河流开发方案和水利水电近期开发工程选择进行地质论证，并应提供工程地质资料。

规划阶段勘察应包括下列内容：

(1)了解规划河流或河段的区域地质和地震概况。

(2)了解各梯级水库的地质条件和主要工程地质问题，分析建库的可能性。

(3)了解各梯级坝址的工程地质条件，分析建坝的可能性。

(4)了解长引水线路的工程地质条件。

(5)了解各梯级坝址附近的天然建筑材料的赋存情况。

7.3.1.2　项目建议书阶段(略)

7.3.1.3　可行性研究阶段

可行性研究阶段工程地质勘察应在河流或河段规划选定方案的基础上选择坝址，并应对选定坝址、基本坝型、枢纽布置和引水线路方案进行地质论证，提供工程地质资料。

可行性研究阶段勘察应包括下列内容：

(1)进行区域构造稳定性研究，并对工程场地的构造稳定性和地震危险性作出评价。

(2)调查水库区的主要工程地质问题，并作出初步评价。

(3)调查坝址、引水线路、厂址和溢洪道等建筑物场地的工程地质条件，并对有关的主要工程地质问题作出初步评价。

(4)进行天然建筑材料初查。

7.3.1.4　初步设计阶段

初步设计阶段工程地质勘察应在可行性研究阶段选定的坝址和建筑物场地上进行，查明水库及建筑物区的工程地质条件，进行选定坝型、枢纽布置的地址论证和提供建筑物设计所需的工程地质资料。

初步设计阶段勘察应包括下列内容：

(1)查明水库区水文地质工程地质条件，分析工程地质问题，预测蓄水后的变化。

(2)查明建筑物地区的工程地质条件并进行评价，为选定各建筑物的轴线及地基处理方案提供地质资料和建议。

(3)查明导流工程的工程地质条件，根据需要进行施工附属建筑物场地的工程地质勘察和施工与生活用水水源初步调查。

(4)进行天然建筑材料详查。

(5)进行地下水动态观测和岩土体位移监测。

7.3.1.5 招标设计阶段和施工图设计阶段

本阶段工程地质勘察应在初步设计阶段选定的水库及枢纽建筑物场地上,检验前期勘察的地质资料与结论,补充论证专门性工程地质问题,并提供优化设计所需的工程地质资料。

本阶段勘察应包括下列内容:

(1)进行初步设计审批中要求补充论证的和施工中出现的专门性工程地质问题勘察。

(2)提出对不良工程地质问题处理措施的建议。

(3)进行施工地质工作。

(4)提出施工期和运行期工程地质监测内容、布置方案和技术要求的建议,分析施工期工程地质监测资料。

7.3.1.6 病险水库除险加固工程勘察要点

病险水库除险加固工程勘察实际上是对已建工程的再勘察。水利工程中一大批是20世纪五六十年代兴建的,由于当时急于求成和财力、物力不足,不少工程未按基建程序办事,设计、施工均存在一些问题,后期管理工作又没有很好跟上,致使病害问题较为突出。也正是如此,除险加固工程勘察应充分利用和深入分析已有工程地质勘察资料、施工和运行期间有关监测资料。

病险水库除险加固工程勘察分为病险水库安全鉴定勘察和病险水库除险加固设计勘察。其主要任务是查明病险水库工程的水文地质、工程地质条件,分析地质病害产生的原因,对加固处理措施提出地质方面的建议;检查土石坝坝体填筑质量,提出有关地质的参数。

1. 安全鉴定勘察要点

安全鉴定勘察的对象和范围,应包括各建筑物地基及边坡、近坝库岸、地下工程围岩及土石坝坝体等。

安全鉴定勘察的主要任务是:

(1)全面复查影响工程安全的工程地质和水文地质条件,检查工程运行后地质条件的变化情况。

(2)对坝基、岸坡的工程处理效果和土石坝坝体填筑质量作出地质评价。

(3)初步查明工程区存在的地质病害及其危害程度,为工程安全鉴定分级提供地质资料。

(4)提出工程区的地震参数。

2. 除险加固设计勘察

除险加固设计勘察应在安全鉴定勘察的基础上,对土石坝及其他有关地质问题进行详细勘察。

除险加固设计勘察的主要任务是:

(1)进一步调查、分析土石坝坝体病害的分布情况、类型及成因,评价其危害程度,提供坝体渗透和抗剪力学参数。

(2)查明地质病害和隐患的部位、范围和类型,分析其产生的原因,为除险加固设计提供地质资料与建议。

(3)进行天然建筑材料详查。

7.3.1.7　天然建筑材料勘察要点

水工建筑物天然建筑材料主要有砂砾石(包括人工砂、碎石)、土、碎(砾)石及石料等。勘察的主要目的是查明工程所需的各类天然建筑材料的分布、位置、储量、质量、开采和运输条件,为工程设计提供依据,因此天然建筑材料的勘察必须密切结合工程的设计极端和方案,因地制宜地进行。

1. 各设计阶段的勘察要点

天然建筑材料的勘察分为普查、初查、详查三个级别,与水利水电工程的规划、可行性研究、初步设计三个阶段相对应。招标设计施工图设计阶段主要根据实际情况进行补充勘察和复查。

1)规划阶段

规划阶段主要进行天然建筑材料的普查。对拟建工程20 km范围内的各类天然建筑材料进行地质调查,初步了解材料的类别、质量、估算储量。

2)可行性研究阶段

可行性研究阶段主要进行天然建筑材料的初查。初步查明料场岩、土层结构及岩性、夹层性质及空间分布、地下水位、剥离层、无用层厚度及方量,有用层储量、质量、开采条件、运输条件和对环境的影响。勘察储量与实际储量误差,应不超过40%,勘察储量不得少于设计需要量的3倍。

3)初步设计阶段

初步设计阶段在初查基础上进行详查。应详细查明料场岩、土层结构及岩性、夹层性质及空间分布、地下水位、剥离层、无用层厚度及方量,有用层储量、质量、开采条件、运输条件和对环境的影响。勘察储量与实际储量误差,应不超过15%,勘察储量不少于设计需要量的2倍。

4)招标和施工图阶段

招标和施工图阶段主要复查初步设计审批中所提到的天然建筑材料遗留问题,针对性进行勘探和取样工作。同时,调查详查至开采时段内,料场有无明显的变化,必要时可重新进行勘察。

2. 主要天然建筑材料的质量要求

1)砂料

砂料在工程建筑中使用极广,主要用于混凝土的细骨料。砂料的质量将直接影响混凝土的强度和水泥用量。砂质量主要取决于砂的颗粒形状、软弱颗粒含量和级配。混凝土细骨料质量指标详见表7-7。

表 7-7　混凝土细骨料质量指标

序号	项目	指标	备注
1	表观密度	>2.55 g/cm^3	
2	堆积密度	1.5 g/cm^3	
3	孔隙率	<40%	
4	云母含量	<2%	
5	含泥量(黏、粉粒)	<3%	不允许存在黏土块、黏土薄膜；若有则应作专门试验论证
6	碱活性骨料含量		有碱活性骨料时,应作专门试验论证
7	硫酸盐及硫化物含量(换算 SO_3)	<1%	
8	有机质含量	浅于标准色	人工砂不允许存在
9	轻物质含量	≤1%	
	细度模数	2.5~3.5 为宜	
10	平均粒径	0.36~0.5 mm 为宜	
11	人工砂中石粉含量	6%~12% 为宜	常态混凝土

2)土料

水利水电工程建设中,土料主要由大坝、围堰、堤防工程中的填筑和防渗材料构成,一般要求透水性弱,抗剪强度高。土料质量指标详见表 7-8。

表 7-8　土料质量指标

序号	项目	均质坝土料	防渗体土料
1	黏粒含量	10%~30%	15%~40%
2	塑性指数	7~17	10~20
3	渗透系数	碾压后 $<1\times10^{-4}$ cm/s	碾压后 $<1\times10^{-5}$ cm/s,并应小于坝壳渗透料的 50 倍
4	有机质含量(按质量计)	<5%	<2%
5	水溶盐含量	3%	
6	天然含水量	与最优含水量或塑限接近为优	
7	pH 值	<7	
8	紧密密度	宜大于天然密度	
9	SiO_2/R_2O_3	>2	

3)块石料

块石料一般要求坚硬、抗风化和抗侵蚀能力强的致密块状或厚层岩石。一般块石料质量指标见表7-9。

表7-9 块石料质量指标

序号	项目	指标	备注
1	饱和强度	应按地域、设计要求与使用目的确定	埋石及砌石的硫酸盐及硫化物含量,同混凝土骨料要求
2	软化系数		
3	冻融损失率	<1%	
4	干密度	>2.4 t/m³	

7.3.2 工业与民用建筑勘察要点

工业与民用建筑指工业生产、居民居住和公共事业建筑的总称。工业与民用建筑的主要工程地质问题有:地基强度和变形问题,高层建筑地基加固和基础设计、深基坑开挖问题,地下水侵蚀问题等。

工业与民用建筑的工程地质勘察一般分四个阶段:可行性研究阶段、初步设计阶段、详细勘察阶段和施工勘察阶段。

7.3.2.1 可行性研究阶段

可行性研究阶段主要进行建筑场地现场踏勘,收集区域地质、地形地貌、地震、矿产资源等资料及了解临近建筑地区的工程建筑经验,本阶段以收集资料为主,必要时进行地质测绘和勘探。主要任务是对拟建场地的适宜性作出评价。

7.3.2.2 初步设计阶段

初步设计阶段的主要任务是对场地的稳定性作出评价,为建筑物的基础类型和不良地质问题的治理等提供工程地质资料。勘察要点如下:

(1)查明场地的地形地貌、地层构造、岩土性质、地下水埋藏等地质条件。

(2)查明地质灾害的发育、危害程度及其成因和分布范围。

(3)查明地基土的成因类型、工程地质性质,淤泥等软弱土层的埋藏、分布范围。

(4)了解水文地质情况,分析其对建筑物的侵蚀性。

(5)对抗震设防烈度大于7度的场地,应判定场地和地基的地震效应。

7.3.2.3 详细勘察阶段

详细勘察阶段的主要任务是针对不同建筑物提供详细的地质勘察资料和设计所需的可靠岩土技术参数。勘察要点如下:

(1)详细查明场地各层地基土类别、结构、厚度、工程特性等。

(2)计算和评价地基稳定性和承载力。

(3)对需要进行沉降计算的建筑物,提供地基变形参数,预测建筑物的沉降和倾斜。

(4)预测建筑物在施工和使用过程中可能发生的地质问题,提出防治建议。

7.3.2.4 施工勘察阶段

施工勘察阶段主要针对施工过程中揭示的地质情况与原地质资料严重不符,影响到施工和工程质量时,配合设计和施工单位进行补充性施工阶段勘察工作。

7.3.3　桥梁工程勘察要点

桥梁工程特点是通过桥台和桥墩把桥梁上的荷载传递到地基上。桥梁建设在沟谷和江河海湖上,因此工程地质条件相对复杂。桥梁的工程地质问题集中在桥台和桥墩。桥梁工程地质勘察分初步设计阶段和施工设计阶段两个阶段。

7.3.3.1　初步设计阶段

初步设计阶段的主要任务是查明桥址各线路方案的工程地质条件,为选定最优方案与初步论证桥梁的基础类型提供必要的地质资料,勘察要点如下:

(1)查明河谷地质结构和地貌特征。

(2)确定桥址区岩土的物理力学性质指标。

(3)查明地基地下水的埋藏类型、水位、渗透性及侵蚀性。

(4)论述岸边冲蚀、滑坡、地震等物理地质作用对建筑物稳定性的影响。

(5)初步查明建筑材料的数量、质量和运输条件。

7.3.3.2　施工设计阶段

施工设计阶段的主要任务是针对已选桥址进行详细的工程地质勘察,以提供桥墩和桥台施工设计所需的工程地质资料。勘察要点如下:

(1)查明桥台、桥墩的地形地貌、地层构造、岩土性质、地下水埋藏等工程地质条件,提供地基基本承载力,为确定桥墩和桥台基础设计提供地质资料。

(2)查明水文地质条件对桥墩和桥台地基基础稳定性的影响。

(3)查明各种不良地质作用或地质灾害在桥梁施工和运营工程中的不利影响,并提出预防措施和建议。

(4)查明建筑材料的数量、质量和运输条件。

7.4　工程地质与水文地质勘察报告编写

7.4.1　工程地质勘察报告的组成

工程地质勘察报告是工程地质勘察工作的总结,是根据勘察设计书的要求,考虑工程特点及勘察阶段,综合反映和论证勘察地区的工程地质条件和工程地质问题,做出工程地质评价的书面材料。工程地质勘察报告是提供设计、施工部门直接使用的重要资料和依据。工程地质勘察报告书一般包括工程地质条件和工程地质问题的论述、分析、评价以及结论和建议,主要包括正文、图件、附表三个组成部分。

7.4.1.1　正文

工程地质勘察报告书的内容一般包括绪论、通论、专论和结论四个部分。每个部分的内容虽各有侧重,但各部分是紧密联系着的。

1. 绪论

绪论简述勘察区的自然地理概况(工程地理位置、流域水系、水文、气象等),工程建

筑物特性(工程规模、结构型式等),工程主要指标,工程布置方案及在国民经济建设中的重要性;设计阶段、勘察任务、方法、时间和所完成的工程项目及工作量等。

2. 通论

通论的内容是阐明工作地区的工程地质条件,所处的区域地质地理环境,以明确各种自然因素如大地构造、地势、气候等对该区工程地质条件形成的意义。因而通论一般可分为区域自然地理概述,区域地质、地貌、水文地质概述,以及建筑地区工程地质条件概述等章节。各章节的内容应当既能阐明区域性及地区性工程地质条件的特征及其变化规律,又须紧密联系工程目的,不要泛泛而论。在规划阶段的工程地质勘察中,通论部分占有重要地位。在以后的阶段中其比重愈来愈小。

3. 专论

专论一般是工程地质报告书的中心内容,因为它既是结论的依据,又是绪论内容选择的标准。专论的内容是对建设中可能遇到的工程地质问题进行分析论证,并回答设计方面提出的地质问题与要求,对建筑地区作出定性的以至定量的工程地质评价,作为选定建筑物位置、结构型式和规模的地质依据,并在明确不利的地质条件的基础上,考虑合适的处理措施。专论部分的内容与勘察阶段的关系特别密切,勘察阶段不同,专论涉及的深度和定量评价的精度也有差别。专论还应明确指出遗留的问题和进一步勘察工作的方向。

4. 结论

结论的内容是在专论的基础上对各种具体问题作出简要明确的回答。态度要明朗,措词要简练,评价要具体,问题解决得不彻底的可以如实说明,但不要含糊其词,模棱两可。

工程地质勘察是分阶段进行的,当每一个阶段的勘察工作结束后,应根据各阶段勘察设计任务书中的要求,结合工程特点和建筑物区的工程地质条件,及时编写出各阶段的工程地质勘察报告。另外,工程地质报告书必须与工程地质图一致,互相照应,互为补充,共同达到为工程服务的目的。

7.4.1.2　图件

图件是反映工程建筑地区的,是工程地质测绘、勘探和试验工作的总结性成果,它与工程地质勘察报告书一起作为工程地质勘察工作的基本文件。

勘察阶段不同,要求提供的图件也不同。几种常用的图表,兹简要说明如下。

1. 勘探点平面布置图

勘探点平面布置图是在一定比例尺的地形图底图上,标出场地位置、建筑物的平面轮廓、各勘探点(浅井、探槽、钻探孔、触探孔等)和勘探线的网络布置、各类勘探点或原位测试点的编号及孔口标高数据等编制而成的图件。

2. 钻孔柱状图

钻孔柱状图是反映钻孔内地层岩性、地质构造、岩石风化情况以及地下水含水层和岩石透水性能等的图件,是编制各类地质条件和评价工程地质问题的原始资料。

3. 工程地质图

工程地质图即综合反映建筑地区地层岩性、地质构造、地形地貌、水文地质条件、自然地质现象以及勘探和试验成果的综合图件。它是评价工程建筑地区工程地质条件的主要依据。

4. 工程地质剖面图

工程地质剖面图是按一定纵横比例尺,根据某一勘探线方向(垂直地质构造轴线方向、垂直或平行建筑物的轴线方向)所有钻探孔和触探孔揭露的地基岩土层资料编制而成的表示勘察区或场地某一断面工程地质条件随深度变化的图件。工程地质剖面图能反映某一勘探线地层沿竖直方向和水平方向的分布变化情况,能最有效地揭示场地的工程地质条件,是工程地质勘察最基本的图件。

7.4.1.3 附表

附表主要是岩土试验成果表、地基土物理力学指标统计表等。在岩土试验成果表中,常列出现场原位测试(载荷试验、标准贯入试验、十字板剪切试验、静力触探试验等)和室内岩土试验(全部岩土试样的各种物理力学性质指标和状态指标、地基土承载力等)的原始数据。地基土物理力学性质指标统计表是根据室内外岩土试验原始数据,按土层进行统计汇总而成。附表的数据是工程设计和施工的重要依据。

7.4.2 水文地质勘察报告的组成

水文地质勘察报告是水文地质勘察成果的集中表现。报告力求简明扼要、条理分明、论据充分、重点突出、结论明确。水文地质勘察报告书内容一般包括自然地理和地质概况、水文地质条件、水量评价、水质评价以及结论和建议等内容,由正文、附图、图表三个组成部分。

水文地质图件类型主要有实际材料图、地质图、综合水文地质图、地下水化学图、地下水等水位线图、水文地质剖面图、综合地质柱状图、地下水资源评价图、地下水位预测图等,其中前四种图件是水文地质勘察的基本图件,其他图件按场地的情况、勘察阶段的不同和勘察目的的差异进行选取。

水文地质附表主要有勘探试验综合成果统计表、水泉调查统计表、地下水开采统计表、地下水污染调查表、水质分析资料汇总表、长期观测地下水动态资料汇总表等。

7.4.3 典型工程地质勘察案例分析

某水库可行性研究阶段工程地质勘察的主要工作有上、下两个坝址方案进行比较,各坝址坝型采用混凝土面板堆石坝和重力坝两个方案进行比较,由于篇幅所限,在此仅介绍上坝址工程地质勘察与评价。

【例7-1】 某水库可行性研究阶段上坝址工程地质勘察简介。

(一)工程概况

该工程是一座以供水、防洪为主,结合下游灌溉和发电的综合利用的水利工程,坝址以上集水面积316 km^2,水库校核洪水位105.10 m,水库最大坝高64 m,水库总库容2.44亿m^3,水库正常蓄水位98.00 m,正常蓄水位以下库容1.766亿m^3,防洪库容6 205万m^3,电站装机容量1.6 MW。工程规模属大(2)型水库,电站为小(2)型电站。

(二)上坝址工程地质条件及评价

1.上坝址工程地质条件

1)地形地貌

上坝址位于黄泽江中游段,上游河流扭曲,下游河流相对顺直,河流流向342°,宽140~150 m,河床段地面高程50~55 m。

左岸山坡平缓,坡角约25°,顶部平坦,由玄武岩组成。右岸为霏细岩,坡角48°~36°,总体山坡陡峻,基岩大多裸露。

2)地层岩性

(1)侏罗系上统(J_3)。大爽组(J_3d)灰白—浅灰绿色霏细岩,岩石具斑状结构,斑晶主要为斜长石和石英,少量长石具绢云母化,基质具包含霏细结构,岩石结构致密,为坝址的主要岩性。

(2)白垩系下统(K_1)。馆头组(K_1g)灰白—浅灰绿色含砾凝灰岩,层凝灰岩等,分布于F_5以左及下坝址,地表于F_{102}上游出露。

(3)上第三系上新统嵊县组(N_2sh)。上部为灰黑色玄武岩,新鲜岩块坚硬,岩体柱状节理发育,局部夹风化黏土层。与下伏alN_2含泥砂砾层面的产状:350°,NW∠10°,倾向山里。alN_2含泥砂砾层与侏罗系、白垩系地层多呈角度不整合接触。

(4)第四系全新统冲洪积($al-plQ_4$)砂卵砾石层。分布于河床,厚度5~10 m,粒径一般5~20 cm。圆锥重力触探试验$N_{63.5}=22\sim38$击,密实。渗透系数下部$k=9\times10^{-4}\sim9\times10^{-5}$ cm/s,为中等—弱透水性。上部局部受人为影响,$k=0.1\sim0.05$ cm/s,呈强透水性。

图7-22为ZK1号钻孔柱状图。

3)地质构造

上坝址主要断层见表7-10。

上坝址主要节理有:

左岸①320°~350°,NE∠40°~85°;②280°~300°,SW/NE∠20°~30°;③35°~70°,NW∠10°~30°。节理面主要有铁锰质浸染、风化岩石碎屑充填,面起伏,长度一般为3~5 m,连贯性一般较差。

右岸①290°~310°,SW∠60°~80°;②30°~50°,SE∠40°~60°。铁锰质、岩石碎屑充填,面起伏,长度一般为3~5 m。

上坝址左岸受断层F_5、F_6、F_8等断裂构造的影响,320°~350°,NE∠40°~85°裂隙相对发育,主要分布于坝址上游地段。左岸因陡倾角和缓倾角裂隙的切割,岩体呈次块状结构,岩体为$A_{Ⅲ2}$类。

上坝址右岸受F_{101}、F_3等断层影响,主要裂隙有:①290°~310°,SW∠60°~80°为顺河向断层带,平硐揭露,一般分布于平距为0~10 m,岩体呈镶嵌碎裂结构或次块状结构,岩体为$A_{Ⅲ1}$类;② 30°~50°,SE∠40°~60°为一组与河床交角较大的裂隙,PD3、PD4平硐揭露,延伸长度一般3~5 m,断续,裂隙面为微张,面上有铁锰质浸染。

河床段主要由钻孔进行勘探,顺河床中间纵向剖面揭露,河床钻孔中有断层F_9顺河床通过,产状约:340°,SW∠60°,断层带由断层角砾岩、糜棱岩及断层泥组成,宽度为1~2 m。其余地段岩体以块状结构为主,岩体为$A_{Ⅱ}$类。

深度(m)	地层单位 系和统	地层单位 组和段	地层单位 代号	岩石名称	风化程度	孔深(m)	高程(m)	层厚(m)	地质柱状图 比例1:200
	第四系全新统		dlQ_4	黏土夹碎石		2.70	118.30	2.70	
10	上第三系上新统	嵊县组	N_2sh	玄武岩		14.50 17.30	106.50 103.70	14.60	
20 30	上第三系上新统		alN_2	含泥砂砾石		32.90	88.10	15.60	
40	白垩系下统	馆头组	$K_{1}g$	含角砾凝灰岩	弱风化	44.70	76.30	11.80	

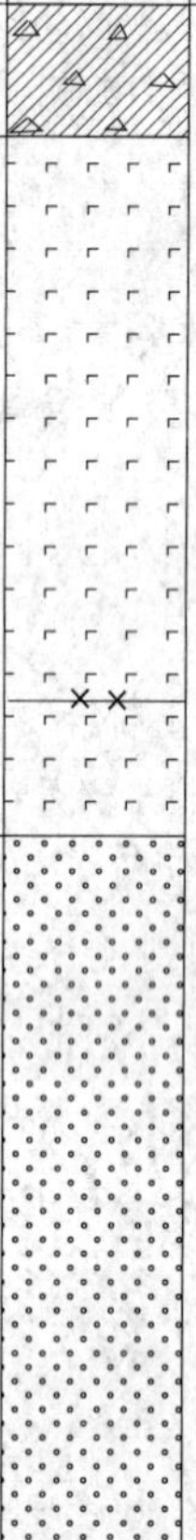

地质描述

一、地层岩性

孔深0~2.70 m为含碎石黏土，黏土由玄武岩风化而成。

孔深2.70~17.30 m为上第三系上新统嵊县组玄武岩，灰黑色，具气孔构造，岩石坚硬，上部一般呈球状风化，岩面形成风化壳，并有少量黏土包裹。

孔深17.30~32.90 m为上第三系上新统砂砾石层，由浅红色弱风化灰白色砂砾石组成。

孔深32.90~44.70 m为白垩系下统馆头组浅灰绿色含角砾凝灰岩，受断层影响，岩芯破碎。

二、地层构造

未见主断裂，岩芯受构造影响，具蚀变和软化现象，岩石强度较低，易破碎。

含泥砂砾石进行圆锥重力触探试验

试验段深度(m)	$N_{63.5}$击数	$N_{63.5}$修正击数
19.80~20.10	32击/10 cm	14击/10 cm
23.10~23.40	29击/10 cm	13击/10 cm
27.50~27.80	31击/10 cm	14击/10 cm

图7-22　ZK1号钻孔柱状图

4)岩石风化分带

上坝址左岸上部为玄武岩,呈球状风化。玄武岩下为含泥砂卵砾石,其下部以F_5分界,左侧为K_1g的角砾凝灰岩,右侧为J_3d的霏细岩,岩体完整性差,岩性蚀变。河床和右岸为J_3d的霏细岩,岩性相对较完整,岩体为块状结构,岩质坚硬。上坝址岩石风化带划分表见表7-11。

表7-10 上坝址主要断层

断层编号	产状	断层及影响带宽度(cm)	断层性质	位置
F_{101}	300°~345°, SW∠65°~75°	200~500	断层泥,厚2 cm,由糜棱岩、碎裂岩、铁锰质等组成,并由3~5条挤压破碎带组成,单条宽20~50 cm	右岸PD3、TC2内
F_2	340°,NE∠75°	60~80	次生泥厚2~5 cm,由碎裂岩、糜棱岩等组成	右岸PD4硐口
F_3	0°~20°, E~SE∠60°~75°	200~350	断层泥厚2 cm,由碎裂岩、铁锰质等组成,由F_{3-1}、F_{3-2}破碎带组成,单条宽10~20 cm	右岸PD4内
F_5	340°, SW∠85°~90°	>200	由糜棱岩等组成	左岸路边及ZK16等
F_6	340°,NE∠75°	200~500	由糜棱岩、碎裂岩等组成	左岸路边
F_7	30°~35°, NW∠60°~85°	200~600	由糜棱岩、断层角砾岩、铁锰质等组成。由F_{7-1}、F_{7-2}、F_{7-3}破碎带组成,单条宽10~20 cm	左岸PD1内
F_8	300°~330°, NE∠55°~85°	200~350	由糜棱岩、断层角砾岩、铁锰质等组成。由F_{8-1}、F_{8-2}、F_{8-3}破碎带组成,单条宽10~50 cm	左岸PD1内
F_9	340°,SW∠60°		由断层角砾岩、糜棱岩及断层泥组成	河床钻孔揭露
F_{10}	55°,SE∠80°	100~150	由碎裂岩组成,铁锰质充填	右岸导流洞口

表7-11 上坝址岩石风化带划分表

位置	风化程度	风化带厚度(m)		
		左岸	河床	右岸
重力坝	强风化	4~6	—	2~3
	弱风化	3~36	2~4	2~3
堆石坝	强风化	2~3	—	0~4
	弱风化	4~14	2~3	6~8

5)岩石物理力学性质

上坝址平硐地震波测试成果表见表7-12。

表7-12　上坝址平硐地震波测试成果表

平硐编号	PD1		PD3		PD4	
平距(m)	0~6	6~24	0~8	8~20	0~12	12~30
纵波波速 v_P (km/s)	2.40	3.20	1.78	3.13	2.60	3.37
横波波速 v_S (km/s)	1.03	1.65	0.73	1.72	1.41	1.86
泊松比 μ	0.39	0.32	0.40	0.28	0.30	0.28
动弹性模量 E_d (GPa)	7.3	18	4	19	12	22

测试表明,地表浅部弱风化带岩石受风化影响和断层节理的影响,纵波1 800~2 500 m/s,波速较低。微风化带岩石波速中等,PD3硐内F_{101}断层宽度较大,波速较低,平硐深部岩体渐完整,波速大于3 000 m/s。

坝基岩石单轴抗压强度试验成果见表7-13。

表7-13　坝基岩石单轴抗压强度试验成果

<table>
<tr><th rowspan="2">试样编号</th><th rowspan="2">取样位置及深度(m)</th><th colspan="2">饱和</th><th colspan="2">天然</th><th rowspan="2">软化系数</th></tr>
<tr><th>试验值(MPa)</th><th>平均值(MPa)</th><th>试验值(MPa)</th><th>平均值(MPa)</th></tr>
<tr><td>Zk2-2</td><td>Zk2钻孔:25 m</td><td>68.4</td><td rowspan="4">65.7</td><td>150</td><td rowspan="4">143.75</td><td rowspan="4">0.45</td></tr>
<tr><td>Zk11</td><td>Zk11钻孔:9~9.5 m</td><td>72.5</td><td>140</td></tr>
<tr><td>Zk4</td><td>Zk4钻孔:11~12 m</td><td>54.2</td><td>132</td></tr>
<tr><td>Zk8</td><td>Zk8钻孔:5.5~6.0 m</td><td>67.8</td><td>153</td></tr>
<tr><td>Zk2-1</td><td>Zk2钻孔:12.5 m</td><td>119</td><td rowspan="4">123</td><td>188</td><td rowspan="4">158.75</td><td rowspan="4">0.77</td></tr>
<tr><td>Zk2-4</td><td>Zk2钻孔:36 m</td><td>101</td><td>137</td></tr>
<tr><td>Zk4-2</td><td>Zk4钻孔:24 m</td><td>136</td><td>156</td></tr>
<tr><td>Zk8</td><td>Zk8钻孔:27 m</td><td>136</td><td>154</td></tr>
<tr><td colspan="2">平均值</td><td></td><td>94.36</td><td></td><td>151.25</td><td>0.62</td></tr>
</table>

6)水文地质条件

(1)透水性。相对隔水层($q \leqslant 3$ Lu)埋深:左岸10~35 m,河床段基岩下3~5 m,右岸10~20 m。地下水位埋深:左岸10~24 m,右岸10~20 m。

河床段上部局部$k=4.5\times10^{-2}$ cm/s,为强透水层,一般分布在0~3 m,并与原有河床采挖砂砾有关。下部河床砂卵砾石层渗透系数$k=9\times10^{-4}$ cm/s,为中等透水层。

左岸alN_2含泥砂砾卵石渗透系数$k=1.4\times10^{-4}\sim3.4\times10^{-5}$ cm/s,为中等—弱透水层,地表层现场渗透试验$k=1.0\times10^{-2}$ cm/s为强透水性。

(2)水质。本区河床水类型为重碳酸-镁-钠-钙水(HCO_3-Mg-Na-Ca),pH=6.9,

无酸性腐蚀，HCO_3^-含量为0.77 mmol/L，对混凝土具弱溶出性侵蚀。

左岸玄武岩及其砂砾层中地下水类型为重碳酸－镁－钙水（HCO_3-Mg-Ca），pH = 7.0，HCO_3^-含量为2.69 mmol/L，对混凝土无侵蚀性。

2. 上坝址工程地质评价

上坝址区左右岸地形不对称，左岸山坡较平缓，右岸山坡较陡。左岸上部为玄武岩，下部基岩以F_5为界，左侧为角砾凝灰岩（K_1g），F_5以右为霏细岩（J_3d），均为坚硬岩类。上坝址左岸有F_5、F_7、F_8等断层通过左坝肩，通过对PD1平硐的勘察，可见J_6等不连续的平缓节理较发育，与F_7、F_8组合的结构面，相互切割，对坝肩稳定不利。右岸有F_{101}、F_2、F_3断层通过坝肩，断层通过处，有3～5 m的破碎影响带，从平硐和地表未见明显的平缓结构面组合。

上坝址浅层弱风化岩石（深度5～12 m的岩石）的软化系数为0.45，中下层（深度12～36 m的岩石）的软化系数为0.77。浅部岩石中微细裂隙较发育，钻孔中岩芯*RQD*值偏低，岩性呈脆性，易碎，左岸因F_5断层影响，岩石蚀变，强度较低。

总之，上坝址区基岩为坚硬岩类，但岩石强度受构造控制，坝址左岸岩石以$A_{Ⅲ2}$类和$A_{Ⅲ1}$类岩体为主，河床及右岸岩石以$A_{Ⅱ}$类岩体为主。

1）上坝址重力坝方案工程地质评价

上坝址区两岸山体坡度适中，由坚硬岩类组成，河床覆盖层及基岩风化深度均不是太深，虽有不同规模的断裂构造发育，但控制坝基稳定的缓倾角结构面不甚发育，多断续延伸或延展性较差。主要缺陷为左岸存在玄武岩下含泥砂砾卵石层，经适当工程处理，上坝址具备建造混凝土重力坝的工程地质条件。

左岸岸坡基岩为霏细岩，基岩面分布高程85～90 m，下部玄武岩和含泥砂砾层，不宜作为坝基持力层。建议坝基置于弱风化中部基岩上，并加强固结灌浆处理。坝肩含泥砂砾层和玄武岩存在绕坝渗漏问题，需进行垂直防渗处理。

河床段砂砾层厚度5～10 m，弱风化带2～4 m。河床段有F_9断层通过，未见有控制坝基稳定的缓倾角结构面通过，岩体较完整，建议坝基置于微风化基岩上。

右岸弱风化带分布较浅，右坝肩有顺河向的F_{101}、F_2、F_3断层通过，从山坡裂隙多与河流呈斜交，节理较发育。坝基岩体主要物理力学参数建议表见表7-14。

左岸弱风化带厚度较大，建议坝基置于弱风化带中部岩体上；河床和右岸风化浅，岩体较完整，坝基可置于微风化基岩上，右岸高程90 m以上坝基置于弱风化中部基岩上。建议开挖深度：左岸玄武岩段10～26 m，山坡7～12 m，河床基岩面下3～5 m，右岸7～12 m。

对规模较大的F_5、F_9、F_{101}等断层，上游面建议设置截水井处理，对断层带应作1.5倍断层宽度加深开挖，并回填混凝土处理，断层带加强帷幕灌浆处理。

PD1平硐中的J_6等平缓裂隙，以铁锰质充填为主，面略起伏，断续延伸，对坝基稳定不利，但其位于F_7、F_8之间，该段岩体较破碎，坝基开挖已作挖除处理，深部虽岩体完整性差，但未见较大的平缓结构面，不存在深层不利结构面组合。

建议对坝基进行固结灌浆，深度5～8 m。帷幕灌浆深度进入相对隔水层（$q \leq 3$ Lu）以下8～15 m，遇断层及其破碎岩体应加强固结和防渗处理，防渗帷幕应深入相对隔水层（$q \leq 3$ Lu）以下8～15 m。

表7-14　上坝址重力坝坝基岩体物理力学参数建议表

项目		单位	左岸	河床	右岸
混凝土/微风化霏细岩抗剪断强度	f'		0.9~1.0	1.0~1.1	
	C'	MPa	0.8~0.9	0.8~0.9	
微风化霏细岩变形模量	E_0	GPa	8	8~10	
混凝土/弱风化霏细岩抗剪断强度	f'		0.7~0.8	0.8~0.9	
	C'	MPa	0.5~0.6	0.7~0.8	
弱风化霏细岩变形模量	E_0	GPa	6	6~8	
断层带抗剪强度	f		0.35		
	E_0	GPa	0.3		
微风化岩石承载力标准值	f_k	MPa	2.0	2.5	
弱风化岩石承载力标准值	f_k	MPa	1.5	2.0	
微风化岩石冲刷系数	k		1.2		

左岸玄武岩下存在厚17~20 m的含泥砂卵砾石层,建议对含泥砂卵砾石层进行渗流稳定验算。左坝肩下游存在冲沟,相对渗径短,建议左岸沿山脊方向设置垂直防渗体进行防渗处理,防渗体应深入至角砾凝灰岩和霏细岩中5~8 m。

建议开挖边坡:左岸边坡由玄武岩、含泥砂砾层、霏细岩组成。玄武岩较风化破碎,边坡为1∶0.75~1∶1;含泥砂砾层临时边坡为1∶0.75,开挖后对边坡进行喷混凝土保护;下部霏细岩1∶0.3。其余地段覆盖层开挖边坡:1∶1~1∶1.5;强风化岩石1∶0.75;弱风化岩石1∶0.5;微风化岩石1∶0.3。

2)上坝址混凝土面板堆石坝工程地质评价

上坝址区左右岸地形不对称,左岸山坡较平缓,右岸山坡较陡。河谷底宽约150 m,两岸趾板线上覆盖层浅,均有基岩出露,河床段砂砾层厚度2~10 m,两侧较浅,中间较深。左岸有F_7、F_8等断层通过,右岸有F_{101}、F_2、F_3断层通过。河床有F_9顺河断层,两岸节理裂隙较发育。岩体受构造和蚀变控制,左岸岩体以$A_{Ⅲ1}$类岩体为主,河床及右岸以$A_{Ⅱ}$类为主,上坝址具备建造中高混凝土面板堆石坝的工程地质条件。

(1)趾板。左岸高程90 m以上分布玄武岩,其下部存在厚17~20 m的含泥砂砾卵石层,分布于左岸坝轴线延伸方向。左岸趾板线可置于霏细岩上,左岸弱风化带为$A_{Ⅲ2}$类岩体,可做趾板地基。右岸山体雄厚,岩体较完整,岩石基本裸露,以$A_{Ⅲ1}$类岩体为主,可做趾板地基。河床段砂砾层厚度3~7 m,以下为弱风化霏细岩,岩体较完整,以$A_{Ⅱ}$类岩体为主。其中,河床有F_9断层顺河向在河床中间通过,局部岩石较破碎。

河床段趾板应挖除砂砾卵石层,并进入弱风化基岩1~2 m。左右岸应清除地表覆盖层和强风化岩石,趾板置于弱风化基岩上。

上坝址堆石坝坝基岩体物理力学参数表见表7-15。

表7-15　上坝址堆石坝坝基岩石物理力学参数表

项目		单位	左岸	河床	右岸
混凝土/弱风化霏细岩抗剪断强度	f'		0.7~0.8	0.8~0.9	
	C'	MPa	0.5~0.6	0.7~0.8	
弱风化霏细岩变形模量	E_0	GPa	4~6	5~7	
断层带抗剪强度	f		0.3~0.35		
断层带变形模量	E_0	GPa	0.3		
弱风化岩石承载力标准值	f_k	MPa	1~1.5	1.5	1.5
河床砂卵砾石层	f_k	MPa		0.3~0.4	—
	φ	(°)	—	31~33	—
	$J_{允}$		—	0.1~0.15	—

建议趾板进行固结灌浆深度5~8 m，帷幕灌浆深入相对隔水层以下5~8 m，并沿两岸山脊方向延伸，河床下部砂砾石层为弱透水性，但上部结构松散，为强透水性，施工时应加强堵漏和基坑排水，并注意边坡的稳定性。

左岸玄武岩下存在厚17~20 m的含泥砂卵砾石层，建议对含泥砂卵砾石层进行渗流稳定验算。左岸坝肩下游存在冲沟，相对渗径短，建议左岸沿山脊方向设置垂直防渗体进行防渗处理，防渗体应深入至角砾凝灰岩和霏细岩中5~8 m。

建议开挖深度：左岸玄武岩分布段开挖8~13 m，山坡霏细岩段开挖深度3~5 m；河床段清除砂砾卵石层，并深入弱风化基岩1~2 m；右岸局部覆盖层及强风化带较厚，开挖深度3~7 m。F_9、F_{101}断层带的上游面应设置截水井防渗，断层带按1.5倍断层宽度加深开挖，回填混凝土并加强帷幕灌浆处理。

建议开挖边坡：覆盖层1:1~1:1.5，强风化1:0.75，弱风化1:0.5，微风化1:0.3。

(2)坝基。坝基位置，左岸山坡坡积层厚3~10 m，坡脚处较厚。河床砂砾层厚6~10 m。右岸除局部存在坡身断层外，大都为基岩。坝基左右岸和河床基岩为霏细岩，左岸强风化带厚2~3 m，弱风化带厚4~5 m，局部厚10~14 m；河床段弱风化带厚2~3 m；右岸强风化带厚0~4 m，弱风化带厚6~8 m。

河床有F_9断层顺河通过，右岸有F_{101}、F_2、F_3断层通过坝肩。

建议两岸坝基应清除坡积堆积层，河床砂砾层可作为坝基的持力层，建议河床段趾板下游1/6坝宽范围内坝基应挖至基岩，1/6坝宽范围下游砂砾石层可作为坝基持力层，表部砂砾卵石层应进行碾压处理。弱风化带岩石承载力标准值$f_k=1\sim1.5$ MPa，河床砂砾卵层承载力标准值$f_k=0.3\sim0.4$ MPa，内摩擦角$\varphi=31°\sim33°$。

建议开挖边坡：覆盖层1:1~1:1.5。

3.结论和建议

上坝址区工程地质条件一般，除左岸玄武岩下砂砾层处理较复杂外，两种坝型均能成立。重力坝方案对地质的要求较高，左岸开挖量较大，所需砂砾料的用量较大，但库内优质的天然砂砾料储量不能满足设计需要,需外购或进行人工轧制。堆石坝方案则砂砾料的需量较少。堆石坝方案溢洪道工程地质条件一般,能满足设计要求。鉴于砂砾料储量对本工程投资影响较大,堆石坝方案具有一定的优越性,建议进行技术经济综合比较。

小 结

本项目主要介绍了工程地质与水文地质勘察的基本方法、勘察各阶段的勘察要点以及工程地质与水文地质勘察报告的有关内容,其主要内容如下。

1. 工程地质与水文地质勘察的任务和阶段划分

(1)勘察的目的和任务。工程地质勘察的目的是根据国民经济建设的需要,查明与工程建设有关的地质条件,研究影响建筑物稳定等各种地质现象的性质、分布及其发展规律,预测可能出现的工程地质问题,为工程规划合理,建筑物设计经济,施工及运用安全,提供地质资料。水文地质勘察的目的主要是为地下水的开发利用和保护提供科学依据,消除地下水所引起的不良影响。地质勘察的任务要通过工程地质测绘、工程地质勘探、工程地质试验(室内和原位试验)和工程地质长期观测等勘察方法来完成。

(2)勘察阶段的划分。工程地质勘察是为工程建设的优化设计和工程施工服务的,必须与设计、施工紧密配合。不同行业工程地质勘察划分阶段有差异,水利水电工程地质勘察工作分为规划、项目建议书、可行性研究、初步设计、招标设计和施工图设计六个阶段。各阶段工作之间要先后衔接,工作范围由面到点逐步深入,工作内容由一般到具体,精度由粗到细。以供水为目的的水文地质勘察,一般分为规划、初勘、详勘和开采四个阶段。

2. 工程地质勘察的主要方法

工程地质勘察的方法,主要有工程地质测绘、工程地质勘探、工程地质试验(室内和原位试验)和长期观测等。

(1)工程地质测绘。工程地质测绘主要包括路线测绘法、地质点测绘法、野外实测地质剖面法和3S技术等。

(2)工程地质勘探。工程地质勘探主要有山地工作、钻探和物探三种类型。

(3)工程地质试验与长期观测。工程地质试验包括室内试验和原位测试。室内试验主要包括岩土物理性质指标测试和力学性质指标测试;原位测试包括静力载荷试验、静力触探试验、动力触探试验及水文地质试验。工程地质长期观测主要包括物理地质作用或现象的观测、工程地质现象的观测、地下水动态观测。

3. 工程地质勘察要点

本节主要介绍了新建水利水电工程和病险水库除险加固的工程的工程地质各阶段的勘察要点,并阐述了水利水电工程建筑材料的勘察要点和主要材料的质量要求;简述了工业与民用建筑和桥梁的工程地质勘察要点。

4. 工程地质与水文地质勘察报告的编写

工程地质与水文地质勘察报告书一般包括工程地质条件和工程地质问题的论述、分析、评价以及结论和建议。报告除文字部分外,还包括插图、附图、附表及照片等,其内容主要包括正文、附图、图表三个组成部分。

练习题

7-1　思考题

1. 工程地质和水文地质勘察的目的与任务是什么？

2. 工程地质和水文地质勘察的划分及各勘察阶段的特点如何？

3. 工程地质勘察方法有哪些？它们各解决哪些问题？

4. 工程地质测绘的主要方法有哪些？

5. 工程地质钻探可以解决哪些问题？

6. 岩芯采取率及岩芯获得率如何统计？*RQD* 值如何确定？有何实际意义？

7. 什么是物探？常用的物探方法有哪些？工程地质勘察工作只进行物探可以吗？为什么？

8. 现场原位测试方法主要有哪些？

9. 工程地质、水文地质勘察报告书包括哪些内容？怎样利用工程地质勘察报告进行工程设计？

10. 工程地质图有几种？每种图件包括哪些内容？

7-2　选择题

1. 在水电工程地质勘察中，一般地质图上宽度大于（　　）的地质现象应予以测绘。

A. 1 mm　　B. 2 mm　　C. 3 mm　　D. 4 mm

2. 在水利水电地质勘察中，为确定渗透性不大的非饱和土层，如全强风化层、残积土层的渗透系数，采用（　　）水文地质试验较适宜。

A. 压水试验　　B. 抽水试验　　C. 注水试验　　D. 室内渗透试验

3. 在大型水利水电工程勘察设计工作过程中，需要对工程区的区域构造稳定性进行评价和研究，评价和研究的内容包括：区域构造背景研究、活断层判定、地震危险性分析、水库诱发地震的潜在危险性预测。在进行区域构造背景研究时，坝区专门性构造地质测绘应在坝址周围半径（　　）km 范围内进行。

A. 150　　B. 40　　C. 25　　D. 8

4. 某峡谷水库库容 9.9 亿 m^3，主坝为混凝土双曲拱坝，最大坝高 225 m，坝顶长 238 m。坝址所在地的地震基本烈度为Ⅵ度，按《水利水电工程地质勘察规范》（GB 50487—2008）规定，该工程应进行（　　）工作。

A. 专门的地震危险性分析

B. 地震基本烈度复核

C. 合成基岩地震动时程确定

D. 按现行《中国地震动参数区划图》（GB 18306—2015）确定地震基本烈度

5. 水电部门将勘察划分为规划、（　　）、初步设计、技术设计和（　　）阶段。

A. 施工　　B. 可行性研究　　C. 详勘阶段　　D. 运行

6. 岩土工程勘察的主要方法有（　　）

A. 工程地质测绘　　B. 工程地质勘探

C. 原位测试与室内试验　　D. 现场检测与监测

7. 目前岩土工程勘探的技术手段主要有(　　)。

A. 钻探工程　　B. 坑探工程　　C. 地球物理勘探　　D. 室内试验

附录　地质实训指导

1. 实训目的

“工程地质与水文地质”是一门实践性很强的课程。通过现场实训，增强学生对各种地质现象的感性认识，巩固在课堂上所学的工程地质知识。

2. 实训任务和内容

通过地质罗盘、锤子、放大镜的使用，掌握测量岩层产状的方法。并学会认识简单的地层、褶皱、断层及其他地质现象，定点描述，勾画地质界线，作地质剖面等。

3. 实训方法

在校外地质实训基地进行地质测绘，采用穿越法和追踪法相结合的方法。测绘路线和地质界线（地层界线、断层线、不整合线等）的交点或沿地质界线按一定精度要求确定的距离点，都是测绘路线上的地质观测点。在每个地质观测点上，对附近的地质现象进行观察、记录和描述。其内容有：地层露头形式、风化程度、地层产状、地层厚度、岩性描述、裂隙发育特征、断层产状、性质以及素描图等。最后根据各野外地质点的观察与描述编绘成图。

4. 实训要求

应提交的地质实训成果有：

(1)矿物岩石的识别；

(2)节理玫瑰花图；

(3)测区地质剖(平)面图；

(4)实训报告。

要求实训报告的内容简明扼要，叙述有条理，问题的论述要有事实、有分析，结论明确。文字与有关图件一致，充分利用插图（素描图）。

实训一　矿物岩石识别

1. 实训目的

通过肉眼鉴定若干常见矿物，确定常见矿物的类别和名称；从岩石成因规律中掌握鉴别三大岩类的方法，用肉眼对各大类中常见的主要岩石作出较准确的鉴定，为进一步分析岩石的工程性质打下基础。

2. 实训内容

1)常见矿物

石英、正长石、斜长石、白云母、黑云母、角闪石、普通辉石、橄榄石、方解石、白云石、石膏、高岭石、蒙脱石、伊利石、绿泥石、滑石、石榴子石等。

2) 常见岩石

花岗岩、花岗斑岩、流纹岩、正长岩、正长斑岩、粗面岩、闪长岩、闪长玢岩、安山岩、辉长岩、辉绿岩、玄武岩、火山集块岩、火山角砾岩、凝灰岩、砾岩、砂岩、粉砂岩、泥岩、页岩、石灰岩、白云岩、泥灰岩、片麻岩、片岩、千枚岩、板岩、大理岩、石英岩等。

3. 实训方法

1) 矿物标本的观察与识别

主要运用矿物的形态和物理性质来进行鉴别。抓住矿物的主要特征，可以从观察矿物的形态着手，观察矿物的光学性质和力学性质，再进一步观察矿物的其他性质，或借助化学试剂(如稀盐酸)与它的反应现象而定出矿物的名称。

2) 岩石标本的观察与识别

肉眼鉴别岩石，首先根据三大岩类的主要区别，确定所鉴定岩石所属类别，然后按照每类岩石的构造和结构特点来进一步鉴定。

实训二　节理玫瑰花图绘制

1. 实训目的

对节理调查资料进行整理和统计分析，以便评价它们对工程的影响，要求学生学会利用节理产状的统计资料编制节理玫瑰花图。

2. 实训内容

(1) 节理走向玫瑰花图；

(2) 节理倾向和倾角玫瑰花图。

3. 绘图方法

1) 节理走向玫瑰花图

(1) 整理资料。将野外测得的节理走向，换算成北东和北西方向，按其走向方位角的一定间隔分组，分组间隔大小依作图要求及地质情况而定，一般采用 5°或 10°为一间隔，如分成 0° ~9°,10° ~19°等。然后统计每组的节理数目，计算每组节理平均走向，把统计整理好的数值填入相应表中。

(2) 确定作图比例尺及坐标。根据作图的大小和各组节理数目，选取一定长度的线段代表一条节理，然后以等于或稍大于按比例表示的、数目最多的那一组节理的线段的长度为半径，作半圆，过圆心作南北线及东西线，在圆周上标明方位角。

(3) 找点连线。从 0° ~9°一组开始，按各组平均走向方位角在半圆周上作一记号，再从圆心向圆周上该点的半径方向，按该组节理数目和所定比例尺定出一点，此点即代表该组节理平均走向和节理数目。各组的点子确定后，顺次将相邻组的点连线，如其中某组节理为零，则连线回到圆心，然后再从圆心引出与下一组相连。

(4) 写上图名和比例尺。

2) 节理倾向玫瑰花图

按节理倾向方位角分组，求出各组节理的平均倾向和节理数目，用圆周方位代表节理的平均倾向，用半径长度代表节理条数，作法与节理走向玫瑰花图相同，只不过用的是整圆。

3）节理倾角玫瑰花图

按上述节理倾向方位角的组，求出每一组的平均倾角，然后用节理的平均倾向和平均倾角作图，圆半径长度代表倾角，由圆心至圆周从0°至90°，找点和连线方法与倾向玫瑰花图相同。

倾向、倾角玫瑰花图一般重叠画在一张图上。作图时在平均倾向线上，沿半径按比例找出代表节理数和平均倾角的点，将各点连成折线即得。可用不同颜色或线条加以区别。

实训三　地质图阅读

1. 实训目的

通过实训使学生了解各种地质构造在地质平面图上的表现，了解阅读地质图的方法和步骤，能够熟练地分析简单的地质平面图，掌握绘制地质剖面图的方法。

2. 实训内容

（1）阅读黑山寨地区地质图（参见项目2）；

（2）由平面图绘制剖面图。

3. 读图方法与步骤

1）了解图名和比例尺

图件名称和比例尺反映了地质图所表示的基本内容、图幅的地点、范围及其精度。

2）阅读图例，了解图区出露岩层的特征

在附有地层柱状图的地质图中，柱状图能清楚地显示出图区地层的正常层序、原始厚度、岩性特征，以及相互间的接触关系等内容。

3）地形分析（略）

4）主要地质构造形态分析

（1）地层分布规律及接触关系。

（2）褶皱。一个完整的褶曲两翼岩层，是以某一岩层为中心，向垂直走向的两侧呈对称条带分布的。

（3）断层。无论是正断层、逆断层还是平移断层，多数都可以造成岩层界线在走向上的不连续。

（4）地质构造发展简史分析。

参考文献

[1] 沈自力,尹会珍. 工程地质与水文地质[M]. 郑州:黄河水利出版社,2010.
[2] 王启亮,盛海洋. 工程地质[M]. 郑州:黄河水利出版社,2007.
[3] 杨仲元. 工程地质与水文[M]. 北京:人民交通出版社,2010.
[4] 崔冠英. 水利工程地质[M]. 3版. 北京:水利电力出版社,1985.
[5] 邓学成,孙万和. 工程地质与水文地质[M]. 北京:中国水利水电出版社,1992.
[6] 吴绍宽. 工程地质与水文地质[M]. 北京:中国水利水电出版社,1992.
[7] 姜尧发,等. 工程地质[M]. 北京:科学出版社,2008.
[8] 尚岳全. 地质工程学[M]. 北京:清华大学出版社,2006.
[9] 陆兆溱. 工程地质学[M]. 北京:中国水利水电出版社,2001.
[10] 左建,温庆博. 工程地质及水文地质[M]. 北京:中国水利水电出版社,2004.
[11] 刘春原. 工程地质学[M]. 北京:中国建材工业出版社,2000.
[12] 李俊民. 工程地质及水文地质[M]. 北京:中国农业出版社,2002.
[13] 戚筱俊. 工程地质及水文地质[M]. 北京:中国水利水电出版社,2002.
[14] 中华人民共和国交通部. JTG C20—2011 公路工程地质勘察规范[S]. 北京:人民交通出版社,2011.
[15] 中华人民共和国水利部. GB/T 50279—2014 岩土工程基本术语标准[S]. 北京:中国计划出版社,2014.
[16] 水利电力部水利水电规划设计院. 水利水电工程地质手册[M]. 北京:水利电力出版社,1985.
[17] 长春地质学院. 中小型水利水电工程地质[M]. 北京:水利电力出版社,1978.
[18] 工程地质手册编委会. 工程地质手册[M]. 北京:中国建筑工业出版社,2007.
[19] 中华人民共和国水利部. SL 55—2005 中小型水利水电工程地质勘察规范[S]. 北京:中国水利水电出版社,2005.
[20] 中华人民共和国水利部. GB 50487—2008 水利水电工程地质勘察规范[S]. 北京:中国计划出版社,2008.